Fritz Krafft
Die bedeutendsten Astronomen

Fritz Krafft

Die bedeutendsten Astronomen

marixverlag

FSC
Mix
Produktgruppe aus vorbildlich
bewirtschafteten Wäldern und
anderen kontrollierten Herkünften

Zert.-Nr. SGS-COC-1940
www.fsc.org
© 1996 Forest Stewardship Council

Copyright © by Marix Verlag GmbH, Wiesbaden 2007
Covergestaltung: Thomas Jarzina, Köln
Bildnachweis: akg-images GmbH, Berlin
Satz und Bearbeitung: C&H Typo-Grafik, Miesbach
Korrekturen: Ortrun Cramer, Wiesbaden
Gesamtherstellung: GGP Media GmbH, Pößneck
Printed in Germany

ISBN 978-3-86539-923-6

www.marixwissen.de
www.marixverlag.de

Inhalt

Inhalt

Vorbemerkungen

Der Band stellt die Geschichte der Astronomie und Kosmologie in Ergobiographien bedeutender Astronomen dar. Dabei sind weniger Astronomen aus moderneren Zeiten berücksichtigt, in denen mit riesigem (staatlichem) Aufwand und einem Heer von Mitarbeitern im Stile des ›Big science‹-Betriebs neue Erkenntnisse auf dem Gebiet der Astronomie, Astrophysik und Kosmologie durch das Zusammenwirken mehrerer Autoren erbracht wurden und werden, als solche aus den zurückliegenden Jahrtausenden, als die Erkenntnis-Fortschritte in dieser ältesten Wissenschaft noch durch einzelne Personen, ihre Ideen und ihr Engagement erbracht wurden, so dass die persönlichen Leistungen auch noch als solche erkennbar blieben. Den Übergang, der sich an den großen nordamerikanischen Observatorien bereits früher vollzog, vertreten hier, die Reihe der in einem eigenständigen Artikel vorgestellten Wissenschaftler abschließend, der große niederländische Astrophysiker Jan Oort und der deutsche Astronom und Initiator sowie langjährige Direktor des Max-Planck-Instituts für Astronomie Hans Elsässer, die bereits als ›primi inter pares‹ mit großem Engagement und unter Hintanstellung eigener Forschungen die Neuorganisation der Arbeitsbedingungen und -möglichkeiten für eine zunehmende Anzahl einander zuarbeitender wissenschaftlicher und technischer Mitarbeiter erfolgreich auf sich nahmen. Ihnen gelang damit, die europäische Forschung von der Ausstattung her an die Standards der nordamerikanischen heranzuführen.

Berücksichtigt wurden Astronomen aus allen Zeiten, soweit ihnen wenigstens bestimmte Erkenntnisse direkt zugeordnet werden können. Den Maßstab für eine Aufnahme bildete aber nicht der teleologische Standpunkt gegenwärtiger Wissenschaften, sondern die jeweils zeitgenössische Einschätzung, selbst wenn sich manche ›Erkenntnisse‹ inzwischen als nicht mehr beschrittene Irrwege herausgestellt haben. Das erfordert aber gerade bei älteren Astronomen, auch etwas näher auf ihren Wissensstand und den ihrer Zeit einzugehen, während andererseits die Biographien der Astronomen des 20. Jahrhunderts nicht die Lehr- und Handbücher der modernen Astronomie ersetzen können und sollen. Die Auswahl ist wie in jedem Falle, wenn sie über die herausragenden Großen eines Wissenschaftsbereichs hinausgehen soll, aber vom Umfang her Einschränkungen erfahren muss, subjektiv bedingt; und mancher wird eine Gestalt vermissen, die ihm bedeutender erscheint als andere, die aufgenommen wurden. Es finden sich sicherlich gerade für einen von den modernen Naturwissenschaften geprägten Leser auch wieder fremde oder sogar unbekannte und nicht als ihrem Kreise zugehörig empfundene Gestalten und Vorstellungen, die aber über Jahrzehnte und Jahrhunderte hinweg das astronomische Denken insgesamt bestimmten oder innerhalb einer Umbruchsituation maßgeblich an einer Überwindung älterer Vorstellungen mitgewirkt haben. Dabei wurde stets darauf geachtet, die neuen wissenschaftlichen Erkenntnisse mit der Biographie desjenigen, der sie erbracht hat, zu verknüpfen, soweit sie durch diese bedingt und von ihr beeinflusst waren, und aus dem Zusammenhang mit den Ideen und Vorstellungen heraus darzustellen, die vorgefunden wurden oder vorherrschten, und gegen diese abzusetzen.

Die Biographien sind nicht alphabetisch, sondern chronologisch (nach den Geburtsdaten) angeordnet, was dem Band mehr den Charakter einer kurzgefassten Astronomiegeschichte verleiht und ermöglicht, zum Verständnis sonst erforderliche Wiederholungen weitgehend zu vermeiden. So fallen aber auch Kontroversen und gleichzeitiges Wissen in der Astronomie insgesamt besser ins Auge; und es zeigt sich, wie von verschiedenen Seiten her eine Erkenntnis gleichsam vorbereitet und spruchreif gemacht wurde, wie alles nach einer Neuerung strebte, und diese dann auch sofort Aufnahme fand. Trotz grundsätzlichen Vermeidens einer teleologischen Geschichtsbetrachtung, sollte so auch deutlich werden, wie die einzelnen Disziplinen sich diesem Wechsel annäherten und ihn vorbereiteten, wenn auch nicht als vorgesehenes und angestrebtes ›Ziel‹, sondern als Konsequenz aus Vorangegangenem, gleichsam kausal bedingt aus dem jeweiligen ›Erfahrungsraum‹ der Forscher und ihrer Wissenschaften heraus.

Zur Ergänzung empfiehlt es sich, den in derselben Reihe erschienenen, nach den gleichen Kriterien bearbeiteten Band ›Die wichtigsten Naturwissenschaftler im Porträt‹ heranzuziehen, der die gleichzeitigen Kenntnisse und Ideen in den anderen Naturwissenschaften darstellt und sich mit diesem Band nur gelegentlich inhaltlich überschneidet.

* * *

Die einzelnen Astronomen sind im Kopfteil ihrer Artikel beziehungsweise bei einer ihre Arbeiten betreffenden Nennung jeweils mit den Geburts- und Todesdaten versehen. Bei mehreren Vornamen ist dann auch derjenige kursiv gesetzt, der als Rufname diente. Ein alphabetisches Verzeichnis der erwähnten Naturwissenschaftler am Ende soll das Auffinden der Behandlung oder wichtigen Erwähnung eines Wissenschaftlers erleichtern. Eine Zusammenstellung ›Weiterführender Literatur‹ konnte aus Platzgründen leider keine Aufnahme finden. Sie steht Interessenten jedoch auf der Homepage des Verfassers zum Einsehen und Herunterladen zur Verfügung:

‹http://www.staff.uni-marburg.de/~krafft/Buecher/htm›,

hier zum Titel Nr. 51 verlinkt. Enthalten sind in ihr neben allgemeinen biographischen Nachschlagewerken jeweils zu den einzelnen, alphabetisch aufgeführten Astronomen Werke und Werkausgaben sowie gegebenenfalls Übersetzungen, Bibliographien und monographische (ergo-)biographische Literatur.

Weimar (Lahn) im April 2007

NABURIANU
(5. vorchristliches Jahrhundert)

KIDINNU
(2. Hälfte des 4. vorchristlichen Jahrhunderts)

Es sind nur diese zwei relativ spät lebenden Priester-Astronomen, an denen die uralte, vereinfachend ›babylonisch‹ genannte Astronomie des Zweistromlandes sich namentlich festmachen lässt. In Mesopotamien scheinen dagegen schon um 2750 vor der Zeitenwende die wichtigsten Sternbilder des nördlichen Himmels benannt worden zu sein, die späteren Tierkreiszeichen längs des ›Weges der Götter‹ (der göttlichen Gestirne); auch fand dort die Vorstellung eines Einflusses der als Götter aufgefassten Gestirne auf das ihnen gleichrangige Geschehen auf Erden (Gott König und sein Reich, niedere Individuen wurden erst sehr viel später mit Horoskopen bedacht) eine Ausdehnung über Sonne und Mond hinaus auf die Planeten, vor allem die Venus. Daraus erklärt sich das Alter von Listen mit Planetenaspekten (Planetenstellungen) über längere Zeiträume, die sich bereits um 1500 v. Chr. urkundlich nachweisen lassen; es ist die Entstehungszeit des aus 70 Keilschrifttafeln bestehenden Werkes ›Enuma Anu Enlil‹, das später vielfach kommentiert und zitiert wurde. Die Astronomie bietet sich darin als arithmetisches Verfahren zur Bestimmung der Planetenörter am sichtbaren Himmel dar, das zur Blütezeit ›babylonischer‹ Astronomie (seit dem 5. vorchristlichen Jahrhundert), der die beiden Priester-Astronomen NABURIANU und KIDINNU angehörten, dahingehend erweitert wurde, dass jetzt durch den Einsatz einfacher und mehrfacher gleichgroßer Differenzen (von einem Mittelwert) die Örter der nicht gleichförmig die Erde umkreisenden Planeten extrapolatorisch angenähert bestimmt wurden.

Mit diesen Differenzenregeln der babylonischen Astronomen, die von den Griechen ›Chaldäer‹ genannt wurden, arbeiteten dann auch die griechischen Astronomen, etwa HYPSIKLES VON ALEXANDRIA (1. Hälfte des 2. vorchristlichen Jahrhunderts), der allerdings in seinem Werk ›Die Aufgangszeiten der Gestirne‹ dazu als Hilfssätze auch Theoreme über arithmetische Folgen ableitete.

Die Anwendung des Verfahrens ergibt bei der Bestimmung der Sonnenauf- und -untergänge für eine bestimmte Breite (bei Hypsikles die von Alexandria) auch die der dortigen Tageslängen, ein für die mittelmeerischen Kulturen wichtiges kalendarisches Element, da in ihnen nur der lichte Tag als die Einheit galt, die, wie entsprechend die ›Nacht‹, in je zwölf gleichlange Abschnitte als (›temporäre‹) Stunden unterteilt wurde (was natürlich für die Konstruktion von Uhren, die gleichzeitig Kalender sein mussten, besondere technische Schwierigkeiten bedeutete). Die Differenzenmethode wurde in der griechisch-römischen Welt besonders lange noch innerhalb der astrologischen Literatur bis in die Kaiserzeit angewendet, bevor sich die von Hipparchos, Menelaos, Ptolemaios und anderen für die geometrische Wiedergabe der Planetenbewegungen entwickelten Verfahren der sphärischen Trigonometrie auch dafür durchsetzten.

Die Beobachtungsreihen, die von den babylonischen Astronomen als Ausgangsdaten für die Konstruktion ihrer Differenzenregeln benutzt wurden, waren seit tausend Jahren durch regelmäßige Beobachtungen in den astronomischen Schulen von Babylon, Uruk und Sippar zusammengestellt und immer wieder verbessert worden; die erhaltenen Keilschriftkopien stammen meist aus der Bibliothek des Assyrerkönigs Assurbanipal (669–627) in Ninive, für die alle Keilschrifttexte des Landes neu kopiert worden waren, nachdem er die Residenz des neuassyrischen Reiches nach einer verheerenden Brandkatastrophe in Babylon dorthin verlegt hatte (612 von Medern und Babyloniern zerstört und nicht wieder aufgebaut, so dass die Bibliotheksbestände bei archäologischen Grabungen geborgen werden konnten). Aus der Blütezeit des 5. Jahrhunderts stammt auch die Einführung der astronomischen Hilfskreise am Himmel: zwölfteiliger Tierkreis (mit der sexagesimalen Unterteilung in 360°, in Griechenland nachweisbar erstmals von Hypsikles verwendet), Äquator und Horizont, deren Teilung noch bis in die Gegenwart nach deren Sexagesimalsystem erfolgt. Noch Ptolemaios griff auf bis in das Jahr −721 zurückreichende Beobachtungen der ›Chaldäer‹ zurück.

Aus den regelmäßigen Beobachtungen, die auch zur Aufzeichnung von Mond- und Sonnenfinsternissen führten, ließen sich auch Zyklen zum Ausgleich von Mond- und Sonnenjahr errechnen. Schaltmonate wurden bei Bedarf durch königliches Dekret erlassen – bis zum Jahre 505 war daneben ein achtjähriger

Zyklus in Gebrauch, 505 bis 383 ein 27-jähriger und danach ein 19-jähriger, den schon um 430 METON in Athen eingeführt hatte, woraufhin er nach ihm benannt wurde. Auch Perioden von Finsternissen ließen sich erschließen, deren Vorhersage wegen der mit diesen (ihnen noch nicht erklärbaren) Erscheinungen verbundenen schlechten ›Omina‹ von eminenter Wichtigkeit war. Hierzu gehört vor allem die sogenannte Saros-Periode. THALES VON MILET konnte durch Anwendung einer solchen babylonischen Periode die Sonnenfinsternis des Jahres −584 (= 585 v. Chr.) für dieses Jahr vorhersagen und mit seiner Erklärung der Erscheinung bei deren Eintreten den Ioniern in einer Schlacht gegen Lyder und Meder die Furcht nehmen, während jene wegen dieses schlechten Omens die Schlacht abbrachen.

Milesische Naturphilosophen

THALES
(* um 640 v. Chr. Milet, † um 560 Milet [?]),

ANAXIMANDROS
(* um 610 v. Chr. Milet, † 546 Milet [?]),

ANAXIMENES
(* um 580 v. Chr. Milet, † um 520 Milet [?])

THALES, ANAXIMANDROS und ANAXIMENES sind die ältesten sogenannten vorsokratischen griechischen Naturphilosophen; sie stammen alle aus Milet an der kleinasiatischen Westküste (Ionien), einer griechischen Kolonie mit ausgeprägter Handelsvermittlung zwischen dem Orient und dem griechischen Mutterland, die ihrerseits zahlreiche Kolonien gründete (unter anderen Mitte des 7. Jahrhunderts den Stapelplatz Naukratis im Nildelta, das seit König Amasis als einzige griechische Handelniederlassung in Ägypten zugelassen war), so dass mit der Handelsware auch das Wissen der die griechische Welt umgebenden Kulturen hier zusammenfloss und ob seiner Widersprüchlichkeit zu neuartigen Erklärungen regelrecht aufrief. Im siebten und sechsten Jahrhundert, seiner Blütezeit, war Milet als Handels- und Kulturmetropole die bedeutendste Polis Griechenlands und Keimzelle auch des naturphilosophischen Denkens, das sich hier innerhalb einer geistigen städtischen Elite entwickeln konnte, die erst die ›Literatur‹ als Kommunikationsmittel über Distanzen hinweg neben dem informativen Vortrag von hexametrischen Lehrgedichten durch Wanderrhapsoden (so etwa der Dichtungen von HESIODOS und EMPEDOKLES VON AKRAGAS) schuf.

Aus dem Leben der drei Protagonisten ist fast nichts bekannt, allein für THALES lässt sich aus seinen Angaben eine Ägyptenreise erschließen, von der er in seiner Schrift, offenbar einem ›Periplous‹, über aus Griechenland Bekanntem Widersprüchliches berichtete: Nilschwelle im Sommer, wenn in Griechenland die Flüsse trocken fallen (als von den gleichzeitig in Griechenland wehenden Nordwinden verursachter Rückstau des Wassers erklärt), Pyramiden (Verfahren der Höhenmessung aus der Schattenlänge) usw. Aufgrund des von einem Kundigen vorhersehbaren Ertrags soll er eine Olivenernte aufgekauft und so ein großes Vermögen erworben haben. Mit Hilfe babylonischer, empirisch gewonnener Finsternisperioden sagte er die Sonnenfinsternis vom 28. Mai für das Jahr 585 voraus. Während sein Werk bis auf einige gesondert überlieferte markante Sätze schon ARISTOTELES nicht mehr bekannt war, blieb die in hohem Alter verfasste Schrift des ANAXIMANDROS mit dem wahrscheinlichen Titel ›Über die Natur‹ bis ins 2. vorchristliche Jahrhundert erhalten, so dass sich aus den antiken Berichten ein gutes Bild von diesem frühen Prosawerk der abendländischen Geistesgeschichte ergibt. Es stellt eine alle Bereiche der Natur umfassende Synthese griechischen Ordnungsdenkens, wie es auf kosmogonischer Ebene die ›Theogonie‹ des HESIODOS (7. vorchristliches Jahrhundert) repräsentiert, und orientalisch-babylonischer Kosmogonie und Naturkunde dar und sollte Wesen und Zielsetzungen wissenschaftlicher Naturbetrachtung der Klassischen Antike bestimmen. Die theogonische Kosmogonie des HESIODOS, die den Kosmos durch eine Abfolge von Göttergenerationen (als Naturhypostasen) entstehen lässt, wird darin weitgehend entmythologisiert und entgöttert, wenn auch die Göttlichkeit des Kosmos erhalten bleibt.

Als Urstoff und Urprinzip alles Seienden nimmt ANAXIMANDROS im Anschluss an das göttliche ›Chaos‹ bei HESIODOS, in das hinein der ›Kosmos‹ geboren worden sei (und das sich deshalb jetzt außerhalb der von Himmel und Unterwelt gebildeten, die Erdscheibe als Großkreis enthaltenden Kugel befinde), ein quantitativ und qualitativ noch nicht Bestimmtes, das ›Apeiron‹, an, dem auch dieselben göttlichen Attribute der Unsterblichkeit und Alterslosigkeit wie den Göttern HESIODOS' zuerkannt werden. Es soll aufgrund eines ewig bewegenden Zeugungsprinzips aus sich das Warme und Kalte, das Trockene und Feuchte als qualitativ bestimmte gegensätzliche Ausscheidungen ›gebären‹, die sich dann als Wasser und Feuer in Schichten um die wohl wie bei HESIODOS spontan nach und in dem Apeiron entstandene, jetzt jedoch frei schwebende feste Erdscheibe legen sollen – Wasser innen, Feuer außen. Die Gegensätze hätten sodann aufeinander einzuwirken begonnen: Das Feuer verdunstete das die ganze Erde bedeckende Wasser allmählich – die Erde erhalte trockene Stellen, die Meere würden immer kleiner und salziger –, und dieses lege sich als feuchter, undurchdringlicher Nebel unter das Feuer und »wie die Rinde um einen Baum« um dieses herum, so dass sich große mit Feuer gefüllte kreisförmige nebelige Schläuche ergäben, die sich wie Räder um die Erde als Achsnabe drehten. Die Erdscheibe, deren Höhe einem Drittel ihres Durchmessers entspreche, schwebe frei in der Mitte, weil ein hinreichender Grund fehle, warum sie sich eher zur einen als zu einer anderen Seite bewegen solle. Sonne und Mond bestünden aus je einem solchen radförmigen Schlauch von der Dicke eines Erddurchmessers, und was uns als Sonne und Mond erscheine, sei das aus einem runden Loch in den Schläuchen »wie von einem Blasebalg« zur Erde hin geblasene innere Feuer. Der innere Durchmesser der Schläuche betrage für die Sonne 3×9, also 27, und für den Mond 2×9, also 18 Erddurchmesser. Innerhalb von ihnen befinde sich die vermutlich wie bei ANAXIMENES ›eisartig‹ (kristallen) gedachte Himmelshohlkugel mit einem Durchmesser von 1×9 Erddurchmessern, durch die das äußere Feuer als Fixsterne durchschimmere – die Planeten werden bei ANAXIMANDROS noch nicht berücksichtigt.

Dieses sei jedoch nur der gegenwärtige Zustand des Kosmos; denn ähnlich wie das vom Feuer besiegte Wasser seinerseits das Feuer besiege, entstünden alle Dinge dadurch, dass sie sich durch ein Überschreiten ihrer Grenzen an die Stelle eines anderen setzten und aus diesem entstünden, sich also im Sinne der griechischen ›Hybris‹ schuldig machten. Die ihre Schuld wieder ausgleichende Sühne bestehe darin, dass ihnen dasselbe Schicksal zuteil werde. So entstünden in ständigem Wechsel die Dinge wie Sommer/Winter, Tag/Nacht, Geburt/Tod usw. Auch das Austrocknen und Überschwemmen der Erde erfolge abwechselnd nach solchen Perioden, so dass es viele Welten nacheinander gebe und die gegenwärtige zu bestehen aufhöre, wenn alle Feuchtigkeit der Erde entzogen sei. In den Prozess des Verdunstens des Wassers und des Trockenwerdens der Erde bezog ANAXIMANDROS dann konsequent alle atmosphärischen Erscheinungen und Lebensprozesse mit ein, und auch die maritimen Fossilien und Muschelschalen in gegenwärtig vom Meer abgeschlossenen Höhen finden im Sinken des Meeresspiegels eine Erklärung (THALES hatte sie umgekehrt mit dem Aufsteigen der mit einem Schiff, das entladen wird, verglichenen Erdscheibe erklärt). Jenes Schuld-und-Sühne-Prinzip, das schon HESIODOS als Grund für die Machtfolge der einzelnen Göttergenerationen angeführt hatte, kann durch die Übertragung auf alles Geschehen in der Natur als erstes Erkennen einer Art von Naturgesetzlichkeit aufgefasst werden, und die von ihm im Sinne der gleichzeitigen geometrischen Kunst eingeführte geometrische Formung des Kosmos und der Erde, deren angenommenen Verhältnismaße es ANAXIMANDROS ermöglichten, einen ersten Himmelsglobus und eine erste Erdkarte zu konstruieren, war eine der Voraussetzungen für die spätere griechische Wissenschaft von der Natur. Mit Hilfe von Schattenmessungen mit dem von den Babyloniern übernommenen Gnomon gelang ihm zudem erstmals eine Bestimmung der Mittagshöhe der Sonne zur Zeit der Sonnenwenden und damit der Schiefe der Ekliptik als der Rotationsebene der Gestirnsschläuche. Auch die Sonnen- (und Mond-)wenden erklärte er meteorologisch: die Zusammenpressung der Luft beim zur Drehrichtung senkrechten Hin- und Herbewegen der Gestirnsschläuche bewirke im Rhythmus des Jahres eine ausgleichende Gegenbewegung. Für die nachfolgende Astronomie war die Zusammensetzung der erscheinenden Bewegung der Gestirne (Sonne und Mond) aus zwei physikalischen Einzelbewegungen, der täglichen Rotation der Gestirnsschläuche in der Ekliptikebene um die Erde und ihrer dazu senkrechten Auf- und Abbewegung in jährlicher beziehungsweise monatlicher Periode, wegweisend gewesen. Die Grundzüge der kreisförmigen Erdkarte von ANA-XIMANDROS lassen sich rekonstruieren, da sein Landsmann HE-KATAIOS (* um 560/550 Milet, † um 485) sie verbesserte und Teile der Karte sich aus der Kritik erschließen lassen, die HERODOTOS (Mitte des 5. vorchristlichen Jahrhunderts aus dem kleinasiatischen Halikarnassos) daran aus besserer Anschauung üben konnte. Die durch Mittelmeer, Schwarzes Meer und Phasis in Europa und Asien halbierte, vom Okeanos umflossene Erdscheibe (deren Südhälfte später durch den Nil nochmals in Afrika und Asien unterteilt werden sollte) setzt sich danach aus geometrischen Figuren zusammen, die durch Flüsse, Küsten, Gebirge und anderes als natürliche Grenzen gebildet werden. Diese ›ionische‹ Erdkarte (T-Karte) blieb bis ERATOSTHENES maßgeblich und wurde auch im christlichen Mittelalter noch verwendet, wobei man allerdings das antike heilige Zentrum Delphi durch Jerusalem ersetzte.

Der jüngere ANAXIMENES setzte sich mit dieser grandiosen Kosmogonie des ANAXIMANDROS kritisch auseinander: Er gab dessen ›Apeiron‹ als dem in jeder Beziehung Unbestimmten eine stoffliche Qualifikation im Sinne des späteren ›Materie‹-Begriffs und sah als dessen Urprinzip die ›Luft‹ an, die sich durch Verdichtung und Verdünnung in die anderen Stoffe (etwa im Sinne der späteren Aggregatzustände) wandeln könne. Für die Erdscheibe sah er wieder die Notwendigkeit, die Stabilität ihrer Lage zu begründen (THALES hatte sie auf dem Wasser schwimmen lassen, ohne die Konsequenz für letzteres zu beachten), und sah sie »wie ein dünnes Blatt« auf dem Luftmeer hin- und herschwankend schwimmen. Das hatte allerdings zur Folge, dass er das ›eisartige‹ Himmelsgewölbe, an das die (Fix-)sterne »wie Nägel geheftet« seien, nicht mehr als Voll-Hohlkugel ansehen konnte. Es besäße vielmehr die Form einer Glocke, die sich »wie ein Hut um den Kopf« schräg zur Erdebene um die Erdscheibe drehe; hohe Randgebirge ließen die Fixsterne so für uns unsichtbar werden, also scheinbar untergehen. Ähnliches soll für Sonne, Mond und eine unbestimmte Anzahl anderer ›Gestirne‹ gelten, die als flache Scheiben verdünnter (selbstleuchtender) Luft sich schnell durch die ›Lüfte‹ bewegten oder als solche verdichteter (dunkler) ›Luft‹ von Winden unter dem Himmel umhergetrieben würden, ohne unter der Erde hindurch zu ziehen; vielmehr würden sie um die Erde herumziehen und sich bei ihrem scheinbaren Untergang so weit entfernen, dass die Randgebirge sie der Sicht der Erdbewohner entzögen. Der Mond, dessen Fremdlicht ANAXIMENES erkannte, sei eine solche dunkle erdige Scheibe, andere verursachten die Finsternisse von Sonne und Mond.

Ähnlich nahm auch ANAXAGORAS (* um 500/499 v. Chr. Klazomenai [Kleinasien], † um 428/27 Lampsakos), der die (Natur-) Philosophie aus Ionien nach Athen brachte, an, dass dunkle Massen in den unteren Himmelsregionen herumwirbelten, uns mit Ausnahme des Mondes, der das Sonnenlicht reflektiere, unsichtbar, während vom Wirbel der feurig-ätherischen Luft der festen Erde entrissene und emporgetragene, teilweise zum Glühen gebrachte Felsmassen die leuchtenden Gestirne darstellen sollen. Wie die Atomisten ließ er den Kosmos aus einem Wirbel der anfänglich notwendig qualitätslosen Masse sämtlicher unendlich kleinen gleichartigen Teilchen von unendlicher Anzahl entstehen, den, anders als bei ihnen, der neben dem Stofflichen bestehende Geist in Bewegung gesetzt habe, so dass es allmählich zu einer Scheidung gekommen sei, derzufolge Verwandtes zueinander strebte und, selbst bewegt, den allgemeinen Wirbel vergrößerte. In dessen Mitte habe sich schließlich die flache Erdscheibe ausgesondert, von der Luft wie ein Deckel getragen. ANAXAGORAS erkannte erstmals die Bedeutung seiner Stellung zur Sonne für die Phasenbildung und deutete die Helligkeitsunterschiede als Berge und Täler auf dem bewohnten Mond. Auch Sonnen- und Mondfinsternisse erklärte er richtig, den Glanz der Milchstraße ließ er dagegen aus fehlender Sonnenbestrahlung resultieren: In den anderen Himmelsgegenden, welche die Erde bei Nacht nicht beschatte, werde das Licht der meisten Sterne von dem Sonnenlicht überstrahlt.

ARCHYTAS VON TARENT

(* um 430 v. Chr. Tarent, † um 345 Tarent [?])

ARCHYTAS, der wohl bedeutendste Wissenschaftler unter den älteren Pythagoreern, wirkte im griechisch besiedelten unteritalienischen Tarent, wo ihm selbst entgegen dem Gesetz der Stadt immer wieder, im Ganzen sechs- oder siebenmal, das Amt des Strategen (obersten Feldherren) durch Wahl übertragen wurde; und es wird berichtet, er sei in den Kriegen stets siegreich geblieben. Eine enge Freundschaft verband ihn mit dem etwas jüngeren PLATON, auf den er mit seinen pythagoreischen Ideen bei dessen insgesamt drei längeren Aufenthalten in Syrakus starken Einfluss ausübte und dessen Freilassung aus der Gefangenschaft des Tyrannen DIONYSIOS II. von Syrakus er im Jahre 360 nach dem kläglichen Scheitern der dritten Sizilien-Reise bewirken konnte.

Aus den Werken des ARCHYTAS sind nur wenige kurze Fragmente bei späteren Autoren wörtlich erhalten, deren Echtheit teils noch umstritten ist, weil in der Antike viele Schriften auf seinen Namen gefälscht wurden. – Es wird berichtet, dass er den ersten Automaten, eine fliegende Taube, konstruiert, sich hauptsächlich mit mathematischer Musiktheorie und Arithmetik beschäftigt und erstmals Probleme der Mechanik mit Hilfe mathematischer Prinzipien theoretisch behandelt habe, worin ihm ARISTOTELES in den ›Mechanischen Problemen‹ folgte. Umgekehrt gelang ihm mit Hilfe ›mechanischer‹ Bewegungen von geometrischen Körpern auch die Konstruktion einer Kurve zur Lösung des rein mathematischen Problems der Würfelverdoppelung (Auffinden zweier mittlerer Proportionale), neben der Kreisquadratur und Winkeldrittelung eines der drei der Antike bekannten Probleme, die mit Lineal und Zirkel nicht lösbar sind. Von großer und lange nachwirkender Bedeutung war seine Entdeckung, dass der Schall eine durch einen (geschlagenen) Körper erzeugte schwingende Luftbewegung darstellt und die Höhe eines Tones von der Schwingungsfrequenz abhängt – die er dann in eine direkte Proportionalität zur Fortpflanzungsgeschwindigkeit setzte. Er berechnete die Verhältnisse der Tonintervalle in den drei antiken Klanggeschlechtern ›enharmonisch‹, ›chromatisch‹ und ›diatonisch‹ und beschäftigte sich ganz allgemein mit Zahlenverhältnissen, wobei er die Beweiskraft der Arithmetik höher einschätzte als die der Geometrie. So bewies er, dass es bei zwei im Verhältnis $(n + 1) : n$ stehenden Zahlen $(n > 1)$ keine rationale mittlere Proportionale gibt, so dass der Ganzton $(9 : 8)$ nicht in zwei gleiche Intervalle zerlegt werden kann, und unterschied das harmonische vom arithmetischen und geometrischen Mittel. Das achte Buch der ›Elemente‹ des EUKLEIDES scheint inhaltlich auf ARCHYTAS zurückzugehen. Aus einer Verknüpfung der akustischen und arithmetisch-musiktheoretischen Erkenntnisse schien sich ihm die Möglichkeit zu ergeben, aufgrund einer angenommenen Analogie zwischen den Intervallen der acht Töne einer Oktave an einem Monochord und den Zwischenräumen zwischen den von der Erde aus gerechnet sich immer langsamer bewegenden acht Himmelskörpern (sieben ›Planeten‹, Fixsternsphäre) deren Entfernungen wenigstens relativ zu bestimmen. Die Analogie wurde dann teilweise so weit geführt, dass man die einzelnen unterschiedlich schnell rotierenden Gestirnssphären den entsprechenden Ton erzeugen ließ, so dass die aufgrund der unterschiedlichen Fortpflanzungsgeschwindigkeit gleichzeitig auf der Erde eintreffenden acht Töne eine Sphärenmusik ergäben, die man nur nicht bewusst höre, weil man seit der Geburt daran gewöhnt sei. Dieser voreilige Analogieschluss aufgrund der Annahme eines mathematisch-harmonischen Aufbaus der Welt findet sich zum Beispiel im Schlussmythos von PLATONS Schrift ›Staat‹. Die Idee einer musikalisch begründeten ›Weltharmonik‹ spielte dann bei den Neuplatonikern und Neupythagoreern eine große Rolle; sie sollte in der Renaissance wieder aufblühen und später auf anderer Stufe, dergemäß die dem Schöpfungsakt Gottes zugrundeliegenden Harmonien nur dem geistigen Ohr erklingen, JOHANNES KEPLER ein ganzes Leben lang beschäftigen und vor allem auch seine Vorstellungen vom Aufbau des Sonnensystems und der Gesetzlichkeit der Bewegungen der Planeten nachhaltig prägen.

ARCHYTAS gehörte zu der Gruppe der ›Mathematiker‹ unter den Pythagoreern, die im Gegensatz zu den ›Akusmatikern‹, welche die Regeln des Meisters buchstäblich ausgelegt und befolgt wissen wollten, überzeugt war, mehr im Sinne des Meisters zu handeln, wenn man seine Lehre durch eigenes, zeitgemäßes Denken fortzubilden suche. ›Mathematik‹ bedeutete im ausgehenden 5. Jahrhundert aber noch so viel wie ›Wissenschaft‹ überhaupt (›mathema‹ ist ›das Lehrbare‹) und noch nicht den engeren Bereich der Mathematik (als des durch die Axiomatisierung ›Lehrbare‹ par excellence), wie dann etwa seit PLATON. Dass es zu dieser Bedeutungsverengung hatte kommen können, liegt allerdings auch daran, dass diese Pythagoreer sich vorwiegend mit Erscheinungen beschäftigten, die sich in Zahlen- und Streckenverhältnissen, also ›mathematisch‹, ausdrücken lassen (Arithmetik, Geometrie, Harmonik, Astronomie, das spätere ›Quadrivium‹), wie man es aber auch bereits bei ANAXIMANDROS und HEKATAIOS in dem Bestreben antrifft, sich die Dinge und flüchtigen Erscheinungen mittels Zahlen und geometrischer Figuren fixierbar und damit erfassbar zu machen, was von den ›Mathematikern‹ unter den Pythagoreern nur gemäß der Überzeugung, dass »alles Zahl ist«, wie ARISTOTELES berichtete, verstärkt in den Blick genommen wurde. Eine ›pythagoreische‹ Entdeckung aus diesem Denken heraus sind die ganzzahligen Verhältnisse am Monochord beim Abgreifen ›harmonischer‹ Intervalle – sie wird auf PYTHAGORAS (* um 570/560 v. Chr. Samos, † um 480 Metapont) selbst oder auf

HIPPASOS VON METAPONT (Mitte des 5. vorchristlichen Jahrhunderts), den Führer der ›Mathematiker‹, zurückgeführt –, die den Ausgangspunkt für ARCHYTAS' Untersuchungen bildeten. Das führte einerseits zu der später mathematisch verwerteten Lehre von den figurierten Zahlen sowie der Ausbildung einer ersten Proportionenlehre und der Entdeckung der Inkommensurabilität zweier Strecken (Irrationalität) bei HIPPASOS, andererseits aber auch zu maßlosen oder doch unfruchtbaren Spekulationen. Man denke etwa an EURYTOS VON KROTON (um 400 v. Chr.), der den Gattungen Mensch, Pferd usw. je eine Zahl zuwies, oder an die 183 längs einer Dreieckslinie und an den drei Ecken angeordneten Welten des PETRON VON HIMERA (1. Hälfte des 5. vorchristlichen Jahrhunderts). All dieses ist in gleichem Maße zu bedenken, wenn man wegen einzelner äußerst wertvoller Erkenntnisse die ganze Denkart verherrlicht, die erst in der PLATONischen Umdeutung wieder sinnvoll wurde, und die Zügel bedauert, die ihr PLATON und ARISTOTELES durch die Ausbildung einer strengen Logik und Wissenschaftstheorie, ohne welche antike und damit neuzeitliche Naturwissenschaft nicht hätten entstehen können, nur vermeintlich bremsend anlegten. So beruhen auch die manchem modern anmutenden kosmologischen Ansichten der beiden Pythagoreer des 5. Jahrhunderts aus Syrakus, HIKETAS und EKPHANTOS, wonach nicht der Fixsternhimmel (und die Planeten?) sich drehen, sondern allein die deshalb runde Erde, ebenso auf bloßen Spekulationen wie jene des PHILOLAOS VON KROTON (Wende zum 4. vorchristlichen Jahrhundert), der wahrscheinlich überhaupt das erste ›pythagoreische‹ Buch schrieb, sich darin aber durchaus auch auf nicht-pythagoreische Naturphilosophen stützte. Seiner Meinung nach gebührt nicht der dunklen und kalten Erde, sondern dem Feuer als reinster und höchster Wesenheit der Platz in der Mitte der Welt. Die Erde kreise deshalb um dieses Feuer, danach folgten die Kreisbahnen von Mond, Sonne und Planeten und der Fixsternhimmel, die alle nur vom Zentralfeuer erleuchtet würden. Nun müsste aber die den Pythagoreern heilige Zahl 10 (›Dekas‹) im Kosmos irgendwie vertreten oder dieser nach der heiligen Dekas geordnet sein; und so erschloss PHILOLAOS einen zehnten Weltkörper, die ›Gegenerde‹, die auf einer eigenen Bahn das Zentralfeuer umkreise; da sie aber nicht sichtbar sei, müsse sie der Erde jeweils gegenüberstehen, also dieselbe Umlaufperiode wie diese aufweisen. – Pointiert kann man sagen,

dass erst durch die Wissenschaft des ARCHYTAS – dessen Schüler
EUDOXOS VON KNIDOS war – und in der philosophischen Neuinterpretation PLATONS der Pythagoreismus die Form gefunden
hat, in der er seine ungeheure Wirkung entfalten konnte.

EUDOXOS VON KNIDOS

(* um 408 v. Chr. Knidos [Kleinasien], † um 355 Knidos)

Über das Leben des EUDOXOS ist wenig bekannt; einigermaßen
sicher ist nur, dass er 53 Jahre alt wurde, als 23jähriger Vorlesungen an der PLATONischen Akademie in Athen hörte, dann mit Unterstützung knidischer Freunde eine fast zweijährige Reise durch
Ägypten machte, wo er astronomisches Beobachtungsmaterial
sammelte, anschließend in Kyzikos (am Marmara-Meer) eine
eigene Schule gründete sowie dort und am Hofe des Satrapen
von Karien Vorlesungen über Theologie, Kosmologie, Astronomie und Wetterkunde hielt, bevor er mit einem Teil seiner Schüler
nach Athen übersiedelte und eine eigene Schule neben der PLATO-
Nischen Akademie unterhielt. Die letzten Lebensjahre verbrachte
er wieder in Knidos.

Seine Lehrtätigkeit und sein Schrifttum umfassten alle Gebiete der noch nicht in Einzeldisziplinen zerfallenen Wissenschaft
seiner Zeit von der Theologie und Philosophie (besonders Ethik)
über die Naturwissenschaft (Geographie / Physik, besonders
Farbenlehre / Astronomie) bis hin zur reinen und angewandten
Mathematik. Vollständige Werke sind von ihm zwar nicht mehr
erhalten, doch lassen sich seine wissenschaftlichen Leistungen
aus den Fragmenten und Berichten bei späteren Autoren rekonstruieren. So sind die Schrift ›Über Analogien‹ mit der von
ihm geschaffenen mathematischen Proportionenlehre und seine
Ähnlichkeitslehre relativ unverändert in die ›Elemente‹ des EU-
KLEIDES eingegangen, und auch die exakte Exhaustionsmethode
zur Bestimmung des Inhalts nicht geradlinig begrenzter Flächen
und Körper bei EUKLEIDES und ARCHIMEDES geht auf ihn zurück.
Daneben stammt eine erste Theorie der Kegelschnitte von ihm.
Astronomie und Geographie hat er sowohl deskriptiv als auch
mathematisch behandelt, und die Kugelgestalt der Erde erwies er
ebenso wie die Tatsache, dass der Mond kein eigenes Licht aus-

strahlt, sondern nur das der Sonne reflektiert. Seine nachhaltigste Leistung auf dem Gebiet der heute sogenannten exakten Naturwissenschaften besteht jedoch in der mathematischen Theorie der Planetenbewegungen, die er in seiner nur in Fragmenten erhaltenen Schrift ›Über die Geschwindigkeiten‹ entwickelte. Erste Versuche, die von der Erde aus gegenüber der täglichen, gleichförmigen Rotation des als Kugelschale aufgefassten Fixsternhimmels ungleichförmig und rückläufig erscheinenden Relativbewegungen (Anomalien) der Planeten zu erklären, stammen aus der zweiten Hälfte des 5. vorchristlichen Jahrhunderts von PHILOLAOS. Beobachtete Daten solcher periodisch wiederkehrender Anomalien der Planetenbewegungen wurden jedoch nach Ansätzen bei PLATON erstmals von EUDOXOS in seinem kinematischen Modell der konzentrischen Sphären berücksichtigt. Hatte PLATON den einzelnen Planeten, zu denen bis in die Neuzeit auch Sonne und Mond zählten, umeinander angeordnete ringförmige Bereiche zugeordnet, die, von den Himmelspolen aus gesehen, wie Wirteln einer Spindel aussahen, und im Gegensatz zu DEMOKRITOS auch den von diesem wegen ihrer scheinbar ungeregelt ungleichfömigen Bewegungen ›Irrsterne‹ (›Planeten‹) genannten Gestirnen gleichbleibende Bewegungen in gleichen Perioden zuerkannt, so entwickelte EUDOXOS eine Theorie, die aufzeigte, dass die Ungleichförmigkeiten sich durchaus als scheinbar erweisen ließen, indem man sie aus einer Kombination von gleichförmigen Bewegungen resultieren und dazu nach der Methode des ANAXIMANDROS verschiedene Bewegungen ausführen lässt. Der täglichen Umkreisung der Erde von Ost nach West (dem Auf- und Untergang der Gestirne) [1], der dieser gegenläufigen Bewegung längs der Ekliptik in einer je eigenen (der jeweiligen ›siderischen‹) Periode [2] und der dieser überlagerten, zu schleifenartigen Abweichungen führenden, aus zweien zusammengesetzt gedachten Bewegung wieder in einer je eigenen, von der Stellung zur Sonne abhängigen (der jeweiligen ›synodischen‹) Periode [3] wird jeweils ein eigener, spezifischer, in der entsprechenden Periode gleichförmig umlaufender Kreis zugeordnet, der seinerseits als Großkreis (›Äquator‹) einer in der entsprechenden Periode rotierenden, konzentrischen mathematischen Kugel (daher der Titel der Schrift) von dieser herumgeführt wird. Da die Bewegungen dieser Perioden in jeweils unterschiedlichen Ebenen erfolgen, sind und bleiben die Achsen der ihren zugeordneten Kugeln nicht gleichgerichtet; vielmehr ist die Achse der ersten, für die tägliche (der der Fixsternsphäre entsprechende) Rotation zuständigen Kugel in den beiden Himmelspolen gelagert, die Achse der zweiten, für die siderische Eigenbewegung eines Planeten längs der Ekliptik verantwortlichen in einem der Schiefe der Ekliptik entsprechenden Winkel schräg dazu an der ersten (äußeren) befestigt, das heißt um Pole (Ekliptikpole), die sich an der äußeren Kugel um die Schiefe der Ekliptik von deren eigenen Polen entfernt befinden, so dass ein Punkt auf dem Äquator der zweiten Kugel (ein angenommener Planetenkörper) sich bei täglicher Umkreisung der Erde gleichzeitig in siderischer Periode längs der Ekliptik (des Tierkreises) zu bewegen schiene. Dieser aus zwei Kreisen zusammengesetzten Bewegung ist dann die wiederum aus zwei jeweils in synodischer Periode rotierenden, zusammengefassten Kreisen (Kugeln) resultierende ›Hippopede‹ überlagert, deren Achsen so weit schräg zueinander stehen, dass die empirisch ermittelte Größe der Schleifenbewegung daraus resultiert, während das Ganze mit der Achse der äußeren (dritten) Kugel auf dem Äquator der zweiten Kugel gelagert ist, also von dieser herumgeführt wird. Daraufhin werde der auf dem Äquator der innersten (vierten) Kugel befestigte Planetenkörper gleichsam um die Pole des ›Hippopeden‹-Systems auf dem Äquator der zweiten, ›siderischen‹ Kugel vor und zurück geführt. So werden nach diesem System der konzentrischen Sphären (Kugeln) die verwickelten, ungleichförmig erscheinenden Bewegungen der ›Irrsterne‹ als nur scheinbar ungleichförmige, in Wirklichkeit gleichförmige, nämlich aus einer Kombination gleichförmiger resultierende Bewegungen erklärt.

Diese Methode der Zerlegung als nur scheinbar ungleichförmig angenommener Planetenbewegungen in ihre gleich- und kreisförmigen Komponenten wurde bis zur Entdeckung der Ellipsenbahnen durch Johannes Kepler beibehalten, wenn auch statt der konzentrischen schon bald exzentrische und epizyklische Sphären (Apollonios von Perge, Hipparchos) zur genauen Wiedergabe der erkannten Anomalien erforderlich wurden. Das mathematische Sphärensystem des Eudoxos hatte auch schon selber eine Verbesserung durch Kallippos, einen Zeitgenossen des Aristoteles, und vermutlich auch auf dessen Veranlassung hin erfahren, um auch die zwischenzeitlich bekannt gewordene Ungleichförmigkeit der Bewegung innerhalb der siderischen Periode (gemäß dem zweiten KEPLERschen Gesetz) zu berücksichtigen. Er musste dazu das ›Hippopeden‹-System jeweils durch Hinzufügen einer weiteren Sphäre zu einer Doppelacht erweitern, die jetzt bis auf Saturn und Jupiter, bei denen diese Ungleichförmigkeit noch nicht erkannt war, für alle Planeten, also auch für Sonne und Mond, zusätzlich eingeführt werden musste. In dieser Form ging das mathematische System der konzentrischen Sphären auch in die Physik des ARISTOTELES ein, wozu dieser die ›mathematischen‹ Kugeln materialisierte zu körperlichen Hohlkugeln aus seinem unveränderlichen fünften Element, dem Äther, der nur zur Erde konzentrische Kugelkörper bilden könne, die sich nur gleich- und kreisförmig um das Weltzentrum (Erde) bewegen könnten. Solange diese Himmelsphysik in Geltung blieb, und das war bis ins 17. Jahrhundert, waren letztlich sämtliche mit nicht-konzentrischen Sphären und Bewegungskomponenten arbeitenden Theorien bloße Hypothesen zur Berechnung der Planetenörter, aber vor NICOLAUS COPERNICUS nicht der Wirklichkeit entsprechende physikalische Systeme. Es gab deshalb immer wieder ernsthafte Verfechter eines streng konzentrischen Systems der Planetentheorie (nach der Kritik an der Theorie des PTOLEMAIOS durch den Peripatetiker des 2. Jahrhunderts SOSIGENES sowie durch PROKLOS, IBN AL-HAITHAM und AVERROËS beispielsweise AL-BITRUDSCHI) – obgleich vor allem die wechselnde Entfernung eines Planeten von der Erde (Apogäum, Perigäum) damit nicht erklärt werden konnte. – Auf EUDOXOS geht auch das ›Analemma‹ genannte Verfahren zur Konstruktion des Liniennetzes von ebenen Sonnenuhren mit ungleichlangen Stunden zurück, sowie ein ›Phainomena‹ genanntes Werk über Fixsternphasen, das später von ARATOS benutzt wurde. In den frühesten als ganze erhaltenen Schriften griechischer Mathematik und Astronomie behandelte AUTOLYKOS VON PITANE um 300 v. Chr. die EUDOXISCHEN Themen weiter: durch verschiedene Ebenen rotierende Kugeln sowie die wahren und scheinbaren Auf- und Untergänge der Fixsterne.

ARISTOTELES

(* 384 v. Chr. Stageira [Halbinsel Chalkidike],
† 322 Chalkis [Insel Euböa])

Der einflussreichste Philosoph und Naturforscher des Abendlandes ARISTOTELES entstammte einer alten Arztfamilie (der Vater war Leibarzt des makedonischen Königs) und sollte ebenfalls Arzt werden. Zur Ausbildung ging er nach Athen und trat hier mit 17 Jahren in die PLATONische Akademie ein, der er 20 Jahre als Schüler und Lehrer angehörte. Er hatte sich in dieser Zeit aber offensichtlich so weit von den Grundlehren PLATONS entfernt, dass dieser, um den Bestand seiner Schule und Lehre bedacht, nicht ihm, dem begabtesten seiner Schüler, die erhoffte Nachfolge in der Leitung seiner Schule übertrug. ARISTOTELES folgte deshalb 347 dem Angebot eines ehemaligen Mitschülers nach Assos, verlegte aber bereits 345 seinen Wohnsitz nach Mytilene auf Lesbos, der Heimat des THEOPHRASTOS, mit dem er hier hauptsächlich Material zu den biologischen Schriften sammelte. Im Jahre 342 folgte er einem Ruf PHILIPPS II. von Makedonien an den Hof in Pella und wirkte hier als Erzieher des Prinzen ALEXANDER (* 356), der nach der Ermordung PHILIPPS 336 König von Makedonien wurde. ARISTOTELES schloss sich aus verschiedenen Gründen 334 nicht den Eroberungszügen ALEXANDERS an, sondern begab sich nach Athen, um hier neben der Akademie mit Unterstützung des makedonischen Statthalters eine eigene Schule, das Lykeion, später auch ›Peripatos‹ genannt, zu gründen, eine straff organisierte Unterrichts-, besonders aber Forschungsstätte. Wegen seiner engen Beziehungen zum makedonischen Königshof wurde ARISTOTELES nach Bekanntwerden des Todes von ALEXANDER (323) besonders von national und altgläubig eingestellten Kreisen Athens angefeindet. Einem gegen ihn angestrengten Prozess wegen angeblicher Gotteslästerung entzog er sich durch die Übersiedlung auf das Landgut seiner Mutter in Chalkis, wo er bald erkrankte und nach wenigen Monaten Aufenthalt an einem Magenleiden verstarb.

ARISTOTELES hat eine Fülle von Schriften zu fast allen Bereichen damaliger Wissenschaft hinterlassen. Während jedoch die zur Veröffentlichung bestimmten kleineren Werke allgemein philosophischen Inhaltes nur noch aus Fragmenten bekannt sind, ist ein großer Teil seiner mehr oder weniger abschließend redigierten Vorlesungsmanuskripte (und -nachschriften) erhalten. Wenn auch die antiken Bibliographien sehr viel mehr Schriften aufführen, so reichte doch die im ersten vorchristlichen Jahrhundert von dem damals führenden Peripatetiker ANDRONIKOS VON RHODOS in der auch überlieferten Form zusammengestellte Ausgabe der Hauptwerke aus, eine die stoische Philosophie und Naturwissenschaft zurückdrängende ARISTOTELES-Renaissance einzuleiten, welche die Naturwissenschaften und, neben dem Neuplatonismus, auch die abendländische und arabische Philosophie der Folgezeit bis tief in die Neuzeit beherrschte und teilweise bis in die Gegenwart beeinflusste. Die bedeutendsten antiken Kommentatoren seiner für die Entwicklung der Naturwissenschaften wichtigen Werke waren ALEXANDROS VON APHRODISIAS (Karien, Kleinasien), der im 2./3. nachchristlichen Jahrhundert in Athen wirkte, der neuplatonische Christ IOANNES PHILOPONOS, der im 6. Jahrhundert in Alexandria wirkte und durch eine christliche Umformung der Bewegungstheorie des ARISTOTELES zum Schöpfer der Impetustheorie wurde, der letzte griechische Aristoteliker SIMPLIKIOS (6. Jahrhundert) sowie ANICIUS MANLIUS TORQUATUS SEVERINUS BOETHIUS (* um 480 Rom, † 524 Rom, hingerichtet), der gleichzeitig, wie für die ›Elemente‹ des EUKLEIDES, lateinische Übersetzungen im wesentlichen der logischen Schriften anfertigte, so dass diese direkt auf das lateinische Mittelalter wirken konnten und die sogenannte Scholastik entstehen ließen, während andere, besonders die naturwissenschaftlichen Schriften außerhalb des griechisch sprechenden Ostreiches (Byzanz) hier erst wieder seit der Übersetzertätigkeit des 12. Jahrhunderts über die arabische Traditionskette (AVERROËS, AVICENNA, AL-BITRUDSCHI, THABIT IBN KURRA und andere) bekannt wurden, in der griechischen Originalfassung meist sogar erst seit der Untergangszeit des Byzantinischen Reiches. Trotz neuplatonischer, averroistischer, thomistischer und allgemein scholastischer Entfremdungen blieben die ARISTOTELIschen Lehren, die man seit dem 16. Jahrhundert wieder in ihrer Ursprünglichkeit erfassen wollte, Richtschnur und Leitbild naturwissenschaftlichen und naturphilosophischen Denkens, bis sie Stück für Stück und dann schrittweise durch andere Ideen ersetzt wurden, in der Kosmologie und Astronomie relativ früh (NIKOLAUS VON KUES, NICOLAUS COPER-

NICUS, JOHANNES KEPLER), etwas später in der Physik (GALILEO GALILEI) und verwandten Gebieten, die seit dem 16. und 17. Jahrhundert erst allmählich als Einzeldisziplinen entstanden – häufig wieder im Anschluss an ARISTOTELES, weil in dessen universalem Lehrgebäude von den neuen, nicht mehr so umfassenden Wissenschaften Reste gelassen wurden, die daneben von anderen antiken Autoren behandelt worden waren. Die auf der zweiwertigen ARISTOTELischen Logik basierende Sprech- und Denkweise sowie die von ihm geprägten naturphilosophischen Begriffe wie Raum, Zeit, Kontinuum wurden sogar erst teilweise in unserem Jahrhundert durch neue physikalische Vorstellungen überwunden. – Diese Schwierigkeiten geben gleichzeitig Zeugnis für die Geschlossenheit und Einheitlichkeit der umfassenden Lehren des ARISTOTELES, die alle Bereiche der materiellen und immateriellen Welt mit den gleichen Prinzipien erfasste, so dass ein Teileinbruch schnell überwunden werden konnte oder später doch keine das übrige Lehrgebäude betreffenden Folgen nach sich zog, zumal die erst von ARISTOTELES als solche geschaffenen Einzeldisziplinen der Naturwissenschaft und allgemeinen Wissenschaftslehre in seinen Schriften selbst miteinander äußerst verwoben sind.

Im Gegensatz zu PLATONs dualistischer Welt (den nur denkbaren, seiend unveränderlichen ›Ideen‹ neben dem wahrnehmbaren veränderlichen Bereich, der nicht denkbar und wahr erfassbar sei) entnimmt ARISTOTELES seine Prinzipien dem unmittelbaren Erfahrungsbereich, dem aber neben der sinnlich wahrnehmbaren Welt gleichberechtigt auch der Bereich der Sprache (Logik) angehören soll. Sinnliche Erfahrung, Sprache, Denkinhalte und Sein bilden dieselbe Erkenntnisstufe und sind aufeinander abbildbar. Das Sein wird somit auf das sinnlich Erfahrbare und daraus Ableitbare beschränkt; getrennt existierende ›Ideen‹ wie bei PLATON werden deshalb ebenso abgelehnt wie eine mathematische Struktur des Seins. Mathematik sei allein denkbar und trage als andere Seinsform zur Erkenntnis der Zustände und Vorgänge der Natur und insbesondere der materiellen Natur nichts bei. Sie diene allein der Beschreibung bestimmter nebenbei auftretender (›akzidenteller‹) und nicht das Wesen der Dinge betreffender Eigenschaften, nicht der Begründung und Erfassung der Dinge und Vorgänge selbst, ihrem ›Wesen‹, dem allein die ›Wissenschaft (von der Natur)‹ sich anzunehmen habe. Diese Wissenschaft ging deshalb für ARISTOTELES nicht nur empirisch vor – sie kann ihre teilweise auch deduktiv oder in einem anderen Bereich (Sprache) induktiv gewonnenen Ergebnisse an der sinnlichen Erfahrung prüfen und muss dieses auch –, sondern war daneben notwendig rein qualitativ. – Der Gegensatz von ›natürlich‹ und ›künstlich‹, in der Sophistik entstanden, erfährt durch PLATON und ARISTOTELES eine naturphilosophische Begründung. Greift der Mensch danach gewaltsam (›künstlich‹) in den Ablauf der Natur ein, so stört er das natürliche Verhalten der Dinge und betrachtet darin nicht die Natur, sondern ›Kunst‹ (nur hier sei deshalb so etwas wie ein Experiment angebracht). Auch die mathematischen Wissenschaften sind solche ›Künste‹ (›Freie Künste‹: Arithmetik, Geometrie, Harmonielehre, Astronomie; ›mechanische Künste‹), so dass auch die Betrachtung ›gewaltsamer‹ Bewegungen mathematisch erfolgen kann: ARISTOTELES' ›dynamisches Grundgesetz‹ bringt so Weg, Zeit und ›Kraft‹ bei gewaltsamen Bewegungen, für die ein ständiger äußerer Antrieb nötig sei, in Beziehung; seine Übertragung auf widernatürliche Bewegungen mittels ›mechanischer‹ Geräte, die jeweils aus geradlinigen resultierende Kreisbewegungen bewirken, macht ARISTOTELES auch zum Begründer der Mechanik auf dynamischer Grundlage – was GALILEO GALILEI später neben der Statik des ARCHIMEDES wieder aufnahm, nur dass dieser dann solche Bewegungen auch als ›natürliche‹ deutete. Den ständigen Antrieb erklärte ARISTOTELES beim Wurf mit einer sukzessiven Übertragung der bewegenden Kraft auf das Medium (Luft), nachdem das Geschoss den Werfer verlassen habe; aus der Kritik hieran entstand bei IOANNES PHILOPONOS später die Impetustheorie (auch zur Erklärung der Rotationsbewegung der Äther-Sphären), die schon in ARISTOTELES' ›Quaestiones mechanicae‹ anklang. – Aus der Beschränkung auf diese Sehweise und die Beschreibung der ARISTOTELES noch als akzidentell geltenden Eigenschaften sollte die neuzeitliche Naturwissenschaft entstehen; die Naturwissenschaft des ARISTOTELES dagegen betrachtete allein ›natürliche‹ Vorgänge und Zustände, die ›Natur‹ der Dinge.

Jede Art von Bewegung oder Veränderung (qualitative, quantitative, örtliche) erfolgt nach ARISTOTELES durch den natürlichen oder gewaltsamen Wechsel einer akzidentellen Eigenschaft *an* einem Bleibenden (›substratum‹, ›subjectum‹) innerhalb eines Gegensatzpaares (schwarz/weiß, warm/kalt, oben/unten usw.). Ortsbewegung sei so der Wechsel eines Ortes A in den Ort B ohne sonstige Veränderung des Bewegten. Auch hierbei werden nur

die Endzustände betrachtet, nicht der Bewegungsvorgang als solcher (Kinematik), was auf den Einfluss der Ontologie des PARME-
NIDES zurückzuführen ist. Die neue Eigenschaft musste in dem
Gegensatzpaar potentiell bereits angelegt sein, sie würde nur
aktualisiert (wirklich). Erfolge eine Veränderung von Natur aus –
für ›natürliche‹ Bewegungen sei der Antrieb in dem Ding selbst –,
so bestehe sie in der Verwirklichung der naturgemäßen Anlagen,
des eigentlichen Zweckes (griechisch: ›telos‹), von ARISTOTELES
›Entelechie‹ genannt. Dagegen gerichtete, gewaltsame Veränderungen bedürften deshalb eines ständigen direkten Einwirkens
von außen, nach dessen Aufhören das Ding seiner ›Entelechie‹
wieder zustrebe. – Für alle Dinge, Zustände und Vorgänge seien
jeweils vier Prinzipien, Ursachen, verantwortlich: die ›causa ma-
terialis‹ (Stoff), ›causa formalis‹ (Form, Gestalt, Seele, bestehend
aus den wesensgemäßen, essentiellen Eigenschaften), ›causa movens‹ (Antrieb) und ›causa finalis‹ (Zweck, Sinn) – die moderne
›kausale‹ Betrachtungsweise beschränkt sich im Anschluss an IM-
MANUEL KANT auf die ›causa movens‹ –, wobei der ›Antrieb‹ auch
gewaltsam erfolgen könne, ohne das Ding selbst zu verändern.
Eine gewaltsame Veränderung einer der anderen ›Ursachen‹ habe
jedoch einen Wechsel des Dinges selbst zur Folge, es vergehe und
entstehe als ein neues anderes. So erklären sich die Umwandlung und der Kreislauf der vier irdischen ›Elemente‹ aufgrund
des Umschlags einer ihrer essentiellen Eigenschaften und aus der
empirisch gewonnenen Zweizahl der Gegensatzpaare die Vier-
zahl der ›Elemente‹ (wie sie seit EMPEDOKLES vertreten wurde).
Alle Stoffe bestünden aus einer homogenen Mischung dieser vier
Elemente. Die essentiellen Eigenschaften der Elemente ergänzte
ARISTOTELES durch ein schnellstmögliches, folglich geradliniges
Streben zu dem ihnen gemäßen, ihrem ›natürlichen Ort‹ im Kosmos: Erde strebe zum Mittelpunkt (unten), Feuer zur Peripherie
(oben), Wasser relativ nach unten, Luft relativ nach oben. Hieraus
ergibt sich zwingend die Schichtenanordnung der Elemente im
Kosmos, notwendig mit dem ruhenden kugelförmigen Erdkör-
per im Zentrum, also auch ein geozentrisches Weltsystem. Da
auch die Ortsbewegung eines Zieles bedürfe, weil sie in einem
Wechsel des Ortes bestehe, muss auch die Aufwärtsbewegung
begrenzt sein, und ihr Ziel müsse, da die Bewegung überall auf
der Erdkugel senkrecht nach oben erfolge, auch überall gleichweit von der Erdoberfläche (und dem Zentrum) entfernt sein. Da

von den beiden bekannten ›einfachen‹ Bewegungen die geradlinige ›einfachen‹ Körpern, nämlich den vier Elementen, zukomme, müsse auch die Kreisbewegung, zu der es allerdings keinen Gegensatz gebe, so dass sie selbst gewaltsam in keiner Weise in irgendetwas verändert werden könne, einem ›einfachen‹ Körper von Natur aus zukommen. Hieraus schloss ARISTOTELES auf die Existenz eines fünften Elementes, des ›Äthers‹, der, in jeder Beziehung unveränderlich, in konzentrischen Schalen, die notwendig gleichförmig rotieren, sowohl den Kosmos insgesamt kugelförmig begrenze als auch den ›sublunaren‹ (untermondischen) Bereich der vier wandelbaren, entgegengesetzt geradlinig bewegten irdischen Elemente. Der Kosmos wurde so dualistisch in einen ›sublunaren‹ irdischen und einen ›supralunaren‹ himmlischen Bereich getrennt. Die astronomischen Objekte und ihre Bewegungen mussten daraufhin innerhalb des ›übermondischen‹ Bereichs des gleichförmig konzentrisch rotierenden Äthers angesiedelt und die erscheinenden Bewegungen, die Phänomene, als aus solchen konzentrischen Kreis- oder vielmehr Rotationsbewegungen resultierend aufgefasst werden. Die wohl in seinem Auftrag durch KALLIPPOS verbesserte Theorie der konzentrischen Sphären des EUDOXOS VON KNIDOS, der die ungleichförmig erscheinende Bewegung eines jeden Planeten für sich als Resultante der Bewegungen mehrerer gleichförmig rotierender mathematischer Kugeln dargestellt hatte, die so ineinander geschachtelt sind, dass deren Achsen jeweils unter einem bestimmten Winkel in der nach außen anschließenden gelagert sind, gab dazu die willkommene Grundlage aus der Fachwissenschaft. ARISTOTELES hatte nur die mathematischen Kugeln (Sphären) mittels des allein, aber auch ausschließlich zu solchen Bewegungen befähigten ›Äthers‹ zu materialisieren, musste dann aber auch den Bewegungsapparat eines jeden Planeten mittels kompensierender Sphären zwischen ihnen ergänzen, die mit sonst gleichen Daten jeweils der zu kompensierenden Einzelsphäre entgegengesetzt rotieren, damit die spezifischen Bewegungskomponenten eines Planeten aufgehoben und nicht mit auf den nach innen folgenden übertragen würden. Dadurch wurde aus den separaten ›mathematischen‹ Bewegungselementen eines jeden Planeten bei EUDOXOS und KALLIPPOS ein geschlossenes ›physikalisches‹ System von der Fixsternsphäre bis zum Mond, für das ARISTOTELES insgesamt 55 ›Sphären‹ und Sphärenbeweger benötigte, welch letztere später durch den ihnen von Gott bei der Schöpfung eingegebenen ›Impetus‹ ersetzt wurden.

Die Phänomene zwangen zwar später, von der strengen Konzentrizität abzugehen (HIPPARCHOS, APOLLONIOS VON PERGE, PTOLEMAIOS, Gegenströmungen etwa bei IBN AL-HAITHAM und AL-BITRUDSCHI), doch blieben fortan wenigstens die Geozentrizität des Kosmos und die Gleich- und Kreisförmigkeit sämtlicher (Teil-)Bewegungen der Himmelskörper neben der Konzentrizität der Gesamtsphäre eines Planeten als unantastbare Grundsätze bestehen, bis TYCHO BRAHE durch den Nachweis der Veränderlichkeit auch der Äthersphären JOHANNES KEPLER den Weg bereitete, auch von diesen Prinzipien Abstand nehmen zu können. Allerdings hatte der leitende Peripatetiker SOSIGENES (nicht zu verwechseln mit dem gleichnamigen Kalendermacher G. JULIUS CAESARS, der den ›Julianischen Kalender‹ schuf) im Jahre 164 aus einer der sehr selten zu beobachtenden ringförmigen Sonnenfinsternisse, die in Athen und Rhodos, nicht dagegen in Alexandria zu sehen war, geschlossen, dass das ARISTOTELische Prinzip, demzufolge jede Äthersphäre gleichförmig um das Weltzentrum rotiere, dahingehend abzuändern sei, dass jede Sphäre um ihr eigenes Zentrum gleichförmig rotiere; denn da die himmlischen Ätherkörper unveränderlich seien, also auch nicht wachsen oder schrumpfen könnten, könne die Veränderung der Durchmesser von Sonnen- und/oder Mondscheibe gegenüber anderen, totalen Sonnenfinsternissen nur scheinbar sein, entstanden aus einer unterschiedlichen Entfernung eines oder beider Gestirne. Es müsse also auch in der physischen Realität exzentrische Äthersphären geben, wie sie die mathematische Astronomie ja zur Berechnung der Bewegungsabläufe und zur »Rettung der Phänomene« hypothetisch nach ARISTOTELES annahm. Erst NICOLAUS COPERNICUS sollte zu Beginn der Neuzeit diese empirisch erzwungene Abänderung der ARISTOTELischen Prinzipien der Himmelsbewegungen wieder aufgreifen und in ein neues System umsetzen.

Die Schwierigkeit der Denkbarkeit eines anisotropen begrenzten Raumes – PLATON hatte Raum und Materie gleichgesetzt – bewog ARISTOTELES, dessen Eigenschaften gleichsam in die Materie (Elemente) selbst zu verlegen und den Begriff Raum durch den des ›Ortes‹ zu ersetzen. Als ›Ort‹ eines Dinges definierte er die innere Begrenzungsfläche des ihn umgebenden Dinges. Außerhalb des notwendig kugelförmig begrenzten Kosmos sei folglich weder Ort noch Zeit, somit auch keine Materie oder Leere, nur Gott als reines Formprinzip (Geist), auch als unbewegter Erster Beweger angesehen, der wie eine erstrebte Geliebte, also teleologisch, die Sphären bewege und damit erste Ursache für alles Geschehen im Kosmos werde. Derartige Auffassungen haben natürlich die Ablehnung jeglichen Vakuums und irgendwelcher Fernwirkungen der Kräfte (eines Körpers) zur Folge. Die Anisotropie des Raumes ergab sich dann durch die Vorstellung vom den Elementen jeweils ›natürlichen Ort‹ als ›Ziel‹ ihrer ›natürlichen‹ (naturgemäßen) Bewegung. – Überhaupt war das teleologische Denken des ARISTOTELES von besonderer Bedeutung und von am längsten währendem Einfluss; es wurde nach stoischem und neuplatonischem Vorbild im christlichen Mittelalter von der ARISTOTELischen Vorstellung einer dem Einzelding und -vorgang immanenten Finalität (›Entelechie‹) zu einem Aufeinander-Bezogensein aller Dinge und natürlichen Vorgänge ausgeformt.

ARISTARCHOS VON SAMOS
(* um 320 v. Chr. Samos, † um 250)

Aus dem Leben des ARISTARCHOS VON SAMOS ist nichts Näheres bekannt. Im Originalwortlaut erhalten ist nur seine Schrift ›Über die Größen und Abstände von Sonne und Mond‹. Hierin wurde eine erste Methode entwickelt, kosmische Distanzen zu bestimmen: Zu dem Zeitpunkt, in dem der Mond von der Erde aus gesehen genau halbiert erscheint (Halbmond), der Winkel Erde-Mond-Sonne also ein rechter ist, wird der Winkelabstand Mond-Sonne (β) gemessen. Der parallaktische Winkel bei der Sonne beträgt dann über der Basislinie Mond-Erde $90° - \beta = \alpha$. Diese genial erdachte Methode scheiterte jedoch aus späterer Sicht bei der Anwendung bis weit in die Neuzeit hinein an den mangelhaften Winkelmessgeräten und der Schwierigkeit, den Zeitpunkt der Halbierung der Mondscheibe exakt zu bestimmen. ARISTARCHOS erhielt einen Wert für α von 3° (richtig 9') und damit für das Verhältnis der Distanzen Sonne-Mond zu Mond-Erde 19 : 1 (richtig 380 : 1) mit entsprechenden Folgen für die Vorstellungen von der Entfernung der Sonne und den Ausmaßen des Planetensystems (vielmehr des Kosmos). Eine weitere von ARIS-

TARCHOS entwickelte Methode, die wir aus dem ›Almagestum‹ des PTOLEMAIOS kennen, benutzt die Erdschattengröße bei einer Mondfinsternis und bezieht den parallaktischen Winkel bei Mond und Sonne auf den damals schon recht gut bestimmten Erdhalbmesser als Basis. Aus der Parallaxe von Mond und Sonne und ihren fast gleichen scheinbaren Durchmessern ergeben sich so ihre wahren Durchmesser. PTOLEMAIOS – die Werte des ARISTARCHOS sind nicht bekannt – erhielt für Sonne : Erde : Mond das Verhältnis 5,6 : 1 : 0,29. Mondgröße und -distanz zur Erde sind fast getroffen (richtig 1 : 0,27), doch ist der Wert für die Sonne wieder viel zu klein (richtig 109 : 1). Trotzdem wurde der Sonnenabstand und als Folge davon jener der Fixsternsphäre, unter der ja noch die fünf damals bekannten Planeten Platz finden mussten, unvorstellbar groß, so groß, dass auch die daraus resultierende Lineargeschwindigkeit der im geozentrischen Weltsystem täglich einmal rotierenden Fixsternsphäre alle Vorstellungen überstieg. Diese Folge war es wohl, die ARISTARCHOS veranlasste, einmal rein hypothetisch dieselben Erscheinungen durch die Rotation der unvergleichlich kleineren Erde (mit dem Beobachter) entstehen und die Fixsternsphäre ruhen zu lassen, so dass sich die Anomalien der äußeren Planetenbahnen aus dem jährlichen Kreisen der rotierenden Erde um das allen Planetenbahnen gemeinsame Zentrum Sonne erklärten – allerdings mit der Folge, dass dann die Fixstern(sphäre) wegen der fehlenden Parallaxe nicht nur so weit entfernt sein müsste, dass die Erde demgegenüber die Größe eines Punktes erhielte, sondern so weit, dass selbst der Durchmesser der heliozentrischen jährlichen Erdbahn nur wie ein Punkt erschiene, die Entfernung der Fixsterne also ins Unermessliche wüchse.

Wir wissen von diesem antiken Vorläufer des heliozentrischen Planetensystems, das erst NICOLAUS COPERNICUS ernsthaft zu vertreten wagte, nur aus zwei kurzen Notizen bei ARCHIMEDES (der im Zusammenhang mit seinem ›Sandrechner‹ anführte, dass die Anzahl der Sandkörner selbst in diesem sehr viel größeren Kosmos von seinem Zahlensystem erfasst werden könne) und PLUTARCHOS; denn die Idee wurde zwar nach antiken Berichten später durch den chaldäischen Astronomen SELEUKOS VON SELEUKIA (1. Hälfte des 2. vorchristlichen Jahrhunderts), der auch erstmals die Gezeiten in ursächlichen Zusammenhang mit dem Mond brachte, wieder aufgenommen, und zwar jetzt als Realität, hatte aber bis COPERNICUS aus physikalischen und religiösen

Gründen nicht anerkannt werden können – aus den gleichen Gründen, die später auch lange gegen eine Anerkennung des COPERNICANischen Systems sprechen sollten, neben der fehlenden Physik für eine bewegte Erde vor allem die daraus folgende ungeheuer große Entfernung der Fixsterne, die ja bis ins 17. Jahrhundert noch an einer Sphäre befestigt gedacht wurden.

ARATOS

(* um 310 v. Chr. Soloi [Kilikien, Kleinasien], † um 245)

Der hellenistische Dichter ARATOS studierte in Athen bei dem Stoiker ZENON VON KITTION Philosophie und hielt sich dann zeitweilig in Pella und am Hofe des Seleukiden ANTIOCHOS I. von Syrien auf. Von seinen Werken, zu denen auch medizinische Lehrgedichte zählen, sind allein die ›Phainomena‹ (Himmelserscheinungen) erhalten, ein Lehrgedicht der Stern- und Wetterzeichen, das die Aufgabe, die sich hellenistische Dichter ebenso wie die Neoteriker Roms gern stellten, einen spröden wissenschaftlichen Inhalt dem hexametrischen Versmaß zu unterwerfen, meisterlich gelöst hat. Sie bieten, beginnend mit dem Großen Bären, eine Beschreibung aller der alten Welt bekannten Sternbilder, sodann der Planeten und der im Verlaufe des Jahres gleichzeitig mit der Sonne auf- und untergehenden Fixsterne. Deren Kenntnis war vor dem Aufkommen gedruckter Kalender auch außerhalb der wissenschaftlichen Astronomie von großer Wichtigkeit, da sie die wichtigsten Daten für die Landarbeit und die Seefahrt sowie für jahreszeitlich bedingte Feste während des natürlichen Sonnenjahres anzeigten, mit dem die vorjulianischen amtlichen Kalender der Griechen und Römer überhaupt nicht übereinstimmten. Solche Angaben hatten schon bei den alten Ägyptern eine große Bedeutung – so kündigte etwa der heliakische Aufgang des Sirius (ägyptisch: Sothis) die bevorstehende alljährliche Nilschwelle an. Auch in der griechischen Literatur werden entsprechende Angaben in großer Zahl bereits früh beim Bauerndichter HESIODOS im 7. vorchristlichen Jahrhundert ebenfalls in hexametrischem Versmaß behandelt. Das letzte Drittel der ›Phainomena‹ beschreibt ›Wetterzeichen‹, atmosphärische und astronomische Erscheinungen, die bestimmte Wettererscheinungen anzeigen sollten, entsprechend den noch heute gebräuchlichen volkstümlichen Bauern- und Wetterregeln. Dank seiner dichterischen, aber seinerzeit allgemeinverständlichen Form fand das Lehrgedicht in Antike, Mittelalter und Früher Neuzeit weite Verbreitung und diente dem Selbststudium und dem Unterricht, wie schon mehrere lateinische Übersetzungen (etwa von CICERO und GERMANICUS) und Bearbeitungen (so von RUFUS FESTUS AVIENUS, 4. Jahrhundert) sowie zahlreiche antike Kommentare bezeugen.

ARATOS hat für sein Werk keine eigenen Forschungen angestellt, dem ersten Teil vielmehr ein entsprechendes Werk des EUDOXOS VON KNIDOS und für den letzten ein solches aus dem ARISTOTELIschen Peripatos (vermutlich von THEOPHRASTOS) zugrundegelegt. Diese Unselbständigkeit wurde ihm von antiken Autoren ebenso wie astronomische Ungenauigkeiten vorgeworfen, insbesondere von HIPPARCHOS in seinem vergleichenden Kommentar zu den Sternkalendern von EUDOXOS und ARATOS. Neuere Forschungen haben allerdings festgestellt, dass schon die Daten von EUDOXOS größtenteils auf einem sehr viel älteren Himmelsglobus und auf sehr viel älteren Beobachtungen basierten, die zudem an Orten unterschiedlicher geographischer Breite gemacht worden waren. Schon EUDOXOS und ebenso ARATOS hatten sie unbedenklich unverändert übernommen, weil ihnen die ja erst später von HIPPARCHOS entdeckte Präzession des für die Koordinaten maßgeblichen Frühlingspunktes noch nicht bekannt war.

APOLLONIOS VON PERGE

(* um 240 v. Chr. Perge [Pamphylien, Kleinasien],
† um 170)

Unter PTOLEMAIOS EUERGETES (246–221) geboren, kam APOLLONIOS bereits als Jüngling nach Alexandria, der Hochburg der Wissenschaften des Hellenismus. Hier studierte er nicht nur unter den Schülern des EUKLEIDES mathematische Wissenschaften, sondern wirkte im letzten Viertel des dritten vorchristlichen Jahrhunderts auch an diesem Ort, bevor es ihn nach Pergamon an den Hof der Attaliden zog, an dem ein weiteres, jüngeres und kurzlebigeres Zentrum der Wissenschaften und Künste der hellenistischen Welt bestand. Nähere Einzelheiten aus dem Leben des schon in der Antike mit dem Beinamen des großen Mathematikers Gewürdigten sind nicht bekannt.

Die einflussreichste wissenschaftliche Leistung von APOLLONIOS bilden ohne Zweifel die acht Bücher ›Konika‹ (Kegelschnitte), von denen sieben griechisch (Buch 1–4) beziehungsweise in arabischer Übersetzung des THABIT IBN KURRA erhalten sind. Fußend auf Vorarbeiten des ARISTAIOS VON KROTON (2. Hälfte des 4. vorchristlichen Jahrhunderts), EUKLEIDES und ARCHIMEDES, bilden sie Abschluss und Höhepunkt der Kegelschnittlehre der Antike und stellten bis weit in die Neuzeit hinein das maßgebende und unübertroffene Handbuch für dieses Gebiet der Geometrie dar. APOLLONIOS stellt in ihnen Parabel, Ellipse und Hyperbel erstmals als Schnitte an einem einzigen Kegel dar, der schief oder gerade stehen kann, während seine Vorgänger dies nur von der Ellipse wussten, die anderen Kurven aber an geraden Kegeln durch Schnitte senkrecht zur Kegelseite erzeugt und nach dem Winkel an der Spitze in spitz-, recht- und stumpfwinklige unterteilt hatten.

Viele der von ihm bewiesenen geometrischen Sätze spielten auch für die Lösung astronomischer Probleme eine Rolle. In der Schrift ›Berührungen‹ behandelte APOLLONIOS beispielsweise das ›Apollonische Berührungsproblem‹, die Konstruktion von Kreisen, die drei gegebene Kreise von innen oder außen berühren. Bei der Untersuchung mehrerer zusammengesetzter Kreise (Kreisbewegungen) entstand auch die in der mathematischen Astronomie für fast zwei Jahrtausende angewandte Epizykeltheorie zur gegenüber der Theorie konzentrischer Sphären nach EUDOXOS VON KNIDOS einfacheren Wiedergabe der synodischen Anomalie der Schleifenbewegungen der Planeten. APOLLONIOS schlug dazu vor, die von den Planeten in synodischer Periode beschriebenen Schleifen statt durch die aus einer Kombination konzentrischer Sphären entstehende ›Hippopede‹ bei EUDOXOS durch kleine gleichförmig rotierende ›Aufkreise‹ (Epizykel) auf dem die Erde im Zentrum gleichförmig umkreisenden (konzentrischen) Kreis als ›Trägerkreis‹ (›Deferent‹) entstehen zu lassen. Das Gestirn ist dazu auf dem Epizykel befestigt, umkreist also dessen Mittelpunkt in synodischer Periode, während dieser in siderischer Periode in der Ebene der Ekliptik um das Zentrum des Universums herumgeführt wird. APOLLONIOS bestimmte dazu die Punkte der Umkehr von recht- zu rückläufiger Bewegung der Planeten aus dem Verhältnis der Anomalieperioden. Die aufgrund der Überlagerung der synodischen Anomalie der Planetenbewegungen (der zweiten Anomalie) ungleichförmig erscheinenden Bewegungen konnten so in gleichförmige und damit für die Antike trigonometrisch berechenbare Kreisbewegungen aufgelöst werden. Eine zur Ebene der Ekliptik und des Deferenten schräge Anordnung des Epizykels diente später auch dazu, eine von der Ekliptik (Tierkreis) abweichende Breitenbewegung wiederzugeben. Die ›Epizykeltheorie‹ wurde, nachdem von ADRASTOS VON APHRODISIAS (um Christi Geburt) erwiesen worden war, dass sie unter gleichen Vorgaben mit der ›Exzentertheorie‹ kinematisch äquivalent ist, auch mit dieser eigens von HIPPARCHOS zur Beschreibung der Bewegung der Sonne entwickelten Theorie kombiniert, um gleichzeitig beide Anomalien einer exakten Beschreibung zuzuführen. Eine solche Kombination findet sich schon auf Papyrusresten astrologischer Texte aus derselben Zeit um Christi Geburt, allerdings offenbar noch mit falscher Bewegungsrichtung des Epizykels. Die korrekte Verknüpfung, bei der für die inneren Planeten Venus und Merkur Epizykel und Deferent in entgegengesetzter Richtung umlaufen, bei den äußeren Mars, Jupiter und Saturn dagegen gleichläufig, wurde erst von PTOLEMAIOS vorgenommen.

HIPPARCHOS

(* um 190 v. Chr. Nikaia [Bithynien, Kleinasien,
heute Isnik], † um 120)

Aus dem Leben des bedeutendsten beobachtenden Astronomen der Antike HIPPARCHOS VON NIKAIA sind keine Einzelheiten bekannt, und seine Schriften sind bis auf einen kritischen Kommentar zu den ›Phainomena‹ (Himmelserscheinungen) des EUDOXOS VON KNIDOS und des ARATOS verlorengegangen. Selbst von den bei anderen antiken Autoren überlieferten Fragmenten sind bislang lediglich die geographischen zusammengestellt worden. Seine von späteren Autoren erwähnten Beobachtungen liegen zeitlich zwischen 161 und 127 v. Chr. und wurden vorwiegend auf Rhodos gemacht, so dass es wahrscheinlich ist, dass er – zumindest zeitweilig – auf Rhodos, nicht aber in Alexandria oder einer der anderen wissenschaftlichen Hochburgen des Hellenismus gewirkt und gelehrt hat.

HIPPARCHOS vereinfachte die mathematische Methode zur Beschreibung der Planetenbewegungen durch die Einführung seiner ›Exzentertheorie‹, die er speziell für die ungleichförmig erscheinende Bewegung der Sonne entwickelte. Aus der ungleichlangen Dauer der vier durch die auf der Ekliptik jeweils um 90° (einen Quadranten) voneinander entfernten Kardinalpunkte Sonnenwenden und Tagundnachtgleichen, wenn sich die Sonne auf dem Himmelsäquator befindet, bestimmten Jahreszeiten ergibt sich eine scheinbar ungleichförmige Bewegung der Sonne längs ihres Weges auf der Ekliptik (längs des Tierkreises). Die von der ARISTOTELischen Physik geforderte Gleichförmigkeit ließ sich für HIPPARCHOS jedoch ›retten‹, wenn man annahm, dass der Weg, den die Sonne längs der Ekliptik jährlich zurücklegt, ein zum Weltzentrum und zur Erde (und damit vom Beobachter aus) exzentrischer Kreis ist, ihre Bewegung also nur scheinbar, nämlich von der nicht in ihrem Bahnzentrum ruhenden Erde aus gesehen, ungleichförmig verlaufe. Für die Planeten lehnte HIPPARCHOS die bloße Epizykelbewegung, die APOLLONIOS VON PERGE zur Beschreibung der Ungleichförmigkeit der Planetenbewegung eingeführt hatte, ab, ohne jedoch selbst schon eine Theorie für die Planetenbewegungen oder das gesamte Planetensystem aufstellen zu können. Dazu reichten die vorhandenen Beobachtungen nicht aus. Der Schließung der Lücke durch genaues Beobachtungsmaterial und den Grundlagen dazu widmete er deshalb sein wissenschaftliches Leben. So bestimmte er die Länge des siderischen und synodischen Monats zu 29^d 12^h $44'$ $3,3''$ beziehungsweise 27^d 7^h $43'$ $13,1''$ (die korrekten Werte lediglich um $0,4'$ beziehungsweise $1,7'$ verfehlend) und die des tropischen Jahres annähernd richtig zu 365^d 5^h $55'$ $12''$ (nur um $6'$ $26''$ zu lang). Er erwies damit die unterschiedliche Länge der Jahreszeiten und entdeckte bei dieser Gelegenheit aus einem Vergleich eigener und älterer Beobachtungen (von ARISTYLLOS und TIMOCHARIS aus der ersten Hälfte des dritten vorchristlichen Jahrhunderts) von Finsternissen, Solstitien und Äquinoktien um 128 v. Chr. die Präzession, das langsame Vorrücken des Frühlingspunktes auf der Ekliptik – für das siderische Jahr ergab sich für ihn daraus eine Länge von 365^d 6^h $10'$ (statt 365^d 6^h $9'$ $35''$), da sein Wert für die Präzession mit 1° in hundert Jahren ($36''$ jährlich gegenüber richtig ca. $50''$) zu klein war. Dieser Wert wurde erst von TYCHO BRAHE verbessert, nachdem THABIT IBN KURRA hierzu die ›Trepidation‹ als zusätzliche Bewegung (zum Ausgleich der Abweichungen der nach HIPPARCHOS berechneten und der beobachteten Präzession) eingeführt hatte. HIPPARCHOS errechnete nach Verbesserung der Methoden des ARISTARCHOS auch die Entfernungen des Mondes erstmals annähernd richtig (31 Erddurchmesser im Perigäum, 36⅓ im Apogäum, 33,66 mittlerer Entfernung statt 30,2) und die Distanz der Sonne mit einem bis zur Neuzeit größten, wenn auch noch immer viel zu kleinen Wert (1245 statt 11 739 Erddurchmesser).

Das erstmals beobachtete Aufleuchten eines langperiodisch in der Helligkeit schwankenden Sterns im Skorpion (einer später so genannten Mira Ceti) veranlasste ihn dann, als sichere Beobachtungsgrundlage einen ersten Fixsternkatalog von etwa 850 nach Helligkeitsklassen gruppierten Sternen des nördlichen Himmels mit ihren durch Anschluss an den Mond gewonnenen Örtern im äquatorialen Koordinatensystem anzulegen. PTOLEMAIOS verbesserte und erweiterte ihn später; er rechnete die Koordinaten auf seine Epoche um und stellte sie vom äquatorialen auf das für die Ortsbestimmung von Planeten sinnvollere Ekliptiksystem um – in dieser Form wurde der Katalog noch von NICOLAUS COPERNICUS übernommen. Sicherlich bei dieser Gelegenheit und bei der Berechnung der für das antike Kalenderwesen wichtigen täglichen Aufgangszeiten der Tierkreiszeichen schuf sich HIPPARCHOS als exakteres Hilfsmittel denn die babylonische Differenzenregel, der sich noch sein etwas älterer Kollege HYPSIKLES VON ALEXANDRIA bediente, die auf neuartigen trigonometrischen Erkenntnissen beruhende Sehnenrechnung und berechnete gleichzeitig die ersten Sehnentafeln mit Werten für Bögen von 3° zu 3°. – Die Trigonometrie wurde insbesondere von MENELAOS VON ALEXANDRIA (2. Hälfte des 1. Jahrhunderts) auf die Sphärik ausgedehnt und fortgeführt. – Auf HIPPARCHOS geht auch die Erfindung der stereographischen Projektion der Himmelssphäre und damit des planisphärischen ›Astrolabiums‹ zurück, das bis ins 16. Jahrhundert das wichtigste, nach und nach um viele Funktionen erweiterte Beobachtungs- und Messgerät der Astronomen bleiben sollte. Für die Geographie stellte er die Forderung auf, alle kartographisch wichtigen Daten astronomisch zu bestimmen, womit er sich hauptsächlich gegen ERATOSTHENES wandte; auch hierin ist ihm PTOLEMAIOS gefolgt, dessen ›Geographia‹ im wesentlichen statt aus einer Topographie aus einer Liste astronomisch bestimmter Ortskoordinaten besteht und so bis ins 17. Jahrhundert die Grundlage für genauere Weltkarten bilden konnte.

KLAUDIOS PTOLEMAIOS
(* um 100 n. Chr. Ptolemais [Oberägypten], † um 160)

KLAUDIOS PTOLEMAIOS wirkte während des zweiten Drittels des zweiten nachchristlichen Jahrhunderts in Alexandria, der Hochburg griechischer Wissenschaft und Forschung im Hellenismus – er nennt Beobachtungen, die er in den Jahren 127 bis 147 (151?) dort gemacht hat. Aus seinem Leben sind zwar keine Einzelheiten überliefert, um so größer ist aber der Einfluss seiner Werke zu verschiedenen Bereichen der angewandten Mathematik auf die Zeit seit der Spätantike bis zum ausgehenden 16. Jahrhundert gewesen. Den nachhaltigsten hatten von ihnen ohne Zweifel die 13 Bücher des sogenannten ›Almagestum‹, die ›Syntaxis mathematike‹ (›Mathematische Zusammenstellung‹), auch ›megale syntaxis‹ (Große Zusammenstellung) und vermutlich ›megiste techne‹ (Größte – mathematische – Kunst) genannt – das griechische Wort μεγίστη wurde um 800 von den Muslimen als Fremdwort übernommen und mit dem arabischen Artikel versehen; dieses ›al-Midschisti‹ wurde dann im Mittelalter lateinisiert zu ›almagestum‹, unter welchem Namen die ›Syntaxis‹ seitdem bekannt ist. Das Werk ist entgegen dem Originaltitel mehr als eine Zusammenstellung der vorliegenden mathematischen Kenntnisse zur Astronomie gewesen; denn PTOLEMAIOS entwickelt darin auf der Grundlage eigener und älterer Beobachtungen besonders des HIPPARCHOS zumindest für die Planeten ein erstes, ältere Theorie-Elemente zusammenfassendes Bewegungsmodell, das den beobachteten Planetenörtern für die Ansprüche der Zeit genau genug entsprach; und in seinen übrigen Teilen ist das ›Almagestum‹ als das erste systematische Handbuch der mathematischen Astronomie anzusprechen, dessen Aufbau und teilweise auch Inhalt noch maßgeblich für NICOLAUS COPERNICUS und seine Zeit werden sollten.

Die ersten beiden Bücher enthalten die zu den Berechnungen und Konstruktionen benötigten geometrischen Sätze nebst

Beweisen (Sehnentafeln, Koordinaten, Trigonometrie) und eine allgemeine Einführung in das geozentrische Weltbild auf der Grundlage wesentlich ARISTOTELischer Physik. Das dritte Buch ist der Bewegung der Sonne und den Jahrespunkten gewidmet, wobei PTOLEMAIOS im Anschluss an die beiden alexandrinischen Mathematiker des Anfangs des ersten beziehungsweise zweiten nachchristlichen Jahrhunderts, ADRASTOS VON APHRODISIAS und THEON VON SMYRNA, die kinematische Gleichwertigkeit der Epizykeltheorie des APOLLONIOS VON PERGE und der Exzentertheorie des HIPPARCHOS für die Erklärung der Sonnenbahn betont, sich aber wegen der größeren Einfachheit für die letztere entscheidet (die Sonnentheorie des HIPPARCHOS wird von ihm unverändert übernommen). Für den Mond, dessen verwickelten Bewegungen die Bücher 4 und 5 behandeln, muss die Epizykeltheorie ihrer größeren Anpassungsfähigkeit wegen herangezogen und zur Berücksichtigung der von PTOLEMAIOS entdeckten Evektion gegenüber HIPPARCHOS durch einen beweglichen Exzenter erweitert werden. Für die damals bekannten fünf Planeten Saturn, Jupiter, Mars, Venus und Merkur reichte nicht einmal die Kombination beider Bewegungsmodelle (Epizykel auf exzentrischem Deferentenkreis) aus, um die von der Erde aus ungleichförmig erscheinenden Bewegungen als aus sich überlagernden gleichförmigen Kreisbewegungen resultierend darzustellen. PTOLEMAIOS musste vielmehr einen sogenannten Ausgleichskreis (-punkt) einführen, um die im Anschluss an die ARISTOTELische Physik geforderte Gleich- und Kreisförmigkeit sämtlicher Bewegungskomponenten zu erhalten: Der Epizykelmittelpunkt bewegt sich danach auf einem zur Erde exzentrischen Kreis, jedoch nicht mit gleichförmiger Lineargeschwindigkeit, sondern mit gleicher Winkelgeschwindigkeit bezogen auf den Ausgleichspunkt außerhalb des Deferenten- und Weltzentrums (Erde). – Dieser ›Verstoß‹ gegen die Prinzipien der Astronomie, der schon von Zeitgenossen (SOSIGENES) kritisiert wurde, ist es dann übrigens gewesen, der COPERNICUS nach eigener Auskunft später veranlasste, eine Verbesserung der ihm vorliegenden Theorien, die alle den Ausgleichspunkt enthielten, vorzunehmen. – Das sechste Buch handelt über Ursachen und Berechnungen von Sonnen- und Mondfinsternissen, die Bücher 7 und 8 schließlich von den Fixsternen, von denen die auch noch COPERNICUS allein bekannten 1025 in einem Katalog, nach Sternbildern geordnet, mit ihren ekliptikalen Örtern einzeln verzeichnet sind – etwa 200 mehr als im Katalog des HIPPARCHOS. Dieses Verzeichnis wurde bis hin zu TYCHO BRAHE – nur wegen der Präzession jeweils auf die neue Zeit reduziert – unverändert übernommen, und neue systematische Fixsternbeobachtungen beginnen eigentlich erst im ausgehenden 17. Jahrhundert in Greenwich; EDMOND HALLEY vermutete dann 1718 erstmals, dass Abweichungen neuerer Messungen von denen des PTOLEMAIOS (beziehungsweise HIPPARCHOS) auf Eigenbewegungen der nur so genannten ›Fixsterne‹ beruhen. – Das PTOLEMAIische System dagegen, das im ›Almagestum‹ für jeden Planeten gesondert mathematisch entwickelt wird, fand zwar in der Form ebenso lange Anerkennung, nur hatte sich ergeben, dass die Perioden der sich der mittleren Bewegung überlagernden anomalistischen (Kreis-) Bewegungen einer Revision unterzogen werden mussten, damit die danach berechneten Tafeln zu Werten führten, die den beobachteten Örtern der Planeten (besser) entsprachen: Die Theorien für die einzelnen Planeten wurden modifiziert, das System nicht; und die auf EUDOXOS VON KNIDOS zurückgehende Art, ungleichförmige Bewegungen auf gleichförmige Kreisbewegungen zurückzuführen, hat sich gar so lange gehalten, bis das System JOHANNES KEPLERS sich seit dem ausgehenden 17. Jahrhundert allmählich durchsetzte – COPERNICUS und BRAHE fassten nur einzelne bei allen Planeten auftretende Bewegungselemente zusammen und ließen sie als optische Effekte von der Erdbewegung beziehungsweise der Mitführung durch die Sonne verursacht sein, wodurch sie die mathematischen Theorien der einzelnen Planeten allerdings schon mehr zu einem System zusammenfassten.

Ein solches physikalisches System neben der mathematischen Theorie hatte auch PTOLEMAIOS in seiner Schrift ›Hypotheses planetarum‹, die vollständig nur in arabischer Übersetzung erhalten ist, aufzustellen versucht. Schon im ›Almagestum‹ hatte er ausdrücklich betont, dass die auf Kreise reduzierte mathematische Theorie eine eigentlich nicht statthafte, reduktionistische Vereinfachung darstelle und selbstverständlich berücksichtigt werden müsse, dass es sich bei solchen Kreisen stets um Großkreise auf ätherischen Sphären handele und die Drehung der Kreise aus der Rotation der ihnen zugeordneten Sphären resultiere. In den ›Hypotheses planetarum‹ ergänzte er im Anschluss an THEON VON SMYRNA nach ARISTOTELischem Muster die reduktionistischen Kreise des ›Almagestum‹ für ein ›mechanisches Planetarium‹ zu massiven Äthersphären, zu Kugelschalen mit teils nichtkonzentrischen Begrenzungsflächen, und ließ die Epizykel als Vollkugeln durch freigelassene Röhren in diesen Sphären rollen. Durch das Aneinanderreihen der einzelnen, jeweils zwischen zwei konzentrischen Begrenzungskugeln eingeschlossenen Sphärensysteme aller Planeten (einschließlich Sonne und Mond), deren zum Durchmesser relative Dicke sich aus dem Größenverhältnis von Epizykel und Deferent ergab, gewann PTOLEMAIOS auch die Möglichkeit, absolute Entfernungen zu berechnen, da diese im Falle des Mondes aufgrund von Parallaxenbestimmungen und für die Sonne daraufhin aus den Finsternissen berechenbar war (allein wegen der sich daraus ergebenden großen Lücke zwischen Mond und Sonne ordnete PTOLEMAIOS die inneren Planeten Merkur und Venus unterhalb der Sonne ein). Die das Universum abschließende Fixsternkugel sollte sich unmittelbar an die äußere Begrenzung der Saturnsphäre anschließen. Als ihren Durchmesser und somit als Durchmesser der gesamten Welt erhielt er so knapp 20 000 Erddurchmesser, einen Wert, der mit geringfügigen Modifizierungen bei den Anhängern eines geozentrischen Weltbildes ebenfalls bis ins 17. Jahrhundert hinein anerkannt wurde – BRAHE erhielt nach derselben Methode für sein geo-heliozentrisches System einen Wert von 14 000 Erddurchmessern – und von ihnen gerade *gegen* COPERNICUS angeführt wurde, in dessen System eine unermesslich große Lücke zwischen der Saturn- und der Fixsternsphäre klaffte (entkräftet wurde dieses Argument dann erst von OTTO VON GUERICKE durch den Nachweis, dass dieser ungeheuer ausgedehnte ›Raum‹ leer sei und nicht von einem riesigen Ätherkörper ohne jegliche Funktion eingenommen würde). Für manche bildete der PTOLEMAIische Wert allerdings im Anschluss an den islamischen Astronomen des 9. Jahrhunderts AL-FARGHANI nur die innere Begrenzungsfläche der Fixsternsphäre, deren äußere von ihnen mit doppelt so großem Durchmesser angesetzt wurde, so dass sich für die über diese ›Sphäre‹ verteilten Fixsterne unterschiedliche Entfernungen von der Erde ergaben – worauf dann die Unterschiede in der Helligkeit der Sterne zurückgeführt wurden. Auch die Präzession, deren Wert von 1° in 100 Jahren bei PTOLEMAIOS im Anschluss an HIPPARCHOS zu klein ist, findet sich erst seit THABIT IBN KURRA und seiner Zeit in diesem physikalischen System berücksichtigt, das als ›Theoricae planetarum‹ neben der auf dem ›Almagestum‹ beruhenden ›Sphaera‹ starken

Einfluss auf das gesamte Mittelalter ausübte (IBN AL-HAITHAM, JOHANNES DE SACROBOSCO, GEORG PEURBACH).

Von ähnlich großem Einfluss wie das ›Almagestum‹ waren die ›Tetrabiblos‹ (Viererbuch), das astrologische Handbuch des PTOLEMAIOS, seine astronomisch-geographischen Tafeln und seine ›Geographia‹, die nach dem Vorbild des HIPPARCHOS im wesentlichen nur die mathematische Geographie umfasst und eine Sammlung‹ von nach Landschaften und ›Klimata‹ zwischen zwei Parallelkreisen geordneten Orten mit ihrer möglichst astronomisch bestimmten geographischen Breite und Länge darstellt, die noch zu Beginn der Neuzeit die Grundlage für alle Weltkarten bildete. Die ›Harmonik‹ des PTOLEMAIOS ist ebenfalls ein Handbuch über die ihm vorliegenden mathematischen Musiktheorien seit den älteren Pythagoreern (ARCHYTAS und anderen) – sie übte starken Einfluss auf JOHANNES KEPLERS Vorstellungen von der ›Weltharmonik‹ aus –, während seine ›Optik‹ zwar die Reflexion im Anschluss an EUKLEIDES und HERON VON ALEXANDRIA, die Brechung der Lichtstrahlen beim Eintritt in ein anderes Medium (Luft – Wasser, Luft – Glas, Wasser – Glas) aber wieder vollkommen selbstständig behandelt. Einfalls- und Brechungswinkel hat er erstmals mittels einer graduierten Scheibe nach Art eines Astrolabiums gemessen und ist dabei für Einfallswinkel zwischen 10° und 80° zu recht annehmbaren Ergebnissen gekommen, wenn er auch noch weit von der Entdeckung des Brechungsgesetzes durch WILLEBRORD SNELLIUS entfernt war. – Daneben sind sein Fixsternkalender und Untersuchungen zur Schwere hier interessierende Arbeiten.

ABUL HASAN THABIT IBN KURRA

(* 826/836 Harran [Mesopotamien, heute Türkei],
† 18. 2. 901 Bagdad)

Der syrische Arzt, Mathematiker und Philosoph ABUL HASAN THABIT IBN KURRA stammte aus einer angesehenen Familie, die schon vor ihm eine Reihe von Gelehrten hervorgebracht hatte. Er soll ursprünglich Geldwechsler gewesen sein; jedenfalls ermöglichte ihm ererbter Wohlstand, sich während eines längeren Aufenthaltes in Bagdad eine gründliche philosophische und mathematisch-naturwissenschaftliche Bildung anzueignen. Thabit gehörte der alten, Christentum und Islam trotzenden Sekte der Harranier an, die sich auch Sabier nannten, einer kleinen Gruppe mit stark gnostisch und neuplatonisch beeinflusstem Glaubensbekenntnis. Überhaupt war die Bevölkerung von Harran, dem hellenistischen Hellenopolis, griechischem Denken und griechischer Kultur gegenüber noch immer sehr aufgeschlossen; und so ist es nicht erstaunlich, dass Thabit neben seiner syrischen Heimatsprache und dem Arabischen, der neuen Sprache der Wissenschaft und Bildung im Osten, auch die griechische Sprache beherrschte. Freie philosophische Anschauungen brachten ihn allerdings bald nach der Rückkehr von dem Studienaufenthalt in Bagdad in Konflikt mit seiner Heimatgemeinde, die ihn vor ein geistliches Gericht stellte und zum Widerruf seiner philosophischen ›Ketzereien‹ zwang. Thabit zog sich daraufhin vor weiteren Belästigungen in ein Dorf bei Dara zurück. Hier soll Muhammad Ibn Musa, der bedeutendste der sogenannten *Drei Brüder*, Söhnen des Musa Ibn Schakir, die in Bagdad eine Übersetzerschule unterhielten und selbst bedeutende Mathematiker und Naturkundige waren, auf einer Rückreise von Byzanz mit ihm zusammengetroffen sein. Beeindruckt von dem mathematischen Talent und der Sprachkenntnis und -gewandtheit, nahm Ibn Musa ihn mit nach Bagdad, wo er auf seine Empfehlung hin vom Kalifen unter die Hofastronomen aufgenommen, jedoch auch weiterhin von den *Drei Brüdern* finanziell unterstützt wurde. Hier in Bagdad hat Thabit dann den größten Teil seines Lebens verbracht. Das hohe Ansehen, das er als Wissenschaftler genoss, äußerte sich auch in der Duldung seiner Glaubensgenossen in Bagdad und anderen Städten; allerdings scheinen die Schriften, die Thabit in syrischer Sprache über die religiösen Lehren und Riten seiner Religionsgemeinschaft in Bagdad und wohl auch schon in Harran verfasst hatte, verlorengegangen zu sein.

Das Hauptverdienst Thabits für die Geschichte der Wissenschaften liegt in seiner Übersetzertätigkeit. Er erschloss durch seine Übertragungen die griechischen Werke von Apollonios von Perge, Archimedes, Eukleides, Eutokios (Archimedeskommentare), Galenos, Ptolemaios (›Geographie‹) und Theodosios (›Sphärik‹; 2. Hälfte des 2. vorchristlichen Jahrhunderts aus Bithynien) für die arabischsprachige Welt. Abgesehen von einigen lateinischen Kompendien lernte das europäische Mittelalter seit dem ausgehenden 12. Jahrhundert erst aus lateinischen Übersetzungen dieser und anderer arabischer Übertragungen die Ergebnisse der griechischen Wissenschaften direkt kennen. THABIT trat aber auch mit eigenen medizinischen, mathematischen und astronomischen Werken hervor, wobei seine Theorie der sogenannten Trepidation wohl am längsten wirksam blieb. Aus einem Vergleich eigener Beobachtungen der Jahreslänge mit älteren des HIPPARCHOS und PTOLEMAIOS folgerte er aus Ehrfurcht vor den antiken Größen der Wissenschaft (eine Haltung, die noch NICOLAUS COPERNICUS einnehmen wird) keineswegs auf eine falsche Berechnung des Wertes der Präzession durch HIPPARCHOS und PTOLEMAIOS, sondern auf eine Veränderung dieses Wertes, aufgrund derer sich ein anderer Ort des Frühlingspunktes ergeben hätte, als wenn der Wert seit HIPPARCHOS unverändert geblieben wäre. Auch diese als Hin- und Herschwanken des Wertes um den von HIPPARCHOS errechneten gedeutete Bewegung hatte natürlich im Rahmen der gültigen mathematischen und physikalischen Theorie durch eine weitere, gesonderte ›Sphäre‹ wiedergegeben und erklärt werden müssen; und da es sich um eine ›Bewegung‹ der Fixsternsphäre handelte, führte THABIT hierzu eine neunte Sphäre ein, in welche mit ihrer Rotationsachse die ›achte Sphäre‹ (in dieser Zählung, die jeweils nur die Gesamtsphäre eines Planeten berücksichtigt, nicht die in ihr enthaltenen, auch auf [Teil-]Sphären verteilten Komponenten, die Fixsternsphäre) gelagert ist, so dass sie einen kleinen Doppelkegel beschreibt, der den Frühlingspunkt statt eines gleichförmigen Fortschreitens um den Wert der Präzession hin- und herschwanken lässt. Diese vermeintliche Erscheinung wird ›Trepidation‹ genannt. Aus dieser neunten Sphäre, die als Sphäre der Trepidation in die astronomischen Theorien und Tafeln der Folgezeit einging, wurde später der sogenannte Zweite Beweger beziehungsweise das Zweite Bewegte (›secundum mobile‹), ein wichtiger Bestandteil der scholastischen Himmelsphysik. Die Existenz dieser vermeintlich zusätzlichen Erscheinung neben der Präzession, die noch in der periodisch schwankenden Präzessionsbewegung (jetzt der Erde) bei NICOLAUS COPERNICUS nachwirkte, wurde erst im ausgehenden 16. Jahrhundert durch TYCHO BRAHE endgültig widerlegt.

ABU ABD ALLAH MUHAMMAD IBN DSCHABIR IBN SINAN AL-BATTANI

(im lateinischen Mittelalter *Albate[g]nius* genannt)

(* vor 858 Harran [Mesopotamien], † 929 Samara)

Wie THABIT IBN KURRA ursprünglich Sabier, trat auch der syrische Astronom AL-BATTANI später dem Islam bei. Er lebte fast ohne Unterbrechung in al-Rakka am linken Euphrat-Ufer, wo sich eine Reihe von sabischen Familien aus Harran niedergelassen hatte, und begann hier im Jahre 877 auf einer Privatsternwarte mit ausgezeichneten Instrumenten astronomische Beobachtungen zu machen. – Er starb im Jahre 929 in einem Dorf nahe Samarra auf der Rückkehr von einer Geschäftsreise.

Von den astrologischen und astronomischen Werken AL-BATTANIS, die sich größtenteils an PTOLEMAIOS orientierten, ist nur das allerdings mehr praktisch ausgerichtete ›Astronomische Handbuch nebst Tafeln‹ (*Opus astronomicum*) erhalten. Es wurde schon in der ersten Hälfte des 12. Jahrhunderts zweimal ins Lateinische (in der allein erhaltenen Fassung von PLATO VON TIVOLI [1. Hälfte des 12. Jahrhunderts, in Barcelona tätig] wurde es – allerdings ohne die Tafeln – auch 1537 und 1645 in Nürnberg beziehungsweise Bologna gedruckt) und im 13. Jahrhundert auf Veranlassung von ALFONS X. VON KASTILIEN noch einmal direkt ins Spanische übertragen und vermochte so auch auf die abendländische Astronomie starken Einfluss auszuüben. Das lateinische Mittelalter nannte ihn ALBATEGNIUS.

AL-BATTANI bestimmte mit bis dahin teilweise unerreichter Genauigkeit die Schiefe der Ekliptik, die Präzession und die Elemente der ›Sonnenbahn‹ (Länge des tropischen Jahres: 365^d, 5^h, 46', 24"). Er verwarf die Trepidationstheorie seines Landsmannes THABIT IBN KURRA, doch setzte sich seine Auffassung eines gegenüber HIPPARCHOS korrigierten Wertes der Präzession erst im ausgehenden 16. Jahrhundert durch. Er führte auch exakte Beobachtungen von Mond- und Sonnenfinsternissen aus, die noch im 18. Jahrhundert zur Messung langer Perioden benutzt werden konnten. Bedeutsam sind auch seine Beiträge zur Entwicklung der sphärischen Trigonometrie, die erst von REGIOMON-

TANUS weitergeführt wurden. Die Entdeckung der Drehung der Apsidenlinie der Sonne (vielmehr der Erde) wird ihm allerdings fälschlich zugewiesen.

ABU L-HUSAIN ABD AR-RAHMAN IBN OMAR AS-SUFI

(* 07.12.903 Raiy [nahe Teheran], † Mai 986)

Der persische Astronom AS-SUFI wirkte am Hofe des Emirs ABUD A-DAULA in Isfahan; ihm widmete er auch sein großangelegtes astronomisches Werk über die Fixsterne, die in der antiken Welt ja auch im praktischen Leben eine große Rolle spielten und neben der Astrologie und Planetenastronomie (Tierkreis) vor allem auch als Anzeiger kalendarischer Fixpunkte (Auf- und Untergänge) für jahreszeitlich bedingte Tätigkeiten dienten.

Im altägyptischen Kalender hatten die auf- und untergehenden sowie kulminierenden tierkreisnahen Sternbilder als ›Dekane‹ eine kalendarische und ›astrologische‹ Rolle gespielt, der heliakische Aufgang des Sirius hatte das Bevorstehen der für das gesamte Leben der Ägypter entscheidenden jährlichen Nilschwelle schon seit der ersten Dynastie angezeigt. Auch im Zweistromland sind bereits um 2750 die wichtigsten Sternbilder bekannt gewesen und benannt worden. Auf- und Untergänge von Sternbildern wie den Plejaden werden auch in den ältesten griechischen Quellen (HESIODOS) als für das Landleben und die Seefahrt wichtige Fixpunkte des Jahres genannt. Sehr früh waren die markanten Fixsternkonstellationen dann von den verschiedenen Hochkulturen auch zu unterschiedlichen Stern-›Bildern‹ zusammengefasst worden, um die sich Sagen spannten bis hin zu ›Verstirnungen‹, insbesondere im Hellenismus, als auch ein ARATOS sein weit verbreitetes und lange benutztes, illustriertes Lehrgedicht ›Phainomena‹ verfasste, dessen lateinisches Pendant die Kaiser TIBERIUS gewidmeten ›Astronomica‹ von MARCUS MANILIUS (1. Hälfte des 1. Jahrhunderts) bildeten. Diese Sternbilder, die ja auch noch lange der Orientierung bei der Suche nach bestimmten Einzelsternen dienten, wurden von den Babyloniern und in der griechisch-römischen Antike sowie danach vor allem im arabischen Mittelalter auch auf Himmelsgloben dargestellt; erhalten sind ein solcher aus römischer Zeit an der um 1550 in Farnese aufgefundenen Atlasfigur und aus dem arabischen Kulturkreis mehrere, häufig recht kostbar gestaltete. Auf wissenschaftlich-astronomischer Basis war diese Art der Himmelsbetrachtung dann durch den in die Sternbilder gegliederten Fixsternkatalog von HIPPARCHOS mit Angaben der Koordinaten und Helligkeiten ergänzt worden, und dieser Katalog war von PTOLEMAIOS in auf insgesamt 1022 Sterne erweiterter Form und aus dem äquatorialen in das ekliptikale Koordinatensystem transferiert in sein ›Almagestum‹ aufgenommen worden, das dann bereits im 9. Jahrhundert ins Arabische übersetzt wurde.

Die Aufgabe, die sich AS-SUFI vor diesem Hintergrund stellte, war eine Zusammenführung der volkstümlichen, an den Sternbildern orientierten und der wissenschaftlichen, an den Koordinaten und Helligkeiten der Sterne orientierten Fixsternkunde, der wegen des vom die Jahreszeiten verursachenden Sonnenlauf abweichenden arabischen Mondkalenders auch noch eine größere praktische Bedeutung zukam als im lateinischen Mittelalter. Sein 964 vollendetes ›Buch der 48 Sternzeichen‹ gibt so eine kritische Aufnahme und Analyse des überlieferten Sternbestands in den bei PTOLEMAIOS nicht illustrierten Sternbildern, identifiziert die ihnen entsprechenden altarabischen Sternnamen und Sternfiguren, wie sie auf Himmelsgloben überliefert, aber keineswegs, nicht einmal mit den Umrisslinien deckungsgleich mit den griechischen waren, und listet die ihnen eingezeichneten, durchnummerierten Sterne mit den Angaben zu den Koordinaten und zur Helligkeit jeweils in einer Tabelle auf. Für die ja keineswegs so einfach vorzunehmende Projektion der Sternbilder von der Kugel des Himmelsglobus auf die Ebene des Manuskriptes bediente AS-SUFI sich, wie AL-BIRUNI berichtete, des verblüffend einfachen Verfahrens, durch Auflegen dünnen Papiers auf einen Globus die Bilder abzupausen. Da ihre Ansicht am Himmel (von innen) eine andere ist als auf dem Globus, der sie ja gleichsam von außen gesehen und spiegelverkehrt darstellt, hat AS-SUFI jedes Sternbild dementsprechend zweimal abgebildet, was vor allem bei menschen- oder tiergestaltigen Bildern wichtig war, die auf einem Globus ja eigentlich von hinten zu sehen sind und nicht den Betrachter anschauen – in einer ersten Version hatte er wie die arabischen Himmelsgloben auch diese Sternbilder vorderseitig, wenn auch spiegelverkehrt abgebildet.

Mit diesem Fixsternbuch und den Sternbildern war AS-SUFI sehr erfolgreich, wie nicht nur zahlreiche Übernahmen des Bildmaterials in arabische astronomische und astrologische Werke und eine beträchtliche Anzahl von arabischen Abschriften des Gesamtwerkes bezeugen, deren älteste erhaltene, von seinem Sohn angefertigte aus dem Jahre 1009/10 stammt (Bodleian Library Oxford) – hier sind in den Federzeichnungen nur die Gestirne selbst als kleine rote Scheibchen gekennzeichnet; später kommt es zu teilweise höchst prachtvoll farbig illustrierten Abschriften. Das Werk kam auch über Sizilien ins Abendland. Aus dem 13. Jahrhundert stammt ein lateinischer Sternkatalog im Wortlaut der lateinischen Übersetzung des ›Almagestum‹ von PTOLEMAIOS durch GERHARD VON CREMONA, der nicht nur insgesamt in die Längenwerte von AS-SUFI umgerechnet, sondern dem auch für jedes Sternbild eine seiner Sternfiguren beigegeben wurde (allerdings teils in Globus-, teils in Himmelsansicht). Dieser ›Sufi Latinus‹ verbreitete die Darstellungen dann auch in Europa: König ALFONS X. VON KASTILIEN nahm eine spanische Bearbeitung in sein Lehrbuchkompendium ›Libros del saber de astronomía‹ auf (1341 ins Italienische übersetzt); noch ein PETER APIAN griff auf das Sternbildbuch AS-SUFIS (bei ihm ›Azophi‹ genannt) zurück und übernahm daraus einige der altarabischen Sternfiguren in seine sonst griechisch-römischer Tradition verpflichtete Sternkarte von 1533, und selbst ALBRECHT DÜRER führt in den Ecken seiner Holzschnitt-Karte des nördlichen Sternhimmels von 1515 als Protagonisten der Himmelsdarstellung neben den griechisch-römischen Klassikern ARATOS, PTOLEMAIOS und MANILIUS unten rechts »Azophi Arabus« an.

Abu 'Ali al-Hasan Ibn al-Hasan Ibn al-Haitham

(im lateinischen Mittelalter *Alhazen* genannt)

(* um 965 Basra, † 1039 oder später Kairo)

In reiferem Alter siedelte der islamische, im lateinischen Mittelalter Alhazen genannte Mathematiker und Physiker Ibn al-Haitham nach Ägypten über, wo er einige Jahre im Dienste des Fatimiden-Kalifen al-Hakim stand, dem er angeboten hatte, den Lauf des Nils zu korrigieren – zwischen den Jahren 1000 und 1010 war der Nilstand meist sehr niedrig gewesen, was mehrere Missernten nacheinander verursacht hatte. Er war allerdings einsichtig genug, bald von diesem Vorhaben Abstand zu nehmen, das erst in jüngster Zeit mit den modernsten technischen Mitteln in Angriff genommen werden konnte (ohne dass die Folgen nur positiver Art wären). Nach dem Tode oder vielmehr dem Verschwinden al-Hakims im Jahre 1021 sah Ibn al-Haitham sich dann gezwungen, seinen Lebensunterhalt in Kairo als Abschreiber mathematischer und anderer Bücher zu erwerben. Er selbst verfasste insgesamt fast 200 Werke mathematischen, physikalischen, naturphilosophischen und medizinischen Inhalts.

Ibn al-Haitham führte in starkem Maße das (qualitative) Experiment in seine Physik ein und bewies mittels genial erdachter und durchgeführter Experimente, dass die Erklärungen der Physik des Aristoteles keineswegs immer mit den Naturerscheinungen übereinstimmen. Er stieß allerdings noch nicht zu einer vorwiegend quantitativen Naturbetrachtung vor, obgleich er bemüht war, ›Physik‹ und ›Mathematik‹ in aristotelischem Sinne gleichermaßen zur Lösung eines Problems heranzuziehen. Sein Hauptinteresse galt der Optik: Er kannte die vergrößernde Wirkung von Linsen, untersuchte die sphärische Aberration und versuchte erstmals, aus der Dauer der Dämmerung, also aus dem Stand der Sonne unter dem Horizont, die Höhe der lichtbrechenden Lufthülle, später von Willebrord Snellius ›Atmosphäre‹ genannt, zu berechnen. Seine ›Große Optik‹ wurde zusammen mit dem Werk über die Dämmerungsdauer (›Liber de crepusculis et nubium ascensionibus‹) gegen Ende des 12. Jahrhunderts

in Spanien, wahrscheinlich von GERHARD VON CREMONA (* um
1114 Cremona, † 1187 Toledo), ins Lateinische übersetzt und 1572
unter dem Titel ›Opticae thesaurus Alhazeni‹ auch gedruckt. Sie
übte, besonders in der Bearbeitung von ROGER BACON und dem
schlesischen Optiker des 13. Jahrhunderts WITELO, starken Einfluss auf die abendländische Optik bis hin zu JOHANNES KEPLER
aus.

Ähnliches gilt für die wieder mehr an der Himmelsphysik
des ARISTOTELES orientierten kosmologischen Ansichten IBN AL-
HAITHAMS, denen zufolge die Planetenbewegungen durch das
Zusammenwirken mehrerer fester, undurchdringlicher Äthersphären entstehen, wozu er Vorstellungen, die PTOLEMAIOS für
ein mechanisches ›Planetarium‹ entwickelt hatte, zu physikalischen umformte, ausgehend von einer kritischen Auseinandersetzung mit der PTOLEMAIischen ›Ausgleichsbewegung‹, die er
im Anschluss an SOSIGENES' Schrift ›Über die zurückrollenden
Sphären [des ARISTOTELES]‹, über deren Inhalt SIMPLIKIOS in seinem Kommentar zum Buch ›De caelo‹ des ARISTOTELES berichtete, als ›unphysikalisch‹ strikte ablehnte. Die Möglichkeit einer
ringförmigen Sonnenfinsternis, wie sie von SOSIGENES beobachtet
worden war und zur empirisch begründeten Modifizierung der
ARISTOTELIschen Himmelsphysik angeführt wurde, war in der
Folge angezweifelt worden und PROKLOS hatte sie mit Berufung
auf die PTOLEMAIische Astronomie sogar für unmöglich dekla-
riert, bis im Jahre 873 erneut eine solche Finsternis von einem
ABU-L-'ABBAS AL-IRANSHARI beobachtet wurde, worüber ABU-L
RAIHAN MUHAMMAD IBN AHMAD AL-BIRUNI (* 973 Chiwa, † 1050
Ghazni) berichtete. SOSIGENES hatte das Prinzip, dass alle ›Äther‹-
Sphären sich gleichförmig um das Weltzentrum (die Erde) drehen
müssten, aufgrund der Finsternis dahingehend abgeändert, dass
alle Sphären sich um ihr eigenes Zentrum gleichförmig bewegen,
so dass auch nicht konzentrisch begrenzten materiellen (›ätherischen‹) Exzentern und Epizykeln reale Existenz zuerkannt werden könne. IBN AL-HAITHAM schlug deshalb zur physikalischen
Erklärung der Welt ein System aus solchen Äthersphären vor
(ohne jedoch die abgelehnte Ausgleichsbewegung zu ersetzen,
wie es später NICOLAUS COPERNICUS tun sollte). Diese Äthersphären gingen dann in die Tradition der ›Theoricae planetarum‹ ein,
die frühzeitig neben der mit mathematischen Kreisen arbeitenden reduktionistischen ›Sphaera‹ des JOHANNES DE SACROBOSCO

in mehreren Fassungen innerhalb desselben Corpus von Unterrichtsschriften tradiert wurden, und finden sich als physikalische Erklärung unverändert noch bei GEORG PEURBACH. Die aus der ARISTOTELischen Physik in der von SOSIGENES modifizierten Form begründete Kritik IBN AL-HAITHAMS an PTOLEMAIOS blieb auch im lateinischen Mittelalter bekannt und hat NICOLAUS COPERNICUS in seiner astronomischen Vorstellungswelt stark beeinflusst. – Interessant ist weiterhin, dass IBN AL-HAITHAM entgegen der gängigen Meinung, dass der Mond ein nicht-selbstleuchtendes Gestirn sei, das lediglich wie ein Spiegel das Sonnenlicht reflektiere, auch den Mond für ein selbst-leuchtendes Gestirn hielt, dessen Licht allerdings von dem Sonnenlicht erst zum Leuchten angeregt würde, wobei die ›Flecken‹ durch die unterschiedliche Oberflächenbeschaffenheit entstünden.

NUR AD-DIN AL-BITRUDSCHI

(im lateinischen Mittelalter zu *Alpetragius* latinisiert)

(zweite Hälfte des 12. Jahrhunderts aus der Pedroche [bei Córdoba])

Während einer Richtertätigkeit verfasste AVERROËS (ABU-L WALID MUHAMMAD IBN AHMAD IBN MUHAMMAD IBN ROSCHD) im maurischen Spanien unter anderem ausführliche Kommentare zu sämtlichen Schriften des ARISTOTELES, die er zum Teil in drei verschieden ausführlichen Fassungen vorlegte (im Mittelalter, dem diese Schriften um 1250 bereits alle in lateinischen Übersetzungen vorlagen, hieß er deshalb schlechthin ›der Kommentator‹) und die von einer fast religiösen Verehrung für ARISTOTELES getragen sind. Angeregt worden zu diesem Kommentarwerk war er von ABU BAKR IBN TUFAIL (im Mittelalter latinisiert zu ABUBACER), auf dessen Einfluss wesentlich die Erneuerung der ›echten‹, unverfälschten ARISTOTELischen Lehren im 12. Jahrhundert zurückgeht – kurz bevor durch die Tätigkeit der spanischen Übersetzer arabische Philosophie und Wissenschaft einschließlich dieser die arabische ARISTOTELES-Rezeption und -Aneignung abschließenden Werke Eingang ins lateinische Mittelalter finden sollten. Zu der Gruppe um IBN TUFAIL zählte auch der Astronom NUR AD-DIN

AL-BITRUDSCHI, dem im Zuge dieser Rückbesinnung die Aufgabe zufiel, im Sinne der Kritik an der Astronomie des PTOLEMAIOS durch SOSIGENES, PROKLOS und IBN AL-HAITHAM die ARISTOTELische Himmelsphysik zu erneuern und gegen PTOLEMAIOS und die nachfolgenden Vertreter einer reduktionistischen mathematischen Astronomie der Exzenter und Epizykel die zur Erde in der Weltmitte konzentrischen Äthersphären zu verteidigen. Wie ARISTOTELES dachte er sich die Bewegungen als innerhalb der Gesamt-›Sphäre‹ eines Planeten aus dem Zusammenwirken jeweils mehrerer materieller, ineinandergeschachtelter konzentrischer Äthersphären resultierend, die alle jeweils gleichförmig rotieren, im Zusammenspiel aber den Eindruck der wahrzunehmenden, scheinbar ungleichförmigen Planetenbewegungen erwecken. Seine Schrift ›Über die Bewegungen der Himmel‹, die um das Jahr 1185 entstand, wurde bereits 1217 von MICHAEL SCOTUS (* um 1175 Schottland, † um 1235), dem Hofastronomen Kaiser FRIEDRICHS II. und wohl erfolgreichsten Übersetzer naturwissenschaftlicher, mathematischer und philosophischer Werke aus dem Arabischen, ins Lateinische übertragen und konnte daraufhin trotz ihrer Mängel gegenüber den rechnerischen Erfolgen der Astronomie des PTOLEMAIOS – die allerdings in der Frühzeit fast allein in der Kurzfassung von JOHANNES DE SACROBOSCO bekannt war – starken Einfluss auf die Himmelsphysik der Scholastik in Westeuropa ausüben. 1259 wurde das Werk auch ins Hebräische übersetzt; auf dieser Version beruht die lateinische Übersetzung von 1528, die auch erstmals 1531 in Venedig gedruckt erschien und eine kurze regelrechte Renaissance der ARISTOTELischen Himmelsphysik konzentrischer Sphären auslöste. Aus der Schule des GIOVANNI BATTISTA DELLA TORRE gingen Buchveröffentlichungen mit entsprechender Darstellung der Planetenbewegungen »ohne Exzenter und Epizykel« von GIOVANNI BATTISTA AMICO (Venedig 1536, 1537, Paris 1540), GIROLAMO FRACASTORO (Venedig 1538) und GIOVANNI ANTONIO DELFINO (Bologna 1559) hervor. Auch NICOLAUS COPERNICUS kannte die Schrift des ALPETRAGIUS und ihre Ziele, versuchte die Re-Physikalisierung der Astronomie aufgrund der Einwände des AVERROËS gegen PTOLEMAIOS aber auf anderem, von SOSIGENES empirisch gerechtfertigtem Wege zu erreichen.

Johannes de Sacrobosco

(John of Holywood [kaum: *John of Halifax*)
(1. Hälfte des 13. Jahrhunderts)

Der Engländer Johannes de Sacrobosco ist nicht als großer
Naturforscher, Mathematiker oder Entdecker in die Geschichte der Naturwissenschaften eingegangen, sondern als Lehrer
und Verfasser von jahrhundertelang benutzten Lehrbüchern. Er
wirkte in der ersten Hälfte des 13. Jahrhunderts in Paris, wo er
vermutlich auch starb. Seine drei bekannten kleinen Werke, die
Arithmetik (›Aslgorismus‹), Astronomie (›Sphaera‹) und Kalen-
derrechnung (›Computus‹) dienten über Jahrhunderte in ganz
Europa den Studierenden zum Erwerb der für den Besuch einer
der höheren Fakultäten erforderlichen Kenntnisse des Quadriviums in der Artistenfakultät. Von ihnen wurde die ›Sphaera‹ nach
der Phase handschriftlicher Vervielfältigung und Kommentie-
rung noch im 17. Jahrhundert immer wieder gedruckt aufgelegt,
erweitert durch Kommentare, in denen jüngere Autoren neuere
Kenntnisse aus der Astronomie zur Ergänzung hinzufügten und
dabei den Umfang des bald auch illustrierten Originaltextes weit
übertrafen. Den Höhepunkt bildete der die Länge des Textes
um das Vielhundertfache übertreffende Kommentar des Mathe-
matikprofessors an der Gregoriana in Rom Christoph Clavius
(* 1537 Bamberg, † 1612 Rom), der zuerst in Rom 1570 erschien
und bis 1611 insgesamt sechs Ausgaben mit zunehmendem Umfang erfuhr. Er enthielt auch eine kritische Beschäftigung mit
neueren Erkenntnissen und Ansichten aus der Astronomie und
war vor allem für die jesuitischen Mathematikprofessoren an den
katholischen Universitäten Europas gedacht. Weniger umfangreiche Kommentare sind schon aus dem 13. Jahrhundert überliefert, und der Grundtext wurde bereits in der ersten Hälfte des
14. Jahrhunderts von Konrad von Megenberg (* 1309 Mainberg
[Unterfranken], † 14.04.1374 Regensburg) auch ins Mittelhoch-
deutsche übersetzt. Die breite und langandauernde Wirkung
verdankt die Schrift nicht zuletzt der Meisterschaft, mit der in
klarer Untergliederung die wichtigsten Details der theoretischen
und praktischen Astronomie und Erdmessung (Kugelgestalt!) in

vier Kapiteln dargestellt werden. Sie fußen auf dem über die arabische Tradition wieder bekannt gewordenen ›Almagestum‹ des PTOLEMAIOS und dem lateinischen Kommentar des AMBROSIUS MACROBIUS THEODOSIUS (um 400 n. Chr., wohl aus Nordafrika) zu dem astronomischen Mythos ›Traum des Scipio‹ von CICERO, aber auch auf den ›Rudimenta astronomica‹ des ALFRAGANUS (ABUL ABBAS AHMED IBN MUHAMMAD IBN KATHIR AL-FARGHANI, das heißt: aus Fergana/Turkestan, im lateinischen Mittelalter AL-FRAGANUS genannt; † nach 861), der im 9. Jahrhundert am Hofe des abbasidischen Kalifen AL-MAMUN in Bagdad wirkte und mit diesem Werk die Einführungsschrift in den ›Almagestum‹ des PTOLEMAIOS für den arabischen Kulturkreis schuf. Die ›Rudimenta‹ wurden später mehrmals auch ins Lateinische übersetzt – so im 12. Jahrhundert durch JOHANNES HISPALENSIS und GERHARD VON CREMONA –, und bildeten in dieser Form das anspruchsvollere, von ihr abgelöste umfangreichere Vorgängerwerk der ›Sphaera‹ JOHANNES' DE SACROBOSCO, das in der Bearbeitung von JOHANNES REGIOMONTANUS allerdings auch noch mehrmals gedruckt wurde (1493, 1537, 1546, 1590, arabisch-lateinisch 1669).

ULUGH-BEG

(›Der große Fürst‹, eigentlich *Muhammad Taragay*)

(* 22.03.1394 Soltanijeh [Persien, heute Iran],
† 27.10.1449 bei Samarkand [heute Usbekistan], ermordet)

Dem Enkel TIMUR LENKS, der sich wegen seiner ehelichen Verbindung mit der Sippe des DSCHINGIS KAHN auch GURGAN (›Schwiegersohn‹) nannte, wurde als Fünfzehnjährigem 1409 die Statthalterschaft von Samarkand (Westturkestan) übertragen, das von dem mongolischen Herrscher zu seiner Hauptstadt gemacht worden war. Der Vater war aus den Nachfolgekämpfen nach dessen Tod beim Kriegszug gegen China 1407 als Sieger hervorgegangen und hatte 1409 Herat (in Khoresan im heutigen West-Afghanistan) zu seiner neuen Residenzstadt erhoben, die unmittelbare Macht über die alte Hauptstadt aber innerhalb der Familie belassen wollen. Nach dem Tode seines Vaters übernahm ULUGH-BEG 1447 als Haupt der Timuriden-Dynastie die Herrschaft über das Gesamtreich. Er fiel jedoch den aufgrund innerer Unruhen, die das Reich schwächten, bald einsetzenden Auseinandersetzungen mit dem Usbekenreich zum Opfer.

ULUGH-BEG war weniger an den Regierungsgeschäften interessiert (er setzte in Samarkand sogar einen eigenen Khan ein), sondern, beeinflusst von seiner hochgebildeten und musisch interessierten persischen Mutter, mehr den Künsten, der Poesie und den Wissenschaften, vor allem der Mathematik und Astronomie, zugetan. Die Geistlichkeit warf ihm denn auch mangelnde Unterstützung des muslimischen Glaubens vor (und versagte ihm umgekehrt Beistand in politisch prekären Situationen), vor allem nachdem er, um diese Wissenschaften zu fördern, 1417–1420 in Samarkand eine Hohe Schule (Madrasah) errichtet hatte, an die er die besten verfügbaren weltlichen Gelehrten berief (insgesamt ca. 70). Dieser Hochschule schloss er 1424–1428 ein astronomisches Observatorium an, die damals bestausgestattete Sternwarte der Welt, an der er selber beobachtete und Forschungen betrieb, unterstützt unter anderen durch den 1420 an die Hochschule gekommenen Astronomen DJAMSCHID IBN MASUD IBN MAHMUD AL-KASCHI (* um 1380 Kaschan, † 22.06.1429 Samarkand), der auch eine Rechenscheibe für mechanisch zu gewinnende Planetenörter und eine Dezimalbruchdarstellung erfand und in Briefen an seinen Vater das Leben der Wissenschaftler am Observatorium lebendig schilderte. Noch die 1908 freigelegten Überreste (heute Museum) sind von erstaunlichen Ausmaßen; das Hauptinstrument, ein gemauerter Sextant am Ende einer durch einen Hügel geführten und durch Mauern abgestützten Mittagslinie, hat immerhin einen Radius von 40,4 m. Mit dessen Hilfe bestimmte ULUGH-BEG mit seinen Astronomen die Länge des siderischen Jahres zu 365^d 6^h 10' 8" (lediglich 58' vom gegenwärtigen Wert abweichend). Auch die hier entstandenen astronomischen Tafeln (›Zij-i Gurgani‹), deren theoretischer Teil von AL-KASCHI stammt, weisen eine im Abendland erst sehr viel später erreichte Genauigkeit auf. So geben sie für die Präzession einen Wert von 51' 4" (mit einem Fehler von 1') und für die Schiefe der Ekliptik von 23° 30' 17" (Abweichung 32"). Der von ihnen unter Rückgriff auf die Arbeiten des in Bagdad wirkenden persischen Mathematikers und Astronomen MUHAMMAD IBN MUSA AL-CHWARIZMI (* um 780 Charism, nach 846 Bagdad, im lateinischen Mittelalter *Algorismi* genannt) und auf das arabische ›Almagestum‹ von

PTOLEMAIOS, dessen Beobachtungsdaten sie vielfach korrigieren mussten, 1420–1437 zusammengestellte Sternkatalog (›Zij-i Sultani‹) enthält erstmals zahlreiche Fixsternörter mit unabhängig von HIPPARCHOS und PTOLEMAIOS gewonnenen Positionsangaben (insgesamt 992 Sterne); er wurde 1665 in Oxford erstmals gedruckt (Neuausgabe durch FRANCIS BAILEY, London 1843).

GEORG (VON) PEURBACH

(*Purbach, Peuerbach,* eigentlich *Georg Aunpeckh*)

(* 30.05.1423 Peurbach, † 08.04.1461 [nicht 1462] Wien)

GEORG PEU(E)RBACH studierte relativ spät ab 1446 in Wien, wo an der Artistenfakultät der 1365 gegründeten Universität die mathematischen Wissenschaften seit der Kanzlerschaft von JOHANNES VON GMUNDEN (eigentlich J. KRAFFT; * vor 1385 Gmunden [Oberösterreich], † 23.02.1442 Wien), dem Begründer der Wiener mathematischen Schule, besonders gepflegt wurden, schon 1445 aber auch der Humanismus eingeführt worden war. Anfang 1448 erlangte PEURBACH hier das Bakkalaureat und begab sich danach auf eine Bildungsreise durch Deutschland, Frankreich und Italien. 1449 hielt er an der Universität Padua Vorlesungen, 1450 weilte er in Rom, wo er die persönliche Bekanntschaft mit NIKOLAUS VON KUES machte, dessen Legation er sich als inzwischen hochangesehener Wissenschaftler für die Rückreise anschloss. Im März 1451 wieder in Wien, errang er hier 1452 das Lizentiat sowie Anfang 1453 den Magistertitel; er hat aber an der Universität keine Vorlesungen zu den Fächern des Quadriviums gehalten; auch hatte er sich in Italien nicht ausschließlich der Mathematik und Astronomie gewidmet, sondern im Mutterland des neu aufblühenden Humanismus auch den römischen Klassikern, über die er dann in Wien seine Vorlesungen hielt – er erwarb sich damit großes Verdienst um die Einführung des Studiums antiker Klassiker an den deutschen Universitäten. Seine Vorlesung zu den ›Theoricae novae planetarum‹, die REGIOMONTANUS sich 1454 aufzeichnete, scheint er an der Bürgerschule bei St. Stefan gehalten zu haben. 1454 wurde PEURBACH auf Veranlassung eines Gönners zum Hofastrologen des Königs LADISLAUS V. von Ungarn ernannt, konnte aber in Wien bleiben; nach dessen Tod (1457) wurde er Hofastronom des Kaisers.

Erst in Rom hatte er den von seinen Wiener Lehrern vermittelten vergleichsweise hohen Stand der Mathematik einzuschätzen gelernt, aber auch den niedrigen Stand der vorwiegend noch an der ›Sphaera‹ des JOHANNES DE SACROBOSCO orientierten zeitgenössischen Astronomie, wenn man ihn mit den antiken Werken, insbesondere dem ›Almagestum‹ des PTOLEMAIOS und seinen Kommentatoren, die in Übersetzungen aus dem Arabischen vorlagen, verglich. Die Kenntnisse dieser Werke wiederzugewinnen wurde in Übertragung der Ziele des Humanismus auf das mathematische Schrifttum der Antike auch sein vorläufiges Hauptziel, dem er sich seit dem Italienaufenthalt widmete. So ließ er sich auch von Kardinal JOHANNES BESSARION (* 1395, † 1472), dem Haupt der griechischen Humanisten in Italien mit großen Interessen für Mathematik und Astronomie und eifrigen Sammler griechischer Handschriften, den PEURBACH in Rom persönlich kennengelernt hatte und der ihn auf einer päpstlichen Legationsreise 1460/61 in Wien aufsuchte, nur zu gern überreden, ihn zum Studium der unverfälschten griechischen Originale nach Rom zu begleiten, wo niemand die dafür erforderlichen mathematischen Kenntnisse besäße. PEURBACH nahm die Einladung unter der Bedingung an, dass ihn sein Schüler JOHANNES REGIOMONTANUS begleiten dürfe, mit dem er seit 1454 auch befreundet war und eine Neuberechnung der Ephemeriden GIOVANNI BIANCHINIS (* 1410, † 1449), des damals bedeutendsten Astronomen in Italien, den er in Ferrara kennengelernt hatte, begonnen hatte. Sie trafen gemeinsam sorgfältig alle erforderlichen Vorbereitungen (REGIOMONTANUS erlernte dazu auch die altgriechische Sprache), doch vereitelte der plötzliche Tod diese Pläne und zwang seinen Schüler, die Reise allein anzutreten.

War PEURBACH so über Vorarbeiten auch nicht hinausgekommen, so gebührt ihm doch das Verdienst, nach den Anregungen durch JOHANNES VON GMUNDEN und mit der Fortsetzung durch seinen Schüler und dessen späteren Gönner und Schüler BERNHARD WALTHER (* 1430 Nürnberg, † Mai 1504 Nürnberg) die Astronomie im Abendland erneuert und die Voraussetzungen für ihre weitere Entwicklung geschaffen zu haben. Er hatte als Mitarbeiter an der Revision der ›Alfonsischen Tafeln‹ begonnen, eines von ALFONS X., dem Weisen († 1284), in Auftrag gegebenen

astronomischen Tabellenwerks auf der Grundlage der Theorien
des PTOLEMAIOS, dessen Werte sich als ungenau erwiesen hatten.
Die alte PTOLEMAIische Sehnenrechnung erwies sich dabei als un-
handlich. Auf der Suche nach einem besseren Instrument übernahm PEURBACH aus der arabischen Trigonometrie den Sinusbe-
griff und legte diesen statt der Sehnen seinen Rechnungen und
Beobachtungen zugrunde. Er schuf sich dazu ein als ›Quadratum
geometricum‹ noch lange in Gebrauch befindliches Beobach-
tungs- und Ableseinstrument mit einer Seiteneinteilung von 1 bis
1200 und errechnete mit dessen Hilfe auf der Basis eines Radius
von 60 000 Einheiten eine Sinustafel, die von 10' zu 10' fortschritt
– REGIOMONTANUS erweiterte sie später. Auch andere astronomische Beobachtungsgeräte verbesserte und baute er neben Sonnenuhren. Die astronomischen Schriften selbst konnte er jedoch nicht
vollenden. Eine Kurzfassung des verbesserten ›Almagestum‹, die
bei seinem Tode nur die ersten sechs Bücher umfasste, wurde von
REGIOMONTANUS auf der Grundlage des griechischen Originals
zu Ende geführt – wohl 1462/63, sie wurde aber erst 1496 in Venedig gedruckt (›Epitoma in Ptolemaei almagestum‹), um dann
schnell mehrere Auflagen und kommentierte Ausgaben zu erfahren. Sie löste die ›Sphaera‹ des JOHANNES DE SACROBOSCO als
Lehrbuch an vielen deutschen Universitäten ab. Ähnliches wider-
fuhr seinem zweiten, ebenfalls die nachptolemaiischen Beobachtungsergebnisse berücksichtigenden Hauptwerk, den ›Theoricae
novae planetarum‹, die REGIOMONTANUS um 1472 in Nürnberg
herausgab, seitdem sie dann bis 1653 vielfach neu aufgelegt wurden. Angeregt durch entsprechende Schriften des PTOLEMAIOS
und IBN AL-HAITHAM bilden sie mit Berechnungen und Diagram-
men eines Systems von festen Äthersphären das ›physikalische‹
Gegenstück zur ›Epitome‹ und beeinflussten die kosmologischen
und ›astrophysikalischen‹ Vorstellungen der Folgezeit entscheidend, bis TYCHO BRAHE die ihnen gemäß der Physik des ARISTO-
TELES zugrundeliegende Festigkeit und Undurchdringlichkeit
der Äthersphären durch Beobachtungen widerlegen konnte.

JOHANNES REGIOMONTANUS

(latinisiert aus: ›der Königsberger‹;
eigentlich: *Johannes Müller*)

(* 06.06.1436 Königsberg [Franken], † 06.07.1476 Rom
[nach der Biographie von *Pierre Gassendi* aus dem Jahr
1651, 08.07. nach *Georg Joachim Rhaeticus*])

Als Sohn eines später verarmten Königsberger Ratsherren und
Stadtmühlenbesitzers erhielt JOHANNES MÜLLER, der sich später
im Stile der Renaissance nur REGIOMONTANUS (latinisiert ›aus Königsberg‹) nannte, eine gute Schulbildung, so dass er frühzeitig,
im Wintersemester 1447/48, in Leipzig mit dem Studium beginnen konnte, das er im Sommersemester 1450 an der Universität
Wien fortsetzte. Hier erwarb er am 16.01.1452 das Bakkalaureat.
Zusammen mit seinem Lehrer GEORG PEURBACH, dessen engster
Mitarbeiter REGIOMONTANUS ab 1454 wurde, gehörte er schon bald
der bekannten Wiener Mathematiker- und Astronomenschule an,
die in der Renaissance wesentlich zur Erneuerung der mathematischen Wissenschaften beitrug, und vollendete nach dem frühen
Tod PEURBACHS (1461) dessen unfertig hinterlassenen mathematischen und astronomischen Schriften. Wie jener, der sich vor Antritt seiner Lehrtätigkeit sieben Jahre in Italien aufgehalten hatte,
las auch REGIOMONTANUS, nachdem er wegen der Regelung, dass
die mit dem Titel verbundene Lehrbefugnis nicht vor Vollendung
des 21. Lebensjahres erworben werden konnte, erst 1457 Magister
geworden und am 11.11.1457 in den Lehrkörper aufgenommen
worden war, nicht nur über mathematische und astronomische
Themen, sondern auch über römische klassische Dichtung.

Weil sein Lehrer noch vor Antritt der Reise nach Italien, zu
der ihn der hochgebildete Kardinal und Handschriftensammler
JOHANNES BESSARION eingeladen hatte und auf der REGIOMON-
TANUS ihn hatte begleiten sollen, verstarb, musste er diese Reise
im Gefolge BESSARIONS ohne ihn unternehmen und die Bürde
der Neu- beziehungsweise Wiedererschließung des griechischen
mathematischen Schrifttums alleine tragen. In den Jahren seines
Italienaufenthalts (1461–1465), welcher die Wiener mathematischen Kenntnisse gleichsam den dortigen, zu einem großen Teil

im Besitz BESSARIONS befindlichen griechischen Quellen zuführen sollte, hielt er nicht nur Vorlesungen in Rom und Padua, sondern erlernte bei dem berühmten griechischen Philologen GEORG VON TRAPEZUNT, der schon eine ungenügende lateinische Übersetzung des ›Almagestum‹ von PTOLEMAIOS verfasst hatte, auch die altgriechische Sprache und stellte umfangreiche Nachforschungen nach klassischen mathematischen und astronomischen Handschriften an. Mit großem Eifer sammelte und studierte, kopierte oder exzerpierte er alle griechischen mathematischen Werke, deren er habhaft werden konnte, um sie in gereinigter Form wieder zugänglich zu machen, darunter jene von ARCHIMEDES, APOLLONIOS VON PERGE und DIOPHANTOS (letzteres war damals noch unbekannt gewesen). Besonders interessierte er sich für die Trigonometrie als der für den Astronomen unentbehrlichen Hilfsdisziplin, und er konnte sich dazu auch arabische Quellen in lateinischer Übersetzung zugänglich machen. Sein nicht ganz abgeschlossenes Manuskript ›De triangulis omnimodis‹ (›Über Dreiecke aller Art‹), in dem er die Lehre von der ebenen und sphärischen Trigonometrie zusammenfasste, wurde zwar erst 1533 gedruckt, bildete aber selbst zu dieser Zeit noch das in keinem Punkte überholte erste selbständige Lehrbuch der Trigonometrie im Abendland.

Aus Italien zurückgekehrt, wurde REGIOMONTANUS 1467 vom Förderer der Kunst und Wissenschaft der Renaissance in Ungarn, dem jungen König MATTHIAS CORVINUS, an den Hof in Ofen gezogen und an die neugegründete Universität Pressburg berufen (schon sein Lehrer PEURBACH war ja ungarischer Hofmathematiker gewesen). Von hier aus unternahm er vier Jahre später eine Studien- und Informationsreise nach Nürnberg, seinerzeit eine Hochburg des Instrumentenbaus, fand im damaligen ›Kommunikationszentrum Europas‹ aber so große Unterstützung durch dortige Patrizier, dass er nicht zurückkehrte, sondern sich in dieser aufgeschlossenen und durch ihre hohe handwerkliche Tradition bekannten Stadt niederließ. Zu seinen Gönnern zählte neben dem ungarischen König vor allem der Nürnberger Patrizier BERNHARD WALTHER (* 1430, † 1504), der selber an der Astronomie interessiert war, REGIOMONTANUS eine Beobachtungswarte einrichtete und ihm ein gewissenhafter Gehilfe bei den astronomischen Beobachtungen wurde, für die REGIOMONTANUS sich selbst entworfene Instrumente in einer eigenen mechanischen Werkstatt baute.

Die gewonnenen Daten sollten ihm zu einer Neuberechnung der Jahreslänge und der Planetenbewegungen dienen. Die ebenfalls mit Unterstützung Walthers eingerichtete und geführte Druckerei war nicht nur für die Herstellung von Kalendern, Ephemeriden und trigonometrischen Tafeln ausgelegt, sondern sollte nach einem großangelegten Plan Regiomontanus' auch alle ihm vor allem in Italien bekannt gewordenen mathematischen Klassiker des Altertums herausbringen, so wie es um 1472 mit Peurbachs Planetentheorie geschah. Auch seine eigenen Schriften mathematischen, astronomischen und physikalischen Inhalts wollte er hier drucken lassen. Doch noch bevor dieses Programm recht ins Laufen kam, wurde er Ende Juli 1475 von Papst Sixtus IV. als Fachmann in Fragen der Kalenderreform nach Rom gerufen. Hier erlag er unerwartet Anfang Juli 1476, eben vierzigjährig, vermutlich einer grassierenden Seuche.

Bernhard Walther kaufte den Regiomontanus-Nachlass auf und setzte auch die astronomischen Beobachtungen fort, aber die umfassenden Vorhaben seines Lehrers blieben unvollendet oder unausgeführt. In einer Einblattdruck-Verlagsanzeige hatte 1473/74 Regiomontanus sein ehrgeiziges Programm mit Neuausgaben, Neuübersetzungen und -kommentierungen der erhaltenen astronomischen und mathematischen Werke der griechischen Antike und ihrer antiken Kommentare angekündigt, von denen neben den ›Theoricae novae planetarum‹ seines Lehrers Peurbach nur die ›Astronomica‹ des Manilius erschienen; alle anderen hatten weiterhin und zum Teil noch recht lange auf ihre ›Editio princeps‹ warten müssen. Von den eigenen Schriften waren lediglich Regiomontanus' Kritik an Gerhards von Cremona älteren Theoricae-Schrift (›Disputationes contra Cremoniensia ... deliramenta‹, 1474), der deutsche und der lateinische Kalender für die Jahre 1475 bis 1513 (1474 und mehrere Neuauflagen) sowie die schwierig zu druckenden umfangreichen ›Ephemeriden‹ mit den tagweisen Stellungen von Sonne, Mond und Planeten für die Jahre 1475 bis 1506 (1474) erschienen. Seine eigenen Werke sind zu einem großen Teil in den folgenden Jahrzehnten posthum in Druck gegeben worden, so die ›Tabulae directionum‹ zur Umrechnung sphärischer Koordinaten in die von ihm neu definierten Häusergrenzen der Geburtshoroskopie (Venedig 1490) und seine Instrumentenbeschreibungen, die Johannes Schöner in Nürnberg herausgab: ›Saphaea‹ 1534, ›Astrolabium‹ 1544, ›Torquetum‹, eine Eigenkonstruktion, 1544; die ›Regula Ptolemaei‹ blieb unveröffentlicht.

Die von ihm teils erfundenen, teils verbesserten Instrumente wurden aber für die geographischen Entdeckungen der Portugiesen und Spanier von Bedeutung; seine ›Ephemeriden‹ für die Jahre 1475 bis 1506 begleiteten als die besten der damaligen Zeit CRISTOFORO COLOMBO, VASGO DA GAMA und AMERIGO VESPUCCI auf ihre Entdeckungsreisen über die Weltmeere. So wurde REGIOMONTANUS der maßgebliche Wegbereiter der neuzeitlichen Astronomie, dessen Werke auch ein NICOLAUS COPERNICUS benutzte und zugrundelegte, obgleich die meisten seiner Schriften nur wenigen handschriftlich zugänglich waren oder erst relativ spät posthum aus dem Nachlass herausgegeben wurden. Aber es bestand offensichtlich weiterhin ein entsprechender Bedarf dafür, war doch ganz im Sinne des Renaissance-Humanismus die Erneuerung der Mathematik und Astronomie das Ziel von REGIOMONTANUS' Schaffen gewesen, wozu er einerseits exakte Beobachtungen anstellte (er begann damit bereits in Wien und hat sie auf allen Lebensstationen fortgesetzt, besonders intensiv in Ofen und Nürnberg), vor allem aber andererseits die Kenntnisse der Griechen durch gereinigte und kommentierte Ausgaben ihrer Schriften wiedergewinnen wollte. Der hohe Standard der Wiener mathematischen Schule (seit JOHANNES VON GMUNDEN) und die humanistische Einstellung PEURBACHS und seines Schülers, der immerhin dazu die (alt)griechische Sprache zu beherrschen lernte, bildeten die Voraussetzungen dafür, dass durch wechselseitige Befruchtung der Sach- und der Sprachkenntnisse an den griechischen Originalschriften bei ihnen eine Höhe erreicht wurde, welche die humanistisch geprägte Wiedergewinnung antiken Wissens und Denkens auch auf die mathematischen Disziplinen auszudehnen erlaubte, wozu den italienischen Humanisten die Fachkenntnisse gefehlt hatten. Durch den überraschenden Tod PEURBACHS kam es deshalb zu einer Verzögerung und durch den Tod von REGIOMONTANUS regelrecht zu einer Phasenverschiebung des Renaissance-Humanismus für die Mathematik und die Naturwissenschaften, die der Humanismus-Bewegung sozusagen hinterherhinkten.

Nicolaus Copernicus

(eigentlich *Niklas Koppernigk*; im Deutschen auch fälschlich *Kopernikus*)

(* 19.02.1473 Thorn [heute Toruń (Polen)], † 24.05.1543 Frauenburg [Ermland, heute Frombork (Polen)])

Nicolaus Copernicus, wie er sich in Übereinstimmung mit dem sich wieder auf die Originaltexte der griechisch-römischen Antike zurückbesinnenden Renaissance-Humanismus latinisierend nannte, hatte keineswegs die Absicht, ein neues Weltbild und eine neue Astronomie zu schaffen. Er wollte vielmehr durch strenge Beachtung der Grundlagen der vorptolemaiischen Astronomie, die Ptolemaios missachtet hatte, diese mit den Kenntnissen des Ptolemaios und seiner Nachfolger unter den Arabern erneuern – also nicht ›Revolution‹, sondern ›Restauration‹ war sein Ziel, ganz im Sinne des Renaissance-Humanismus. – Die naturphilosophischen Grundlagen der Astronomie, die dieser Wissenschaft auch in ihrer mathematischen Form gemäß der Physik des Aristoteles zugrundeliegenden ›physikalischen‹ Grundsätze (die Copernicus fälschlich als ›pythagoreisch‹ bezeichnete), woraufhin sämtliche Bewegungen und Bewegungskomponenten am Himmel kreis- und gleichförmig erfolgen müssen, da sie auf gleichförmigen Rotationen von Äthersphären beruhen, hatte Ptolemaios ja in einem Punkte entscheidend verletzen müssen, um die Bewegungserscheinungen überhaupt exakt wiedergeben zu können. Er hatte zur Bestimmung der ersten Anomalie, die später Johannes Kepler durch den Flächensatz beschreiben sollte, die sogenannte Ausgleichsbewegung eingeführt, woraufhin der Mittelpunkt des (ersten) Epizykels auf dem Exzenter eine gleichförmige Winkelbewegung bezüglich eines imaginären Punktes (›punctum aequans‹) spiegelsymmetrisch zur Erde auf der Apsidenlinie ausführen sollte, statt entsprechend der Rotation des Exzenters eine gleichförmige bezüglich dessen Mittelpunkt. Das war aber auf der Basis der damaligen Vorstellungen von rotierenden Äthersphären ›physikalisch‹ unvorstellbar – so dass in der Folgezeit die mathematische Beschreibung der Bewegungen von ihrer physikalischen Erklärung deutlich unterschieden war und

beide Betrachtungsweisen unverbunden parallel nebeneinander
herliefen, wobei als Aufgabe der reduktionistischen mathematischen Astronomie allein die »Rettung der Phänomene« (das heißt
der scheinbaren Ungleichförmigkeiten, ›Anomalien‹) mittels bloßer ›Hypothesen‹ zugeteilt wurde; und das war es, was Copernicus durch ihre Vereinigung wieder in Ordnung bringen wollte,
durch eine gleichzeitige ›Physikalisierung‹ der ›mathematischen‹
und ›Mathematisierung‹ der ›physikalischen‹ Astronomie. – Die
Kritik an der mathematischen ›Manipulierung‹ durch Ptolemaios, der Copernicus sich darin anschloss, war allerdings schon
ebenso alt wie die daraus resultierende Astronomie selbst gewesen (Sosigenes, danach vor allem durch Proklos und Ibn al-
Haitham), nur hatte Copernicus (ohne mögliche Ansätze dazu
bei islamischen Astronomen zu kennen) sie erstmals voll und
ganz ernst genommen und in eine Restaurierung der gesamten
ptolemaiischen Astronomie umgesetzt.

Copernicus entstammte einer deutschen Kaufmannsfamilie
in Thorn, das im Vertrag von Thorn 1466 vom deutschen Ritterorden wieder an den polnischen König abgetreten worden war (Copernicus' Umgangssprache blieb zeitlebens das Deutsche, so dass
er sich später bei Verhandlungen mit der Bevölkerung stets eines
Dolmetschers bedienen musste, seine Wissenschaftssprache wurde das Lateinische). Nach dem Tode des Vaters übernahm 1483
der Onkel Lukas Watzenrode, ab 1479 Domherr in Frauenburg
und seit 1489 Bischof von Ermland, Nicolaus und dessen Bruder
Andreas in seine Obhut und sorgte für ihre Unterrichtung bis
hin zum Studium an der Universität Krakau, wo schwerpunkt-
mäßig Mathematik und Astronomie nach den Werken und mit
den Instrumenten von Georg Peurbach und Johannes Regiomontanus gelehrt wurden. Danach nahm Watzenrode Copernicus in seine persönlichen Dienste und sandte ihn zur weiteren
Ausbildung und Vorbereitung auf die ihm zugedachte Domherrenstelle in Frauenburg nach Italien. Hier studierte er von 1496
bis 1500 in Bologna, wurde vor 1499 ›magister artium‹, widmete
sich aber auch astronomischen Studien, zu denen er schon in Krakau angeregt worden war, und war Mitarbeiter des angesehenen
Regiomontanus-Schülers und neuplatonischen Astronomen Domenico Maria di Novara (* um 1464 Ferrara, † 1514 Bologna).
Nach Ernennung zum Domherren setzte Copernicus 1501 sein
Studium, jetzt der Medizin und des Kirchenrechts, in Padua fort

und promovierte 1503 in Ferrara zum Doktor des kanonischen Rechtes. Nach Polen zurückgekehrt, war er zunächst persönlicher Sekretär und Leibarzt seines Onkels, bevor er 1510 die Domherrenstelle in Frauenburg antrat. Diese stellte kein geistliches Amt dar, sondern war eine Verwaltungsstelle mit juristischen, politischen und medizinischen Tätigkeitsmerkmalen. Abgeschlossen von der Welt, übte er hier sein Amt aus, unterbrochen nur durch eine Kommandantur der Burg und Stadt Allenstein während des sogenannten Reiterkrieges gegen den Ritterorden. Landesweit hatte er sich aber auch einen guten Ruf als Arzt erworben, den neben dem Klerus im Bistum Ermland auch das polnische Königshaus konsultierte. Zudem wurde er als Vertreter des Bistums zum Preußischen Landtag abgeordnet und verfasste 1517–1526 im Zusammenhang mit der angestrebten Reform der preußischen Münze insgesamt drei Denkschriften, deren vorausschauenden Maßnahmen allerdings aus kurzsichtigem Profitdenken heraus bei den endgültigen Beschlüssen nicht beachtet wurden.

Zu dieser Zeit galt COPERNICUS aber auch bereits als angesehener Astronom. Vermutlich kurz nach seiner endgültigen Rückkehr aus Italien hatte er eine kurze Abhandlung, den ›Commentariolus‹, verfasst, in der er seine neuen astronomischen Ideen niedergelegt hatte. Sie kursierte in mehreren Abschriften und fand besonders wegen der in Angriff genommenen Kalenderreform auch in Italien große Beachtung, weil COPERNICUS in ihr die Möglichkeit einer bereits in Angriff genommenen Vereinfachung und Verbesserung der mathematischen Grundlagen der Astronomie andeutete: 1533 ließ Papst KLEMENS VII. sich von seinem Sekretär die Grundzüge des neuen Systems vortragen, 1536 forderte der Kardinal und Erzbischof von Capua eine Abschrift des angekündigten großen Werkes, das später Papst PAUL III. (ja wohl mit dessen Einwilligung) gewidmet wurde. Die mit diesem System verbundene Aufgabe der Geozentrik und Einführung der Heliozentrik wurde vorerst als ein in Kauf zu nehmendes geringeres Übel gar nicht beachtet; vordringlicher war die versprochene Einfachheit mit der vermuteten Folge einer exakteren Vorhersage der Planetenstellungen und einer vereinfachten Darstellung des Sonnenlaufes für die Erstellung eines Kalenders, der in der von G. JULIUS CAESAR eingeführten Form ja inzwischen zu einer Abweichung des Kalenderjahres von dem natürlichen Jahr um zehn Tage geführt hatte. Dass die Berechnung der Planeten-

örter nach den PTOLEMAIischen und ALFONSischen Tafeln durch
die Beobachtung nicht mehr bestätigt wurde, hatte COPERNICUS
bereits während seines Aufenthaltes in Bologna an eigenen Beobachtungen erfahren können, ohne dass allerdings Zeitpunkt
und direkter Anlass für die Erarbeitung seiner neuen Theorien
bekannt wären. In Italien hatte er in humanistischen und neuplatonisch beeinflussten Kreisen verkehrt, ihre Anregungen empfangen und als echter Humanist in griechischen und lateinischen Autoren nach Vertretern möglicher anderer astronomischer Systeme
geforscht, von deren Existenz er aus der allgemeinen Kritik des
PTOLEMAIOS gewusst haben muss; seit NICOLE ORESME war auch
im lateinischen Mittelalter, jüngst etwa von REGIOMONTANUS,
zumindest eine Erdrotation als theoretische Möglichkeit erörtert
worden, während NIKOLAUS VON KUES aus anderen, theologisch
orientierten Gründen die Zentralstellung der Erde (aber auch der
Sonne) generell geleugnet hatte. All diese Anregungen zu einem
detaillierten und numerisch brauchbaren neuen System der Planetenbewegungen verarbeitet zu haben, ist dann allerdings des
COPERNICUS alleiniges Verdienst.

COPERNICUS bediente sich bei seiner Rückbesinnung auf die
Vorstellungen der Astronomie vor der Zeit des gegen sie versto-
ßenden PTOLEMAIOS im Sinne einer echten ›Revolution‹ (= Zurück-
wälzen) der ARISTOTELischen Argumente, die schon von AVER-
ROËS und seinen Anhängern gegen die herrschende Astronomie
des PTOLEMAIOS vorgebracht worden waren: Erfolgte eine Kreisbewegung, wie es die Ausgleichsbewegung fordert, ungleichförmig, so könnte das nur aufgrund einer Unbeständigkeit in der
Natur des Bewegenden (letztlich Gottes) oder wegen einer Un-
regelmäßigkeit und Veränderlichkeit des bewegten Körpers (der
ätherischen Himmelssphären) geschehen; beides sei undenkbar.
Hatte PTOLEMAIOS die Ausgleichsbewegung eingeführt, weil ein
Exzenter für die kinematische Wiedergabe der ersten Anomalie
nicht ausreichte, so musste COPERNICUS Ersatz schaffen. Er ließ
die Bewegung, die der Epizykel(mittelpunkt) auf dem Exzenter
gemäß der PTOLEMAIischen Ausgleichsbewegung ausführt, aus
einer Doppel-Epizykelbewegung resultieren: Der Planet durch-
läuft danach mit einer bestimmten gleichförmigen Geschwindigkeit seinen epizyklischen Kreis, während der Mittelpunkt dieses
Epizykels seinerseits gleichförmig auf einem weiteren Epizykel,
dessen Mittelpunkt wiederum auf einem konzentrischen Defe-

rentenkreis (vorerst um die Erde) gleichförmig umläuft. Da der Epizykel aber mit anderer Geschwindigkeit bei Ptolemaios der Wiedergabe der scheinbaren Schleifenbewegungen der Planeten, der sogenannten zweiten Anomalie, diente, musste Coperrnicus, nachdem er die Gleichförmigkeit der anderen Bewegung ›gerettet‹ (wieder hergestellt) hatte, diese Erscheinung auf andere Weise erklären.

Hier setzt das Genie des Copernicus ein, das die vielfältigen Anregungen im rechten Moment an der richtigen Stelle zur Idee reifen ließ: Die Schleifenbewegungen brauchen ja nicht tatsächlich ausgeführt zu werden, sondern nur als solche dem Beobachter zu erscheinen, weil die Erde eine Bewegung ausführt, die diesen Eindruck erweckt. Führt die Erde selber eine dieser Erscheinung entsprechende Bewegung um die Sonne aus, so resultieren sogar die Schleifenbewegungen sämtlicher Planeten eben aus dieser einen Bewegung der Erde, wenn gleichzeitig diese statt des Fixsternhimmels um ihre Achse rotiert. Die Sonne stehe somit (fast) im Zentrum aller Planetenbahnen: Der größte Gestirnskörper, das Herz der Welt nach stoisch-neuplatonischer Auffassung, ihre Leuchtquelle, hätte damit die ihm gemäße Stelle erhalten. Im Gegensatz zu dem Verfahren der antiken Astronomie, das nicht aus Beobachtungen, sondern aus mathematischen Theorieelementen für die einzelnen Planeten die relativen Entfernungen gleichsam ›konstruiert‹ hatte, ergaben sich aus der Größe der Erdbahn jetzt auch die wahren, nicht nur die relativen Abstände der Planeten, während die Fixsternsphäre gleichzeitig in weite Ferne rückte, da sich an ihr keine parallaktischen Erscheinungen wie die Schleifenbewegungen an den Planeten zeigten. (Diese daraufhin zwischen dem äußersten Planeten Saturn und der Fixsternsphäre entstehende riesige Lücke sollte später Tycho Brahe und andere veranlassen, das heliozentrische System abzulehnen.) Andererseits brauchte aber wegen der Ruhe der Fixsterne deren Sphäre nicht mehr von endlicher Dicke zu sein, eine Folgerung, die zuerst von dem englischen Mathematiker Thomas Digges (* um 1550, † 1595) gezogen und dann von Giordano Bruno (* 1548 Nola, † 17.02.1600 Rom, hingerichtet) zu einem grandiosen Weltbild mit unendlich vielen Welten (Planetensystemen mit einem Fixstern als Sonne) im unendlichen Raum ausgebaut worden ist.

Die einzige Konsequenz, mit der Copernicus die gültige Physik des Aristoteles, in deren Rahmen er sonst aber verbleibt, verlassen musste, wurde von ihm wiederum durch einen Rückgriff auf antike Vorstellungen, nämlich solche PLATONS, autorisiert, wonach nicht das Weltzentrum Schwerezentrum der irdischen Elemente ist, sondern verwandte Stoffe zueinander streben. Schon NICOLAUS VON KUES hatte nach antiken Ansätzen diese Idee zu einer Kohäsionstheorie ausgebaut, wonach es so viele spezifische Schwerezentren geben soll wie Gestirnskörper: Für die vier Elemente der Erdmaterie ist es das Erdzentrum, für die der Mondmaterie das Mondzentrum, und entsprechendes gilt für die Sonne und die fünf damals bekannten Planeten. Alles andere blieb für COPERNICUS beim Alten. Dies zeigt besonders die Notwendigkeit der Einführung einer dritten Erdbewegung neben der jährlichen und täglichen, damit die Erdachse ihre Richtung im Weltraum nicht verändere; denn wegen der Rotation der unveränderlichen festen Himmelssphären, in welche die Erde wie entsprechend die anderen Planeten mit ihrer Achse eingebettet sei, hätte sie anderenfalls jeweils denselben Pol der Sonne zugekehrt oder von ihr abgekehrt, so dass es nicht zu den Jahreszeiten hätte kommen können. J. KEPLER, der dann im Anschluss an TYCHO BRAHE solche festen Äthersphären leugnete, sollte daraufhin diese dritte ›Erdbewegung‹ wieder abschaffen und statt dessen die Konstanz der Richtung der Erdachse einer quasi ›magnetischen‹ Kraft zuschreiben. Allerdings hatte COPERNICUS sich aufgrund der herrschenden Impetus-Theorie über die Mechanik seiner mathematisch-kinematischen Astronomie weiter keine Gedanken gemacht. Seine Astronomie unterscheidet sich deshalb auch nicht wesentlich von der des ›Almagestum‹ von PTOLEMAIOS, dessen Aufbau auch Vorbild seines Hauptwerkes ›De revolutionibus orbium coelestium‹ gewesen ist (›Über die Umwälzungen der Himmelssphären‹, nicht: der Himmels*körper*, gemeint sind vielmehr die Exzenter- und Epizykel-Sphären, in die die Planeten eingefügt sind). – Hier fasste COPERNICUS dann auch den Konzenter und ersten, größeren Epizykel nach dem Vorbild von ADRASTOS VON APHRODISIAS wieder zu einem Exzenter zusammen, jetzt aber mit anderer Exzentrizität als bei PTOLEMAIOS. Trotzdem ist die Anzahl der schließlich zur Berechnung nötigen Sphären nicht sehr viel geringer als bei PTOLEMAIOS geworden. COPERNICUS sagt auch ausdrücklich, dass seine Theorie nicht zu einer genaueren Vorhersage führe als die PTOLEMAIische, sondern dasselbe nur anders, nämlich ›physikalisch‹ korrekt wiedergebe. Seinen

Überlegungen und Berechnungen lagen ja auch keine neueren Beobachtungsdaten zugrunde; sie stellen vielmehr eine neue Deutung des Vorhandenen dar, das nur von zwischenzeitlichen ›Verfälschungen‹ zu befreien gewesen wäre.

Gerade die Möglichkeit, alles scheinbar wieder auf solide Grundlagen stellen und ihm durch die Bündelung von Bewegungen größere Ökonomie verleihen zu können, hat sicherlich verhindert, dass Copernicus die Fülle der physikalischen, theologischen und weltanschaulichen Konsequenzen seiner Idee auch nur geahnt hätte, die seit dem ausgehenden 16. Jahrhundert einen harten Kampf um die Anerkennung dieses Copernicanischen Systems und heliozentrischen, scheinbar der Bibel widersprechenden Weltbildes entbrennen ließen. Ein gewisses Unbehagen vor dem Wagnis des Neuen scheint man jedoch auch seitens Copernicus zu spüren, wenn man bedenkt, dass er die Ausarbeitung der im ›Commentariolus‹ skizzierten Ideen erst auf Drängen anderer vollendete und sein Hauptwerk dann so lange zurückhielt, dass er dessen endgültiges Erscheinen nicht mehr erlebte. – Die Überwachung des Druckes in Nürnberg hatte er seinem großen Verehrer, dem jungen Wittenberger Mathematikprofessor Georg Joachim Rh(a)eticus (* 15.02.1514 Feldkirch [Vorarlberg], † 04.12.1576 Kaschau), übertragen, der bereits 1540 in seiner ›Narratio prima de libris revolutionum Copernici‹ einen ausführlichen Vorbericht über die Schrift des Copernicus veröffentlicht hatte, der dann sogar eine größere Verbreitung fand und stärkeren Einfluss ausübte als das mehr technisch ausgerichtete Hauptwerk von Copernicus selbst. – Die eigentliche Erneuerung der Astronomie, die aber auch dann vorerst reine Planetentheorie blieb, war erst das Werk Tycho Brahes auf der praktischen sowie Johannes Keplers und Isaac Newtons auf der theoretischen Seite.

Peter Apian

(*Petrus Apianus*, latinisiert aus: *Bienewitz* oder *Bennewitz*)
(* 16.04.1495 Leisnig, † 21.04.1552 Ingolstadt)

Peter Apian studierte ab 1516 in Leipzig und ab 1519 in Wien, das er Mitte 1521 wegen einer grassierenden Pestepidemie verließ. Er war dann als Kartograph und Kosmograph tätig und wurde wohl insbesondere wegen seines ›Cosmographicus liber‹ (1524) auf Betreiben des bayrischen Kanzlers Leonhard von Eck in den Lehrkörper der Universität Ingolstadt aufgenommen. Hier wirkte er ab 1527 bis zu seinem Tode als ›Lektor‹ (Professor) der mathematischen Wissenschaften. 1541 erhob ihn Kaiser Karl V., der selbst bei ihm Unterricht genommen haben soll, aus Anlass des ihm gewidmeten ›Astronomicum Caesareum‹ in den Reichsadel, ernannte ihn zum Hofpfalzgrafen von und zu Ittlkofen und machte ihn zu seinem Hofmathematiker. Die 1526 von seinem Bruder Georgius Apian in Ingolstadt errichtete Universitätsdruckerei wurde ab 1531 von Peter Apian – und später von seinem Sohn, dem Mathematiker und Kartographen Philipp Apian (* 14.09.1531 Ingolstadt, † 14.11.1589 Tübingen), der ihn auch in seiner Professur in Ingolstadt beerbte (bis er als Protestant den Lehrkörper verlassen musste und nach Tübingen ging) – weitergeführt und brachte dann mit Unterstützung des Kaisers und der Universität hauptsächlich seine eigenen Werke heraus.

Die ›Kosmographie‹, die seinen wissenschaftlichen Ruf begründete, hatte allerdings 1524 noch in Landshut erscheinen müssen. Sie erfuhr bis gegen Ende des 16. Jahrhunderts eine große Anzahl von Auflagen, verbesserten Ausgaben und Übersetzungen in die Landessprachen der großen Seefahrernationen, was ihre Bedeutung für die damalige Navigationskunde ausdrückt. Zur Lösung deren größten Problems, der Bestimmung geographischer Längen, das noch so lange bestand, wie genau gehende transportable mechanische Uhren fehlten (wie sie John Harrison ab 1735 konstruieren sollte), übernahm er darin den Vorschlag, Messungen von Monddistanzen zu benutzen, den der Nürnberger Geistliche und Mathematiker Johannes Werner (* 14.02.1468 Nürnberg, † zwischen 12.03. und 11.06.1522 Nürnberg) in Anmerkungen zu seiner Ausgabe der ›Geographie‹ des PTOLEMAIOS bereits 1514 gemacht hatte. Doch fehlten dazu die instrumentellen Voraussetzungen, die auch APIAN mit eigenen neuen Konstruktionen astronomischer und geodätischer Instrumente nicht hatte schaffen können. Ein anderer, älterer und gleichfalls von WERNER übernommener Vorschlag, die gesamte Erdoberfläche durch einen herzförmigen Entwurf auf ein einziges Kartenblatt zu projizieren, bedeutete allerdings in der Ausführung durch APIAN einen entscheidenden Schritt über die damals noch gebräuchliche PTOLEMAIische Kartenprojektion hinaus (›Tipus orbis universalis juxta Ptolemei cosmographie traditionem et Americi vespucii aliorumque lustrationes‹, Landshut 1520, Faksimile Gotha 1976). Sein 1540 erschienenes ›Astronomicum Caesareum‹ dagegen bildete nur die letzte große Leistung auf der Grundlage des älteren, PTOLEMAIischen Weltsystems. Drehbar angebrachte Scheiben, die in stereographischer Projektion die einzelnen Anomalien und Bewegungskomponenten der Planetenbahnen im PTOLEMAIischen Sinne vertraten, sollten eine mechanische Lösung astronomischer Orts- und Zeitbestimmungen ermöglichen und die Berechnungen und eine Benutzung astronomischer Tafeln erübrigen. Doch waren bald nach dem Erscheinen durch das neue System des NICOLAUS COPERNICUS zumindest neue Grundlagen zur Berechnung der Tafeln gegeben, welche die mühevolle Arbeit APIANS überflüssig machten; und die aufwendige und damit kostspielige Herstellung stand ebenfalls einer großen Verbreitung entgegen. In diesem Werk enthaltene genaue Beobachtungen des Kometen von 1531 sollten allerdings bleibenden Wert erhalten, insofern sie ihn selbst erstmals zu der Erkenntnis führten, dass die Kometenschweife stets von der Sonne abgewandt sind – und später EDMOND HALLEY zur Entdeckung der Periodizität dieses dann nach ihm benannten Kometen.

GER(H)ARDUS MERCATOR

(eigentlich: *Gerhard Kremer*)

(* 05.03.1512 Rupelmonde [Flandern],

† 02.12.1594 Duisburg)

Der flämische Kosmograph GERARDUS MERCATOR studierte in Löwen Theologie, Philosophie und bei RAINER GEMMA FRISIUS (eigentlich: RAINER VAN DEN STEEN; * 08.12.1508 Dockum [Friesland], † 25.05.1555 Löwen) Mathematik und Geographie. Ab 1537 war er als selbständiger Kartograph tätig. Wegen der Verfolgung der Protestanten durch die Spanier folgte er 1552 dem Ruf des Herzogs von Cleve an die neugegründete Universität in Duisburg, wo ihm der Lehrstuhl für ›Cosmographia‹ übertragen wurde, und wurde 1554 gleichzeitig ›Cosmograph‹ des Herzogs. Unter ›Kosmographie‹ verstand man damals eine praktisch und deskriptiv ausgerichtete, auf der Physik des ARISTOTELES, der Astronomie des PTOLEMAIOS und dem Schöpfungsbericht der Bibel basierende, deshalb in der Regel anthropozentrische Kosmos- und Erdbeschreibung unter Einbeziehung der ihm von Gott ursprünglich angewiesenen, dann aber (und diese Erweiterung nimmt erst MERCATOR vor, der deshalb bereits 1569 als Teil der geplanten biblischen ›Cosmographia‹ seine ›Chronologia‹ drucken ließ) durch den Sündenfall von ihm selbst veränderten Stellung des Menschen in der Schöpfung – im Sinne einer christlich orientierten Gesamtnaturwissenschaft, deren Unterricht deshalb auch die ›mathematica‹ und die ›physica‹ einbezog. – MERCATOR gehörte aber auch der Renaissance an, so dass er sich die Wiedergewinnung hierzu erforderlicher antiker Kenntnisse ebenfalls zur Aufgabe machte: 1578 erschien seine Bearbeitung der ›Geographia‹ des PTOLEMAIOS.

MERCATORS Lehrtätigkeit in Duisburg und seine Veröffentlichungen sind stark beeinflusst von den Ideen des Humanisten, Anhängers MARTIN LUTHERS und protestantischen Reformators des Hochschulunterrichts PHILIPP MELANCHTHON (* 16.02.1497 Bretten, † 19.04.1560 Wittenberg), dessen naturwissenschaftliche Lehrbücher ›De astronomia et geographia‹ (Wittenberg 1536) und ›Initia doctrinae physicae‹ (Wittenberg 1549) durch die Veranschaulichung und Erklärung von Gottes Providentia auf der Basis ARISTOTELisch-neoscholastischer ›Physica‹ zu Gott hinführen sollten, und von der voluminösen ›Cosmographey oder Beschreibung aller Länder‹ (Basel 1544 und weitere 45 Auflagen, davon 27 in deutscher Sprache) des ab 1529 als Professor in Basel wirkenden reformatorischen Theologen und Kosmographen SEBASTIAN MÜNSTER (* 20.01.1488 Ingelheim [am Rhein], † 26.05.1552 Basel), der gegenüber PETER APIANS ›Cosmographicus liber‹ (1524) bereits über eine Verknüpfung von Astronomie und Geographie hinaus den biblischen Schöpfungsbericht einbezogen hatte (allerdings nur ab dem dritten Tag mit der Scheidung von Wasser und Land, während in den ›cosmographicae meditationes‹ von MERCATOR dem ersten Schöpfungstag so viel Raum gewidmet werden sollte wie den restlichen fünf Tagen). MERCATOR vereint mit all den Genannten das protestantische Ethos einer theologischen Rechtfertigung naturwissenschaftlicher Forschung und Unterweisung zum Zwecke einer von der Schöpfung und den darin verwirklichten Absichten Gottes ausgehenden Hinführung zu Gott; und er wird dadurch zu einem Vorläufer des physikotheologischen Denkens der Aufklärungszeit.

Vermutlich hatte MERCATOR sich aber bereits seit seinem Studium in Löwen über den Konflikt zwischen ARISTOTELischer Ewigkeitslehre und mosaischem Schöpfungsbericht aufgerufen gefühlt, zwischen beiden Vorstellungswelten im Sinne protestantischer Theologie zu vermitteln, wozu die ›Cosmographia‹ als vollständige Weltbeschreibung von der Schöpfungs- zur Menschheitsgeschichte damals als das geeignetste Instrument angesehen wurde. Diese ist deshalb auch der Grundtenor in MERCATORS Schaffen von der ›Terrae sanctae descriptio‹ (Löwen 1537) über die ›Chronologia‹ (Köln 1569) bis zum großen, dreiteiligen Atlaswerk mit insgesamt 107 Karten (›Atlas sive cosmographicae meditationes de fabrica mundi et fabricati figura‹, Duisburg 1585, 1589; der dritte Teil wurde 1595 von seinem Sohn RUMOLD MERCATOR herausgegeben), in dem erstmals die Bezeichnung ›Atlas‹ verwendet wird, die über die inhaltlich reduzierten späteren Auflagen zum Begriff für ein thematisch geordnetes Kartenwerk wurde. 1604 gingen die Druckplatten des ›Atlas‹ in den Besitz des Amsterdamer Kartendruckers JODOCUS HONDIUS (* 1563, † 1612) über, der – fortgeführt von seinem Sohn HENRICUS HONDIUS – zusammen mit diesem insgesamt 41 Auflagen veranstaltete, davon allein 27 einer deutschen Fassung. Bezeichnend für die veränderte Denkrichtung zur Zeit der Wissenschaftlichen Revolution des 17. Jahrhunderts ist es dann, dass diese von HENRICUS HONDIUS bearbeitete, erstmals 1633 erschienene deutsche Ausgabe, der ›Atlas, Das ist Abbildung der gantzen Welt mit allen darin begriffenen Ländern vnd Provintzen‹, die gesamten ›cosmographicae meditationes‹, zu deren Zweck und Illustrierung letztlich der kartographische Teil gedacht war, nicht mehr enthält. Einerseits waren die ›meditationes‹ 1607 auf den römisch-katholischen ›Index der verbotenen Bücher‹ gesetzt worden (1640 und 1667 erfolgte eine spanische Indizierung), andererseits hatte die protestantische ›Cosmographia‹ ihren Zweck erfüllt und hatte sich darüber hinaus inhaltlich durch das neue, von NICOLAUS COPERNICUS und GALILEO GALILEI geprägte Weltbild überlebt, das nur nach dem ›Wie‹ dieser Welt fragt und die Suche nach dem ›Warum‹ der Schöpfung Gottes ausspart, wie es noch einmal von JOHANNES KEPLER zum Programm erhoben und in der Aufklärung von der Physikotheologie wieder aufgegriffen wurde. Aber viele der aus diesem Denken heraus errungenen neuen Erkenntnisse konnten für sich in neuem Zusammenhang oder als Mittel zu anderen Zwecken fortleben – wie die von MERCATOR noch in Gemeinschaft mit GEMMA FRISIUS in Löwen gefertigten Erd- und Himmelsgloben, wie sein Kupferstich-Erdglobus von 1541 (der bereits 32-strahlige Windrosen mit Loxodromen als Navigationshilfen enthält), seine Karten (Europas und europäischer Länder neben dem Weltatlas) und wissenschaftlichen Instrumente.

Aus späterer Sicht stellt so die berühmte, für Seeleute bestimmte, winkeltreue Weltkarte ›Nova et aucta orbis terrae descriptio ad usum navigantium‹ (Kupferstich in 24 Blättern, Duisburg 1569) in der eigens entwickelten ›MERCATOR-Projektion‹ seine Hauptleistung dar. Nach Vorarbeiten am Globus von 1541 wird hierin im Maßstab 1 : 20,6 Millionen am Äquator die Kugel der Erde in einer konformen (winkeltreuen), normalachsigen Zylinderabbildung mit rechtwinklig aufeinander stehenden Längen- und Breitenkreisen in die Kartenebene projiziert. Damit war nämlich erstmals das eine der beiden für die großen Entdeckungsreisen wichtige navigatorische Problem, die winkeltreue Projektion der Erdoberfläche, gelöst, in der eine ›Kursgleiche‹ (Loxodrome) als die Linie, die auf der Kugel sämtliche Längenkreise (Meridiane) unter demselben Winkel schneidet, als Gerade eingetragen werden kann – so dass diese Projektion noch heute die wichtigste für navigatorische Zwecke bildet. Allerdings gelang die mathematische Fundierung des Kartenentwurfs in MERCATOR-Projektion über Ansätze zu einer Differentialgleichung der Loxodrome erst später (1666) MERCATORS damals in England wirkendem Namensvetter NICOLAUS MERCATOR (* um 1619 Eutin [damals dänisch], † 14.01.[?] 1687 Paris).

Das andere navigatorische Problem bestand in der Ermittlung der geographischen Länge (nur daraufhin konnte CRISTOFORO COLOMBO sich ja am Ende seiner Fahrten in ›Indien‹ wähnen), für dessen Lösung GEMMA FRISIUS 1530 die Konstruktion von auch auf See genau gehenden Uhren vorgeschlagen hatte, was jedoch erst dem englischen Uhrmacher JOHN HARRISON (* 24.03.1693 Gut Nostell Priory [Yorkshire], † 24.03.1776 Barrow) aufgrund zahlreicher Neuerungen mit seinen Schiffschronometern ab 1735 gelingen sollte, nachdem 1714 das britische Parlament einen hohen Preis für brauchbare Methoden zur Ermittlung der geographischen Länge ausgeschrieben hatte (›Longitude Act‹). Allerdings war HARRISON erst nach langem Ringen 1773 ein Teil des Preises zuerkannt worden, weil die hauptsächlich mit Astronomen besetzte Kommission der astronomischen Lösung mittels Mondpositionen, wie es bereits AMERIGO VESPUCCI an der amerikanischen Ostküste getan hatte, so dass er CRISTOFORO COLOMBO hatte korrigieren können, und wie es 1514 JOHANNES WERNER generell vorgeschlagen hatte (im Falle einer Mondfinsternis war dies schon im ersten Jahrhundert von HERON VON ALEXANDRIA praktisch durchgeführt worden), erste Priorität einräumte, woraufhin TOBIAS MAYERS Witwe für die Mondtafeln ihres Mannes ein Teil des Preises gewährt wurde.

WILHELM IV., LANDGRAF VON HESSEN-KASSEL

(* 14.06.1532 Kassel, † 25.08.1592 Kassel)

Nachdem sein Vater aus der Gefangenschaft nach dem Schmalkaldischen Krieg zurückgekehrt war, begann der spätere Landgraf von Hessen Kassel WILHELM IV. nach 1552 mit astronomischen Studien anhand der Werke von PETER APIAN, GEORG

PEURBACH und REGIOMONTANUS. Seit 1547 hatte er des Vaters Regierungsgeschäfte übernehmen müssen, jetzt widmete er sich bis zu seinem eigentlichen Regierungsantritt 1567 vorwiegend der Astronomie. Angesehene Mathematiker wurden als Lehrer nach Kassel gerufen, und das erste wissenschaftliche Anliegen des jungen Fürsten scheint eine Verbesserung der mechanischen Berechnungen von Planetenörtern gewesen zu sein. Nach Metallscheiben und Armillarsphären, deren Kreise noch von Hand bewegt werden mussten, entstanden bald mit Hilfe geschickter Mechaniker von einem Federwerk angetriebene große Automatenuhren, deren älteste von 1561 erhalten ist. Bei der Berechnung der Bahnelemente nach dem PTOLEMAIischen System hatte er wie viele vor ihm festgestellt, dass die unabdingbare Voraussetzung für genaue Ortsbestimmungen, ein exakter Fixsternkatalog, durch den PTOLEMAIischen nicht gegeben war, dessen Örter vermeintlich aufgrund von Überlieferungsfehlern oder von Eigenbewegungen der Fixsterne (!) nicht mehr mit den wahrgenommenen übereinstimmten – an mangelhafte Messdaten des PTOLEMAIOS hat er als Renaissance-Mensch bezeichnenderweise nicht gedacht. Ohne sich in den Streit um die Richtigkeit des COPERNICAnischen oder PTOLEMAIischen (und später auch des BRAHEschen) Planetensystems einzulassen, ging WILHELM daraufhin unbeirrt den für eine Weiterentwicklung der Astronomie als notwendig angesehenen Weg. Auf Anbauten seines Schlosses entstand etwa 1560 eine Sternwarte, die erste fest eingerichtete in Europa überhaupt; zur gleichen Zeit bemühte er sich um die Konstruktion und den Bau von Messgeräten, die fest, aber in verschiedenen Richtungen justierbar aufgestellt wurden und deren größere Genauigkeit er außerdem nicht, wie später TYCHO BRAHE, durch Vergrößerung des Radius der Messkreise, sondern durch feinere Ausführung in Metall statt Holz erreichen wollte und erreichte. Für die Beobachtungen scheint er vor seinem Regierungsantritt stets einige Gehilfen zur Verfügung gehabt zu haben, während danach kaum WILHELM selbst beobachtete, bis es 1575 zu dem denkwürdigen Besuch BRAHES in Kassel kam, der dazu führte, dass dieser in Dänemark die nötige Unterstützung fand und dass WILHELM sich wieder mehr der Astronomie widmete und mit BRAHES Hilfe geeignete Gehilfen nach Kassel ziehen konnte, die selbst schon ausgezeichnete Astronomen waren – unter anderen der Instrumentenbauer EBERHARD BALDEWEIN (2. Hälfte des 16.

Jahrhunderts) ab 1568 und Christoph Rothmann (2. Hälfte des 16. Jahrhunderts, aus Bernburg) ab 1577. Bis zu seinem Tode blieb er – oft über seine Gehilfen – mit Brahe in regem, für beide Seiten fruchtbarem Gedankenaustausch über fachliche Fragen.

Ungewiss ist, wann Wilhelm auf die Idee kam, zur Bestimmung der Rektaszension nicht eine Winkel-, sondern eine Zeitmessung vorzunehmen, das heißt: nach einem Vorschlag Bernhard Walthers die Zeitdifferenz des Meridiandurchganges zweier Sterne zu bestimmen. Jedenfalls bedurfte diese später die Beobachtungstechnik revolutionierende Methode genauerer Uhren, als es die üblichen Räderuhren waren. Wilhelm berief daraufhin 1579 den Schweizer Uhrmacher und Mathematiker Jo(b)st Bürgi (* 28.02.1552 Lichtenstein, † 31.01.1632 Kassel) als Mechaniker nach Kassel. Neben Präzisionsmessgeräten konstruierte und baute Bürgi in den 1580er Jahren tatsächlich die ersten Federuhren mit der damals unglaublichen Ganggenauigkeit von ± 30 Sekunden pro Tag, womit die Voraussetzungen für die Anwendung der neuen Methode ausreichend erfüllt schienen. Wegen der grundsätzlich ablehnenden Haltung Brahes, der allerdings diese Methode später für seinen großen Mauerquadranten ebenfalls nutzte, sollte jedoch erst John Flamsteed wieder generell nach dieser Methode messen. Der geplante Katalog ist auch nie fertig geworden; und die wenigen bereits reduzierten Beobachtungen von Wilhelm (58) und Rothmann (121) wurden erst 1618 von Willebrord Snellius veröffentlicht. Bürgi, der zwar nach dem Tode Wilhelms von dessen Sohn und Nachfolger Moritz, der ebenfalls ein Förderer der Naturwissenschaften (vorwiegend allerdings der Alchemie und paracelsischen Chemie) war, übernommen wurde, doch gelegentlich an den Hof von Prag ging und hier seit 1604 neben Johannes Kepler wirkte, bevor er kurz vor seinem Tode nach Kassel zurückging, hatte die Genauigkeit durch zwei im Kreuzschlag gekoppelte Foliots als Regelelement erreicht – das Pendel wurde dazu erst in den 1650er Jahren von Christiaan Huygens und Johannes Hevelius eingeführt. Weitere große Leistungen dieses genialen Praktikers der Mathematik waren die Berechnung von Logarithmentafeln und die Erfindung des Dezimalbruchrechnens (unabhängig von dem schottischen Mathematiker John Napier [*Neper*] beziehungsweise Simon Stevin), die Konstruktion eines rein mechanischen Triangulationsinstruments und anderes.

WILLIAM GILBERT

(* 24.05.1544 Colchester, † 30.11. [10.12. n.St.]
1603 London)

Der englische Arzt und Naturforscher WILLIAM GILBERT bezog 1561 das St. Johns College in Cambridge zum Studium der Medizin und unternahm nach der Promotion 1569 ausgedehnte Reisen nach Italien, Frankreich und in die Niederlande. 1573 ließ er sich als praktischer Arzt in London nieder. Schon während seiner Reisen scheint er intensive Naturbeobachtungen angestellt zu haben; und in London werden dann bald die Experimente mit natürlichen Magneten begonnen haben, die er später durch Armierungen der Pole mit Eisenkappen in ihrer Wirkung wesentlich verstärken konnte.

Nachdem die Kompassnadel seit etwa 1200 in Europa aus China bekannt geworden war, hatte schon PETRUS PERIGRINUS (PIERRE DE MARICOURT in der Picardie), Ingenieur im Heer KARLS VON ANJOU, erste experimentelle Untersuchungen mit Magneten angestellt und 1269 in einem offenen Brief an einen Freund mitgeteilt (Erstdruck: Augsburg 1558) – er hatte unter anderem, von der Annahme ausgehend, dass eine innere Beziehung zwischen dem Himmelsgewölbe und einem Kugelmagneten besteht, jenes auf diesen abgebildet und den Begriff ›Pol‹ geprägt sowie die anziehende Wirkung der ungleichnamigen und die abstoßende der gleichnamigen Pole erkannt. Dieser Brief war auch dem Nürnberger Instrumentenbauer und Kompassmacher GEORG HARTMANN (* 1489 Eckoltsheim [bei Bamberg], † 09.04.1564 Nürnberg) bekannt, der 1544 erstmals die Inklination der Magnetnadel beobachtete, die der britische Seefahrer und Navigator ROBERT NORMAN (* Bristol um 1550) in seiner Schrift ›The newe attractive‹ von 1581 näher untersuchte. Entscheidende Anregungen theoretischer Art erhielt GILBERT darüber hinaus aus der Theorie des ›okkulten‹ Magnetismus in der auf 20 Bücher erweiterten Ausgabe der ›Natürlichen Magie‹ (1589) von GIAMBATTISTA DELLA PORTA (* 1534/35 Neapel, † 04.02.1615 Neapel).

GILBERT verfasste insgesamt drei Werke, die hauptsächlich gegen die herrschende ARISTOTELische Naturphilosophie gerichtet sind und der Empirie größeren Stellenwert einräumen – nämlich eine Meteorologie, die im damaligen Sinne des Wortes alle Erscheinungen der Luft- und Wasserhülle unterhalb des Mondes einschließlich der Kometen umfasst, seine ›Neue Naturlehre vom Magneten, von magnetischen Körpern und dem großen Magneten Erde‹ und eine allgemeine Naturlehre (›Physiologia‹) der Stoffe und Kräfte, die wahrscheinlich in dieser Reihenfolge seit den frühen 1580er Jahren entstanden, bis auf die Magnetlehre aber unvollendet blieben. Diese erschien 1600 in London und brachte ihm sogleich einen hervorragenden Ruf unter den Naturforschern ein – ELISABETH I. ernannte ihn daraufhin 1601 zu ihrem Leibarzt mit jährlichem Festgehalt, und auch ihr Nachfolger JACOB I. beließ ihn in dieser Stellung. Die beiden anderen Schriften wurden, von seinem Halbbruder unter dem Titel ›De mundo nostro sublunari physiologia nova‹ zusammengefasst, erst 1651 postum in Amsterdam gedruckt. Die Magnetlehre, die inzwischen mehrere Auflagen erfahren hatte, enthielt jedoch in großen Zügen bereits GILBERTs Anwendungen seiner neuen, empirisch-induktiv gewonnenen Kenntnisse vom Magnetismus auf die kosmische Physik: Indem er die Erde als großen Magneten deutete, konnte er nicht nur erstmals die Nordweisung der Kompassnadel und ihre Inklination (damals ›Deklination‹ genannt) erklären, sondern auch eine angenommene allgemeine Wechselwirkung zwischen den Weltkörpern (besonders zwischen Mond und Erde, woraus sich die Gezeiten erklärten) und deren über den von ihm als leer angenommenen Raum hinweg wirkenden kosmischen Kräfte – als magnetisch oder magnetähnlich angesehen – an einem kleinen Kugelmagneten als Modell der Erde (›terrella‹) demonstrieren. Diese magnetischen (kosmischen) Wirkungen sollen zwar nach allen Richtungen gleichmäßig erfolgen, jedoch nur innerhalb eines begrenzten Bereiches, dessen Form von der Gestalt des Magneten abhänge, für die Weltkugeln also sphärisch sei. Hatte PORTA noch jedem der beiden Pole eines Magneten einen eigenen anziehenden ›orbis virtutis‹ (›Kraftkugel‹) zugewiesen, so hat dieser ›orbis virtutis‹ bei GILBERT den Schwerpunkt des Magneten zum Zentrum. Abweichungen der Erdoberfläche von der Kugelgestalt konnte er so zur ursächlichen Erklärung der von CRISTOFORO COLOMBO erstmals beobachtete Missweisung der Kompassnadel heranziehen. Allerdings unterschied GILBERT zwischen zwei ›Kraftkugeln‹ eines jeden Magneten (und Himmelskörpers), einer kleineren, innerhalb der (gegenseitige)

Anziehung erfolge – damit erklärte er neben den Gezeiten die Erscheinung der Schwere –, und einer größeren, innerhalb der noch eine Magnetnadel ausgerichtet werde. – Die kosmische Ausdehnung des Magnetismus als zentrale Fernkraft der Himmelskörper übte im 17. Jahrhundert großen Einfluss auf die Naturforscher aus, und besonders Johannes Kepler und Otto von Guericke sahen darin die Möglichkeit, auf den Ansätzen bei Gilbert eine für das heliozentrische Weltsystem des Nicolaus Copernicus notwendig gewordene neue, nicht-aristotelische Himmelsphysik aufbauen zu können, die dann die Himmelsmechanik Isaac Newtons vorbereiten half.

Tycho Brahe

(latinisiert aus *Tyge Brahe*, nicht: *Tycho de Brahe*)

(* 14.12.1546 Knudstrup [Schonen, Dänemark],
† 24.10.1601 Prag)

Der »Reformator der Astronomie«, wie Tycho Brahe später treffend von Johannes Kepler genannt wurde, stammte aus einer altadeligen dänischen Familie und verbrachte seine Kindheit auf Torstrup, dem Landsitz seines Onkels Jörgen Brahe, der Tycho an Kindes Statt angenommen hatte. Nach gründlicher Vorbereitung durch Hauslehrer bezog er 1559 die Universität Kopenhagen, um Rhetorik und Philosophie zu studieren. Doch zog ihn besonders nach der Sonnenfinsternis des Jahres 1560, deren genaue Vorhersage ihn faszinierte, die Astronomie in ihren Bann – und sie sollte fortan seinen Lebensinhalt bilden. Um Tycho wieder einer für seinen Stand nützlicheren Beschäftigung zuzuführen, schickte ihn sein Onkel Anfang 1562 zum Studium der Rechte nach Leipzig, zusammen mit einem Mentor, der ihn jedoch nicht von den verbotenen astronomischen Studien und nächtlichen Beobachtungen abzuhalten vermochte. Nach dem Ausbruch des dänisch-schwedischen Krieges wurde Tycho Anfang 1565 nach Dänemark zurückgerufen. Als sein Onkel bald darauf starb und ihm ein größeres Vermögen hinterließ, trieb es ihn wieder in die Fremde. Man findet ihn in der Folgezeit – studierend oder in Gedankenaustausch mit gleichgesinnten Gelehrten, die er aufsuchte, stets aber auch astronomische Beobachtungen durchführend

– in Wittenberg, Rostock (wo er sich die Grundkenntnisse für seine spätere Beschäftigung mit Heilkunde und Alchemie erworben zu haben scheint), Basel und Augsburg. Ende 1570 wird er an das Krankenbett seines Vaters gerufen. Er bleibt einige Jahre in der Heimat und widmet sich hier vorwiegend alchemistischen Versuchen, bis ihn am Abend des 11.11.1572 das helle Aufleuchten eines neuen Sterns endgültig der Astronomie zuführt.

1576 wurde ihm die kleine Sundinsel Hveen zwischen Kopenhagen und Helsingör von König FRIEDRICH II. zur Lehn übertragen, nachdem dieser erfahren hatte, dass BRAHE sich in Basel niederzulassen gedachte, und vom Landgrafen WILHELM IV. VON HESSEN-KASSEL, den TYCHO auf seiner Reise nach Basel 1575 besucht hatte, auf ihn aufmerksam gemacht worden war. Durch großzügige Unterstützung des Königs konnte BRAHE hier ein Observatorium, die *Uraniborg* (›Himmelsburg‹), bauen, dem später die ›Sternenburg‹ als zweites folgte, und unter Nutzung der Erfahrungen WILHELMS IV. VON HESSEN-KASSEL, mit dem er in regem Briefwechsel stand, mit den besten und größten Instrumenten ausrüsten (beschrieben in ›Astronomiae instauratae mechanica‹, Wandsbek 1598). Er konnte eine Schar von Helfern und Schülern anstellen; und Hveen wurde zum geistigen Zentrum und zum Treffpunkt der Astronomen dieser Zeit. Doch währte das Glück nicht sehr lange. Nach dem Tode des Königs wurde das Land seit 1588 von einer Regentschaft verwaltet, welche ihm allmählich die Zuschüsse entzog – teilweise wohl aus Verärgerung über BRAHES herrisches Auftreten. BRAHE entschloss sich daraufhin 1597, die Heimat endgültig zu verlassen. Er zog mit seinen kleineren Instrumenten nach Rostock und wurde dann von HEINRICH RANTZAU in dessen Schloss Wandsbek bei Hamburg (damals dänisch) aufgenommen, wo er zwei Jahre ungestört arbeiten konnte. Die Bemühungen RANTZAUS, für BRAHE eine geeignete Anstellung zu finden, hatten schließlich Erfolg und führten 1599 zu seiner Ernennung zum kaiserlichen Hofastronomen und Übersiedlung nach Prag, in dessen Nähe Kaiser RUDOLF II. ihm ein Schlösschen als Wohn- und Arbeitsstätte anwies.

Die Konjunktion von Saturn und Jupiter im August 1563, deren Zeitpunkt die auf dem System von PTOLEMAIOS beruhenden älteren ALFONSischen Tafeln um mehr als einen Monat, die nach dem COPERNICANischen System von ERASMUS REINHOLD (* 22.10.1511 Saalfeld, † 19.02.1553 Wittenberg) neu berechneten ›Prutenischen

Tafeln‹ immer noch um einige Tage verfehlten, war das Ereignis gewesen, das Brahe die Notwendigkeit genauerer und systematischer Beobachtungen erkennen ließ – nicht zuletzt, um bessere Horoskope stellen zu können; denn Astronomie und Astrologie gehörten damals und auch für Tycho noch eng zusammen. Da ihm für die Anschaffung astronomischer Messgeräte keine Mittel bewilligt wurden, musste er sich auf primitive Behelfe stützen. Meist benutzte er einen einfachen Zirkel als Winkelmessgerät, bemühte sich dann aber, Korrektionstabellen aufzustellen, um die erlangten Daten verbessern zu können. Vermutlich war es gerade diese anfängliche Zwangslage, die in ihm die Erkenntnis reifen ließ, dass auch in den größten und besten Geräten der Zeit, die er sich später anfertigen lassen konnte, nach ihren eigentümlichen Fehlerquellen zu suchen und die Beobachtungen immer wieder systematisch zu überprüfen seien, wodurch er jene nie zuvor und lange danach nicht erreichte Messgenauigkeit auch für die Planetenörter erhielt, welche unter anderem Johannes Kepler die Entdeckung der ungleichförmig von den Planeten durchlaufenen, heliozentrischen Ellipsenbahnen ermöglichte. Brahe selbst blieb allerdings zeit seines Lebens Gegner des Planetensystems von Nicolaus Copernicus und entwickelte in den 1580er Jahren ein eigenes System. Unter Beibehaltung der auch von ihm als große Errungenschaft des Copernicus gepriesenen ökonomischen Bündelung der Bewegungen sämtlicher Planeten um die Sonne, deren Zentralplatz er nur wieder mit dem der Erde vertauschte, kreisen in diesem geo-heliozentrischen System alle Planeten um die Sonne als Bahnzentrum, während die Sonne ihrerseits um die in der Mitte der um die Himmelspole rotierenden Fixsternsphäre in Ruhe befindliche und vom Mond umkreiste Erde ihre Kreisbahn zieht. Dieses System fand, teilweise leicht modifiziert, besonders nach dem päpstlichen Dekret von 1616, das die Copernicanische Lehre verbot, im 17. Jahrhundert viele Anhänger, vor allem unter den Jesuiten, denen an den meisten katholischen Universitäten der Unterricht in der Artistenfakultät überlassen worden war.

Nächtelange Beobachtungen der erwähnten Nova von 1572 in der Cassiopeia ließen Brahe zu der Überzeugung kommen, dass dieser Stern nicht der bis dahin im Anschluss an Aristoteles allein als veränderungsfähig angesehenen Region unterhalb des Mondes angehören könne, wo man deshalb bislang auch himmlische Erscheinungen wie Kometen angesiedelt hatte, sondern aufgrund fehlender Parallaxe in den Bereich der Fixsterne gehöre, deren ›Sphäre‹ somit also nicht unveränderlich wäre. Aus den Berechnungen von Beobachtungen des fünf Jahre später erschienenen Kometen konnte er weiterhin folgern, dass die Äthersphären der Fixsterne und Planeten außerdem nicht, wie ebenfalls bis dahin angenommen worden war, fest und undurchdringlich sein könnten, weil der Komet ungehindert durch die Planetensphären hindurch wanderte. Der Äther musste also ein sehr feiner, weder den Bewegungen der Himmelskörper noch jenen des Lichtes hinderlicher Stoff sein, der deshalb aber auch nicht die Gestirne mit sich fortführen könnte. Damit war eine der Grundannahmen scholastischer ›Astrophysik‹ widerlegt, und man hatte sich nach anderen Erklärungen für die Bewegungen der Gestirne umzusehen. Auch hier sollte später KEPLER den richtigen Weg weisen.

TYCHO ließ nach der Übersiedlung nach Prag zwar auch die großen Instrumente aus Hveen holen, doch war die vordringliche Aufgabe hier, das aufgespeicherte Beobachtungsmaterial zu verarbeiten. Als Gehilfen konnte er dafür neben anderen seinen Landsmann LONGOMONTANUS (CHRISTEN LJONGBERG, *04.10.1562 Ljongberg [Jütland, Dänemark], † 08.10.1645 Kopenhagen) und KEPLER gewinnen, von denen der erstere auf die Ausarbeitung der Mondtheorie, für die BRAHE neue Anomalien entdeckt hatte, letzterer auf jene des Mars angesetzt wurde, die BRAHE als geozentrisch erwiesen wissen wollte. Die Ergebnisse der Bemühungen KEPLERS, die dann ja nicht mehr seinen Vorstellungen entsprachen, konnte TYCHO jedoch nicht mehr erleben. Es sollte auch noch einen langen Kampf mit seinen Erben kosten, bis KEPLER schließlich wenigstens das Beobachtungsmaterial für die Wissenschaft nutzbar machen und damit das Lebenswerk BRAHES dem beabsichtigten Zweck zuführen konnte.

GALILEO GALILEI
(* 15.02.1564 Pisa, † 08.01.1642 Arcetri [bei Florenz])

»Als ich die Satelliten des Jupiter den Professoren von Florenz zeigen wollte, wollten sie weder diese noch das Fernrohr sehen. Diese Männer glauben, es sei keine Wahrheit in der Natur zu finden, sondern nur im Vergleichen von Texten« – schrieb Galileo Galilei später. Diese Vorbehalte der traditionell eingestellten, scholastisch orientierten Professorenschaft galten insbesondere für himmlische Erscheinungen, die einer völlig anderen Welt (und damit auch ›Physik‹) angehören sollten als die irdischen, so dass ein von Menschenhand mit ›irdischen‹ Materialien gebautes Instrument auch nicht seiner Beobachtung dienen könnte. Diese konträre Einstellung charakterisiert sehr treffend die Situation, in der sich die Erneuerer der Naturwissenschaften im ausgehenden 16. und beginnenden 17. Jahrhundert ganz generell befanden, wenn sie mit ihren Methoden die Ebene des von der Philosophie und Naturwissenschaft eines Aristoteles oder Ptolemaios geprägten traditionellen scholastischen Denkens verließen und der Empirie wieder größeres Gewicht zuerkannten sowie den Dualismus von himmlischer und irdischer Natur überwanden. Galilei gewann auch insbesondere durch seine brillante Sprache und die in Anlehnung an italienische Humanisten nach dem Beispiel seines Vaters in Dialogform und für die mathematischen Wissenschaften erstmals in der Volkssprache abgefassten Werke Freunde und Gönner für die neue Naturwissenschaft und ihre Methoden, weil er deren Schlagkraft durch die Konfrontation mit den Methoden der Scholastik in den Dialogen zwischen Vertretern der unterschiedlichen Sehweisen deutlich herausstreichen konnte. Allerdings wird in älteren Darstellungen aus der Sichtweise des 19. Jahrhunderts die heuristische Rolle des Experiments für Galilei stark überbetont: Er ging nie induktiv von experimentellen Erfahrungen aus (er betonte vielmehr, dass diese nicht einmal zur Bestätigung der von ihm aufgefundenen Gesetzmäßigkeiten erforderlich wären), und er war auch weder der Schöpfer der experimentellen Methode, noch hatte diese im Rahmen seiner neuen Erkenntnistheorie neben dem wichtigen Gedankenexperiment, der Mathematik (Geometrie) und empirischen Beobachtungen einen wesentlichen Platz. Er war auch kein eigentlicher Astronom im Sinne seiner Zeit und kümmerte sich nicht um deren in Jahrhunderten errungenen Erkenntnisse über die Planetenbewegungen und deren mathematische Beschreibung. Er war aber ein vorzüglicher Beobachter von rascher Auffassungsgabe und ungewöhnlich hohem Abstraktionsvermögen; und seine Beobachtungen und Erkenntnisse und deren mathematische Analyse bildeten Anregungen und Grundlage für die Entwicklung der neuen

mathematisch-experimentellen Naturwissenschaften bis hin zu
ISAAC NEWTON.

GALILEI war von seinem Vater, dem mathematisch gebildeten
Komponisten und Musiktheoretiker VINCENZO DI MICHELANGE-
LO GALILEI (* um 1533, † 1591), im Hause unterrichtet worden,
bevor er 1581 bis 1585 an der Universität seiner Heimatstadt
Medizin, Mathematik und (ARISTOTELisch-scholastische) Physik
studierte. Bereits 1586 baute er sich eine hydrostatische Waage,
nachdem er an der Florentiner ›Accademia del Disegno‹ mit den
Schriften des ARCHIMEDES bekannt geworden war. 1589 erhielt
er auf Empfehlung eines Gönners die Mathematikprofessur an
der Universität von Pisa. Hier befasste er sich mit Studien zur
traditionellen Bewegungslehre und mit Problemen der Mechanik der Einfachen Maschinen auf der Grundlage der Dynamik
der ›Quaestiones mechanicae‹ des ARISTOTELES sowie der Statik
des ARCHIMEDES. GALILEI wandte dabei erstmals ein Prinzip der
virtuellen Verrückungen allgemein an und überwand mit seinem
(mathematischen) Begriff des ›momento‹ den für die Antike und
die Scholastik essentiellen Dualismus zwischen ›natürlichen‹
und ›künstlichen‹, vom Menschen verursachten (mechanischen)
Bewegungen, die erstmals eine Übertragung von innerhalb der
allein ›künstliche‹ Bewegungen betreffenden ›Mechanik‹ gewonnenen Erkenntnissen auf ›natürliche‹ Bewegungen ermöglichte
– wenn GALILEI selbst auch die ›Schwere‹ noch wie ARISTOTELES
auf das innere Streben eines Körpers zurückführte, nicht allerdings mehr zu dem ›natürlichen Ort‹ der Elemente (im Falle des
schweren Elements ›Erde‹ zum Weltzentrum) hin, woraus in der
Physik des ARISTOTELES die Geozentrik folgte, sondern zu der
Ansammlung verwandter Körper. Erst JOHANNES KEPLER sollte
daraufhin die Schwere und die Planetenbewegungen auf ein ge-
genseitiges Einwirken der Himmelskörper zurückführen. Auch
GALILEIs angebliche ›Fallversuche‹ am schiefen Turm zu Pisa beruhen auf einer Legende; sie hätten damals auch höchstens dem
Versuch dienen können, ein falsches, auf der scholastischen Impetustheorie von NICOLE ORESME und JOHANNES BURIDANUS beruhendes ›Fallgesetz‹ zu bestätigen, das GALILEI seinerzeit noch
vertrat.

1592 siedelte GALILEI der besseren Bezahlung wegen als Professor der Mathematik nach Padua über, wo er die Isochronie der
Pendelschwingungen entdeckte und die Pendelgesetze ableitete,

einen Proportionalzirkel erfand, sich eine feinmechanische Werkstatt einrichtete – und erst ab 1604 und in reinen Gedankenexpe-
rimenten das Gesetz des Freien Falls ableitete, zuerst vergebens
von einem falschen Ansatz, 1609 endlich von dem richtigen ausgehend, dass die Vermehrung der Geschwindigkeit proportional
zur Zeit erfolge, es sich also in der Terminologie der Scholastik
um eine ›gleichförmig ungleichförmige‹ Bewegung in der Zeit
handle, wobei er zur Berechnung der mittleren Geschwindigkeit pro Zeiteinheit das Verfahren der ›Formlatituden‹ ORESMES
benutzte. Erst zur (eigentlich nicht erforderlichen) Bestätigung
des Gesetzes konstruierte GALILEI eine Fallrinne auf schiefer
Ebene, um den ›Fall‹ (unter Beibehaltung der abgeleiteten Ge-
setzmäßigkeit) so weit zu verzögern, dass auch damalige Zeit-
messverfahren (Pulsschlag, Sanduhren) zur Bestimmung der
Fallzeiten ausreichen konnten. Aufwendige Versuche des Freien
Falls wurden erstmals 1642 von den Jesuitenpatres GIAMBATTIS-
TA RICCIOLI und FRANCESCO MARIA GRIMALDI in Bologna am
schiefen Torre degli Asinelli durchgeführt. Das Gesetz ließ sich
zwar bestätigen; es ergab sich jedoch, dass verschieden schwere
Körper gleicher Größe und Gestalt im Medium Luft tatsächlich
verschieden schnell fallen, wie ARISTOTELES angenommen hatte
(erst die Scholastik hatte die von GALILEI bekämpfte direkte Proportionalität von Schwere und Geschwindigkeit angenommen).
Der Idealfall eines Freien Falles im Vakuum war für GALILEI so-
wieso nur hypothetisch angenommen, da er selbst die Existenz
eines zusammenhängenden Vakuums leugnete. Das Fallgesetz
diente später GALILEI dazu, die unterschiedliche, mit größerer
Nähe zur Sonne wachsende Bahngeschwindigkeit der Planeten
aus dem Schöpfungsakt zu erklären: Gott habe sie sämtlich von
einem Punkt aus auf die Sonne im Zentrum fallen lassen und erst
nach und nach, also nach wachsenden Fallstrecken, in ihre konzentrische Kreisbahn umgelenkt, in der sie seitdem gleichförmig
die Sonne umkreisen. Er setzte sich damit über die Erkenntnisse
der Astronomie seit PTOLEMAIOS hinweg und fand insbesondere
für die Entdeckung der Gesetze der Planetenbewegungen durch
JOHANNES KEPLER auch keinerlei Verständnis.

Um 1608 war in Holland, vermutlich von dem Brillenmacher
JAN LIPPER[S]HEY (* Wesel, † 1619 Middelburg), das zweilinsige
Fernrohr erfunden worden. GALILEI hatte hiervon durch eine
Zeitungsnotiz erfahren und 1609 das (sogenannte holländische

oder GALILEIsche) Fernrohr nachgebaut. Er führte es den Senatoren von Venedig als eigene Erfindung vor, woraufhin sein Professorengehalt in Padua angehoben wurde; entsprechend groß war die Verärgerung, als man wenig später dieses Gerät in allen größeren Städten käuflich erwerben konnte. GALILEI hat allerdings als erster das Fernrohr für die Wissenschaft eingesetzt und auf Himmelskörper gerichtet. Er entdeckte dabei die Oberflächenstruktur des Mondes (aus der die Erscheinung des sogenannten Mondgesichts entstünden), die vier ersten, von ihm ›Mediceische Gestirne‹ genannten Monde des Jupiter (07.01.1610) und löste Sternhaufen und (Teile der) Milchstraße in Einzelsterne auf – diese Entdeckungen veröffentlichte er (mit einer ersten, noch grob vereinfachten Mondkarte) noch 1610 im ›Nuncius sidereus‹, der ›Sternenbotschaft‹. In der Folge entdeckte er auch die Phasen der Venus und 1611 die Sonnenflecken, unabhängig von CHRISTOPH SCHEINER und JOHANNES FABRICIUS, der ihm damit zuvorgekommen war. Das Jupitersystem sah er als ideales Objekt zur Ersetzung der noch mangelhaften Chronometer für die Längenbestimmung an und führte für dazu vorgesehene Tabellen sorgfältige Ortsbestimmungen der Monde durch, bei denen er nach seinen Aufzeichnungen 1612/13 auch den später entdeckten Neptun gesehen zu haben scheint.

Im September 1610 folgte GALILEI einem Ruf als Hofmathematiker (das heißt auch: Hofastronom) und, was er sich ausbedungen hatte, Hofphilosoph (das ist: Hofphysiker) nach Florenz. Er trat seitdem auch öffentlich für das heliozentrische Planetensystem des NICOLAUS COPERNICUS ein – da die Jupitermonde die Sonderstellung des einen *bewegten* Körper (Erde) umkreisenden Mondes in diesem aufhöben (damit ist aber nur ein Gegenargument entkräftet, keines für die Heliozentrik gewonnen). 1611 reiste GALILEI in seiner neuen Eigenschaft nach Rom und erfuhr hier vielfältige Ehrungen, die ihn veranlassten, in noch stärkerem Maße für die COPERNICanische Lehre einzutreten: 1613 erschienen seine ›Istoria e dimostrazioni intorno alle macchie solari e loro accidenti‹, in denen er gegenüber SCHEINER die Priorität der Entdeckung zu verteidigen suchte, die dieser aber gar nicht für sich beansprucht hatte, und wie dieser aus den Wanderungszeiten der Flecken auf die Rotation der Sonne und deren Dauer schloss. Im Dezember desselben Jahres entwickelte er in einem Brief an einen seiner Schüler, den Benediktiner BENEDETTO CASTELLI, seine Vorstellungen über das Verhältnis der Bibel zur (neuen) Naturerkenntnis und insbesondere zum heliozentrischen Planetensystem, die eine Neuinterpretation der bislang zur Verteidigung der Geozentrik herangezogenen Stellen in der Heiligen Schrift erforderten. Er bekräftigte diese Forderung 1615 in einem weiteren Brief an die Großherzoginmutter CHRISTINA VON LOTHRINGEN. Diese Kompetenzanmaßung gegenüber der ›zünftigen‹ Exegese der Theologen führte aufgrund einer Denunziation zweier Patres des für die Inquisition zuständigen Dominikanerordens zu einer ersten Auseinandersetzung mit der römischen Kurie, an deren Ende am 26.02.1616 die Ermahnung Kardinal ROBERT BELLARMINS in Rom stand, das Irrtümliche seiner Auffassungen aufzugeben. (Zu diesem Zeitpunkt hatte GALILEI aber weder abschwören müssen, noch war ihm Buße auferlegt worden.) GALILEI widmete sich daraufhin intensiv der Widerlegung der ARISTOTELisch-scholastischen Physik, die dem kirchlichen Weltbild zugrundelag. In den aus Anlass der Kometen von 1618 entbrannten Streit über die Natur der Kometen griff er nach der polemischen Schrift des Jesuitenpaters HORATIO GRASSI (* 1582 Savona, † 1654 Rom) 1622 mit dem Buch ›Il Saggiatore‹ (›Der Prüfer mit der Goldwaage‹) ein, einer geistreichen und nicht minder polemischen Schrift, die auch einen Markstein der italienischen Literatur-Sprache bildet. Als Kardinal MAFFEO BARBERINI, ein großer Verehrer GALILEIS, 1623 als URBAN VIII. den päpstlichen Stuhl bestieg, hoffte GALILEI in diesem aufgeklärten Kirchenfürsten einen Fürsprecher für die COPERNICanische Lehre gefunden zu haben. Im April 1624 begab er sich deshalb nach Rom; 1625 veröffentlichte er Argumente für diese Lehre, ohne sie jedoch ausdrücklich schon für wahr zu erklären. 1630 war er wieder in Rom, um für sein Werk ›Dialogo sopra i due massimi sistemi del mondo‹, den ›Dialog über die beiden hauptsächlichen Weltsysteme, das ptolemaiische und das copernicanische‹ die Druckerlaubnis einzuholen. Wegen Verzögerungen der Zensurbehörde erschien das Werk erst 1632 – um kurze Zeit später auf kirchlichen Befehl wieder eingezogen zu werden. GALILEI hatte nicht der Auflage URBANS und der Zensurbehörde genügt, jeglichen Versuch eines ›Beweises‹ der nur als Hypothese zu vertretenden Bewegung der Erde zu unterlassen, und der Papst konnte in seiner damaligen innen- und außenpolitischen Bedrängnis nicht einen diesbezüglichen Ungehorsam dulden. GALILEI wurde am 01.10.1632 vor die Inquisition zitiert und aufgrund der Übertretung eines (angeblich?) bereits 1616 (geheim) ausgesprochenen Verbotes, die Lehre weiter zu verbreiten, verurteilt. Am 22.06.1633 schwor er nach wenigen Tagen Haft »seinen Irrtum« als treuer Katholik ab, ohne jedoch den legendären Ausspruch »Und sie [das ist: die Erde] bewegt sich doch!« getan zu haben oder zuvor Folterungen ausgesetzt gewesen zu sein. Ende des Jahres wurde er zu unbefristeter Haft in seiner eigenen Villa nach Arcetri verbannt. Dort verfasste er in einem Kreis von begeisterten Schülern die 1638 in Holland erschienenen ›Discorsi e dimostrazioni matematiche intorno a due nuove scienze‹, die ›Unterredungen und mathematischen Beweisführungen über zwei neue Wissenschaften, die Mechanik [Festigkeitslehre] und die Lehre von den örtlichen Bewegungen [Fall und Wurf] betreffend‹, sein für den Fortgang der neuen Physik wichtigstes Werk. (Zur Titelwahl ist interessant, dass URBAN VIII. darauf hingewiesen hatte, dass nur innerhalb der Mathematik ›Beweise‹ möglich seien.) 1637 erblindete er.

GALILEIS wichtigster Beitrag zur neuzeitlichen Naturwissenschaft besteht in der neuen Auffassung von der Möglichkeit physikalischer Erkenntnisse. An die Stelle der aristotelisch-scholastischen Ontologie mit ihren Erklärungen von natürlichen Prozessen aus dem ›Wesen‹ eines Dinges setzte er die Frage nach dem ›Wie‹ eines Prozesses, nach dem Verlauf, soweit er kinematisch erfassbar ist; denn nur darin könne die menschliche Vernunft Einblick in den göttlichen Schöpfungsplan gewinnen. Hilfsmittel (nicht Ontologie, wie bei den Neuplatonikern) sei dafür die Mathematik als die der Schöpfung zugrundeliegende ›Sprache‹ (in der die ›Natur‹ geschrieben sei, im Gegensatz zu den Buchstaben der Offenbarung in der Heiligen Schrift). Diese Sprache gelte es von den Dingen und Vorgängen zu abstrahieren, um sie mit daraufhin durchführbaren mathematischen Verfahren so umformen zu können, dass sie auf andere Vorgänge anwendbar würde und so alle zu einem einheitlichen System zusammengefasst werden könnten (insofern Freier Fall, Fall auf schiefer Ebene, Wurf, Pendel auseinander ableitbar werden). Folglich konzentrierte GALILEI sich auf die Kinematik und analysierte hier die als unabhängig aufgefassten Komponenten zusammengesetzter Bewegungen (etwa beim Freien Fall auf der bewegten Erde) und ihre daraus resultierende Form (etwa die tatsächliche Fall-Linie) – wie bei der daraufhin abgeleiteten und empirisch nachträglich bestätigten

Parabellinie der Wurfbahn. Zu einer Dynamik vermochte er allerdings über Ansätze für die Wirkweise der Einfachen Maschinen im Anschluss an ARISTOTELES nicht hinauszukommen, da er jede Art von Massenanziehung oder sonstiger Einwirkung von Körpern aufeinander leugnete und weiterhin zwischen ›künstlichen‹, vom Menschen ausgelösten, und ›natürlichen‹ Bewegungen unterschied. Letztere waren für ihn die von dem einem Körper innewohnenden Streben zur Weltmitte (oder vielmehr jetzt: zur Erdmitte) hin selbst ausgelösten geradlinigen Bewegungen. Er überwand die ARISTOTELische Vorstellung also nur darin, dass er die ›künstliche‹ Bewegung nicht mehr als *gegen* die Natur gerichtete ansah, wie es die traditionelle Mechanik seit ARISTOTELES gelehrt hatte, weil der Mensch gar nichts gegen die Natur verrichten könne, vielmehr verliere er an Zeit (oder Weg), was er bei Anwendung einer Maschine an Krafteinsatz spare (Moment). Beschleunigung und Verzögerung natürlicher Bewegungen träten aufgrund von Annäherung und Entfernung zum Schwerezentrum auf (hier: zur Erde, für die Planeten: zur Sonne), so dass bei gleichbleibender Entfernung, wenn beides also nicht stattfinde, die (daraufhin notwendig konzentrische Kreis-)Bewegung gleichförmig bleibe – zum Beispiel längs des Horizonts der Erde. Diese horizontale Bewegung senkrecht zur Fallrichtung verlaufe für kurze Strecken angenähert geradlinig (etwa auf einer waagerecht angeordneten geschliffenen Marmorplatte). Dieses Prinzip einer kräftefreien kreisförmigen Bewegung (auf annähernd geradlinigen Streckenstücken) als Vorform des Trägheitsprinzips (für tatsächlich geradlinige Bewegungen), das erst von Schülern GALILEIs in die von ISAAC NEWTON verwendete Form umformuliert wurde, erklärte ihm die Planetenbewegungen (bezogen auf die Sonne als Zentrum) als gleich- und kreisförmig, womit er die ARISTOTELischen Prinzipien der Astronomie, die Gleich- und Kreisförmigkeit sämtlicher Bewegungen am Himmel beibehielt, die für ihn sogar nur in der allein durchlaufenen konzentrischen Kreisbahn der Planeten bestehen, wenn er sie auch völlig anders erklärte. Er setzte sich damit über sämtliche Erkenntnisse der beobachtenden Astronomie seit EUDOXOS VON KNIDOS und HIPPARCHOS hinweg. Auch erwähnt er das manche seiner Argumente für eine Heliozentrik geozentrisch auffangende geo-heliozentrische Planetensystem des TYCHO BRAHE eigenartigerweise nirgends, obgleich er es zumindest aus Briefen BRAHES kannte. So konnten die astronomischen Entdeckungen Galileis denn auch den Zeitgenossen nicht als Beweise für die Richtigkeit des heliozentrischen Planetensystems gelten (Venusphasen, Jupitermonde), da sie ebensogut in diesem System eine Erklärung fanden, während die von ihm selbst aus seiner falschen Theorie der Gezeiten (Hin- und Herschwappen des Wassers in engen Meeresbecken) gezogene, vermeintliche Beweiskraft für die Rotation der Erde keine Anhänger finden konnte.

David Fabricius

(latinisiert aus: *Faber*)

(* 09.03.1564 Esens [Ostfriesland], † 07.05.1617 Osteel)

Johannes Fabricius

(* 08.01.1587 a.St. Resterhave [Ostfriesland], † 19.03.1616 an unbekanntem Ort)

Sein Studium der Fächer der Artistenfakultät und der Theologie hat David Fabricius in Helmstedt abgeschlossen (Immatrikulation 14.01.1583), in die Anfangsgründe der Mathematik und Astronomie war er nach eigenen Angaben in Braunschweig, wo er wohl die Lateinschule besucht hatte, von dem Pastor Heinrich Lampadius eingeführt worden. 1584 wurde ihm in Resterhave bei Dorum eine Patronatsstelle übertragen. 1603 wurde er an die Pfarre Osteel versetzt. Er war ein durchaus streitbarer Seelsorger und wurde von einem Bauern erschlagen, nachdem er ihn von der Kanzel herab als Dieb bezichtigt hatte. – Sein Sohn Johannes Fabricius besuchte ab 1601 die Lateinschule in Braunschweig und studierte dann mit einem Stipendium Ennos III., Grafen von Ostfriesland, 1604–1606 in Helmstedt, danach in Wittenberg; 1609/10 ist er in Leiden als Studierender der Medizin immatrikuliert. In Wittenberg ließ er 1611 nicht nur seine Schrift über die Sonnenflecken drucken, sondern erwarb während des Aufenthaltes auch den Titel eines Magisters der Philosophie. Seine Studienzeiten wurden jeweils unterbrochen durch längere Aufenthalte in Osteel bei seinem Vater, um gemeinsam astronomische und meteorologische Beobachtungen anzustellen.

Die ländliche Abgeschiedenheit Ostfrieslands hatte es DAVID FABRICIUS, gefördert durch seinen den Wissenschaften gegenüber aufgeschlossenen Landesherrn, dem Grafen von Ostfriesland, erlaubt, sich auch für seine Heimat nützlichen wissenschaftlichen Problemen zu widmen. Von ihm stammt eine erste Karte Ostfrieslands (1589, 1610 und 1617 erneuert), und nach mehreren kleineren (lateinischen und deutschen) Schriften über den Neuen Stern von 1604 verfasste er ab 1607 astrologische Prognostika (Kalendarien), in denen er dann auch von seinen astronomischen und meteorologischen Beobachtungen berichtete. Er stand mit den bedeutendsten Astronomen seiner Zeit in Briefwechsel (ab 1593 mit JOST BÜRGI; ab 1596 mit TYCHO BRAHE, den er auch in Wandsbek und Prag besuchte, 1601–1609 mit JOHANNES KEPLER, weiterhin mit SIMON MAYR, MICHAEL MÄSTLIN und anderen) – wobei die kritische Korrespondenz mit KEPLER gute Einblicke in die Entdeckungsgeschichte der ersten beiden KEPLERschen Gesetze gewährt. KEPLER sah in ihm den besten beobachtenden Astronomen nach dem Tode BRAHES (1601), an dessen geo-heliozentrischem Weltbild er auch festhielt. Handwerkliches Geschick (der Großvater war noch Schmied gewesen) und die frühen Kontakte zu BÜRGI ermöglichten ihm, für seine Beobachtungen erforderliche Instrumente selber zu bauen (Camera obscura, ein eiserner Quadrant, ein Semisextant, mit dem er die Polhöhe seines Heimatortes recht genau bestimmte). D. FABRICIUS entdeckte am 03./13.08.1596 eine vermeintliche Nova im Sternbild des Walfisches, die er nach zwölf Jahren wiederfand (er hielt Kometen und Neue Sterne generell für wiederkehrende Gebilde) und gegenüber KEPLER als »mira res«, als »wunderbares Ding«, bezeichnete. Es handelt sich um den ersten beobachteten Veränderlichen Stern (o Ceti), den KEPLER dann »Mira Ceti« nannte; er wurde später zum Prototyp der Mira-Sterne, nachdem der Professor an der Universität Franeker JOHANN FOKKENS HOLWERDA (* 19.02.1618 Holwerden [Friesland, Niederlande], † 12.01.1651 Franeker) aus seit 1638 angestellten Beobachtungen die Periodizität seiner Veränderlichkeit entdeckt hatte. – In D. FABRICIUS' ›Calendaria historica‹ (ab 1590) finden sich neben der Erwähnung historisch-politischer Ereignisse vor allem auch regelmäßige und sorgfältige Aufzeichnungen von meteorologischen und atmosphärischen Erscheinungen, deren Auswertung speziell für die Klimakunde wichtig ist.

Von seinem Studium in Leiden brachte JOHANNES FABRICIUS
dann einige der neuen, sogenannten holländischen Fernrohre mit
nach Osteel, und beide führten mit ihnen, angeregt durch den Bericht GALILEO GALILEIS über seine teleskopischen Entdeckungen
am Himmel im ›Siderius Nuncius‹ (1610), Himmelsbeobachtungen durch, wozu sie sich auf die Sonne als Objekt konzentrier-
ten, von der jener noch nicht berichtet hatte. Am 27.02.1611 a.St.
entdeckte JOHANNES FABRICIUS dabei fleckenartige Verdunkelun-
gen auf der Sonnenscheibe, die beide in der Folge über längere
Zeit systematisch beobachteten, indem sie die Sonne nach einem
Vorschlag KEPLERS von 1604, den er in seiner Schrift zum vermeintlichen Merkurdurchgang von 1609 ausführlich beschrieben
hatte, in eine ›Camera obscura‹ projizierten. Sie verfolgten auch
die Wanderung der Flecken schräg von Ost nach West, aus der JO-
HANNES FABRICIUS auf eine Rotation des Sonnenkörpers in 27/28
Tagen schloss. Er veröffentlichte die Beobachtungsergebnisse
1611 in Wittenberg in der Schrift ›De maculis in Sole observatis,
et apparente earum cum Sole conversione Narratio‹ (›Bericht
über die in der Sonne beobachteten Flecken und ihre scheinbare
Umdrehung mit der Sonne‹). Dieses stilistisch etwas unbeholfene
Büchlein, dessen Widmung vom 13.06.1611 datiert (verkäuflich
auch auf der Frankfurter Herbstmesse 1611), stellt zwar die erste
gedruckte Bekanntgabe der Sonnenflecken dar, doch geriet sie
über den offen ausgetragenen Prioritätsstreit zwischen GALILEI
und CHRISTOPH SCHEINER in Vergessenheit, worauf auch KEP-
LERS und SIMON MAYRS ausdrückliche Hinweise auf J. FABRICI-
US' Priorität keinen Einfluss nehmen konnten. – Es wundert aber
auch nicht, dass nach dem Bekanntwerden der Konstruktion eines (holländischen oder GALILEIschen) Fernrohrs bald auch die
Sonne zum Beobachtungsobjekt wurde und dabei gelegentlich
einer stärkeren Sonnenaktivität auch die ›Flecken‹, ›Verschmut-
zungen‹ der Sonne, die nach der noch gültigen Physik des ARIS-
TOTELES ja an einem ätherischen Himmelsobjekt gar nicht auftreten können, gesehen wurden. So gelang deren Entdeckung
auch unabhängig voneinander etwa gleichzeitig mehreren, am
08.12.1610 THOMAS HARRIOT (unveröffentlicht), am 06.03.1611
JOHANN BAPTIST CYSAT und CHRISTOPH SCHEINER (briefliche Mitteilung am 19.12.1611, veröffentlicht Anfang 1612), angeblich vor
April 1611 GALILEO GALILEI (briefliche Mitteilung am 06.05.1612,
veröffentlicht 1613), im August 1611 SIMON MAYR usw. Und KEP-

LER schrieb 1616 an DAVID FABRICIUS, dass der vermeintlich von ihm beobachtete Merkurdurchgang vom 18./28.05.1607 (von dem er ihm am 10.11.1608 geschrieben und in seiner Schrift ›Phaenomenon singulare seu Mercurius in Sole‹ von 1609 berichtet hatte, der aber nach seinen neuen Berechnungen bereits am 17./27. stattgefunden hatte) wohl auch ein Sonnenfleck gewesen sein müsse: »Maculam ego visam pro Mercurio perperam venditavi?«

JOHANNES KEPLER
(* 27.12.1571 Weil der Stadt, † 15.11.1630 Regensburg)

Nachdem TYCHO BRAHE die überkommene mathematische Astronomie durch eine gewaltige Vergrößerung der instrumentellen Hilfsmittel auch in der Genauigkeit der Beobachtungen zum Höhepunkt vor Einführung der teleskopischen Ortsbestimmung geführt hatte, das Material aber lediglich zur Präzisierung der reduktionisch-hypothetischen mathematischen Astronomie mit ihren Exzentern und Epizykeln genutzt wissen wollte, bedurfte es eines JOHANNES KEPLER, um diesen Schatz auf der Grundlage von völlig neuen, aber auch von erneuerten Ideen wie der PYTHA-GOREISCH-PLATONischen Weltharmonie und dem neuplatonischen Schöpfungsgedanken in eine neue, gleichzeitig mathematische *und* physikalische Astronomie »sine orbibus« umzusetzen, ohne Verwendung von Äthersphären oder ihrer Reduktion auf Exzenter und Epizykel.

JOHANNES KEPLER war der älteste von sieben Geschwistern, ein Siebenmonatskind von schwächlicher Konstitution, das in seiner Kindheit, wie später in der Jugend und im Mannesalter, häufig von Krankheiten befallen wurde, die es in seiner Entwicklung zurückwarfen. Die Blattern nahmen ihm fast das Augenlicht und machten ihn für sein Leben kurzsichtig. Ein angeborenes Augenleiden hatte zur Folge, dass er alles Gesehene vervielfacht empfand. Von Natur aus war er also wahrlich nicht dazu bestimmt, einmal einer der größten Astronomen überhaupt zu werden; und auch in seiner geistigen Entwicklung war er anfangs zurückgeblieben: Für die dreiklassige Lateinschule in Leonberg benötigte er fünf Jahre. Danach wurde er 1584 in die Klosterschule zu Adelberg aufgenommen. Sein allgemeiner Gesundheitszustand besserte sich aber erst, nachdem er 1586 in die höhere Stiftsschule in Maulbronn eingetreten war. Hier legte er 1588 das Bakkalaureatsexamen ab. Im folgenden Jahr erhielt er ein Stipendium zum Studium der Theologie am Tübinger Stift, wo er neben Theologie und Philosophie im Rahmen der Grundausbildung an der Artistenfakultät der Universität auch Mathematik und Astronomie bei MICHAEL MÄSTLIN (* 30.09.1550 Göppingen, † 20.12.1631 Tübingen) studierte, der ihn privat auch in die neue Planetentheorie des NICOLAUS COPERNICUS einführte – öffentlich vertrat er diese Lehre nie. Seiner Empfehlung verdankte KEPLER dann Anfang 1594 eine Berufung an die protestantische Landschaftsschule von Graz als Lehrer der Ethik und Mathematik. KEPLER hatte zwar 1591 seine Magisterprüfung abgelegt, war jedoch noch ohne Abschluss des theologischen Studiums.

Zu den Aufgaben des Landschaftsmathematikers gehörte seinerzeit auch die Erstellung astrologischer Kalender. Mit den Vorhersagen in seinem ersten Prognostikon für das Jahr 1595 hatte er großes Glück; sowohl der schwere Winter als auch die Unruhen unter den Bauern Oberösterreichs und die Flucht vor den einfallenden Türken traten ein, was KEPLERS Ansehen in Graz sehr förderlich war. Ablehnend stand man jedoch hier und in Tübingen seiner Benutzung des 1582 von Papst GREGOR XIII. eingeführten ›katholischen‹ Kalenders in den Prognostika gegenüber. Aber auch diese Einstellung nützte dem aufrichtigen Protestanten nichts, als im Zuge der Gegenreformation am 28.09.1598 alle protestantischen Geistlichen und Lehrer aus der Steiermark ausgewiesen wurden. KEPLER floh nach Ungarn, erhielt aber nach einmonatigem Exil als einziger Erlaubnis zurückzukehren. Der Druck wurde hier jedoch immer unerträglicher, nach Tübingen an MÄSTLIN gesandte Hilfegesuche blieben unbeantwortet; und nach der Rückkehr von einem halbjährigen Aufenthalt in Prag, wohin TYCHO BRAHE ihn eingeladen hatte, traf ihn im August 1600 die endgültige Ausweisung aus Graz, jetzt unter Verlust fast der gesamten Habe. BRAHE nahm den mittellosen Flüchtling und seine Familie in Prag auf und verschaffte ihm eine Stelle als Gehilfe. Beide verband die unbedingte Suche nach der ›Wahrheit‹, die der eine als Anhänger, der andere als Gegner des COPERNICUS zu finden gedachte; beide waren jedoch auch von so verschiedenem Naturell, dass eine dauerhafte fruchtbare Zusammenarbeit nicht möglich gewesen wäre. Ein Glück für KEPLER war es deshalb, dass

Brahe bereits im folgenden Jahr starb und ihm von Rudolf II. auf Eingabe eines einflussreichen Freundes dessen Nachfolge als kaiserlicher Mathematiker angetragen wurde. Er erhielt zwar mit 500 Gulden, die zudem bald sehr unregelmäßig gezahlt wurden, ein erheblich geringeres Jahresgehalt als Brahe, konnte hier aber wenigstens anfangs in größerer Ruhe seinen astronomischen Forschungen nachgehen, da ihn die Pflichten, das Erstellen von Prognostika und Horoskopen, nicht zu sehr in Anspruch nahmen. Verständnis fand er in Prag allerdings nicht, und die für seine Arbeiten nötigen Aufzeichnungen Brahes erhielt er erst nach einem langwierigen Kampf mit den Erben zur Einsicht. Wegen der Wirren im Vorfeld des Dreißigjährigen Krieges wurde das Gehalt bald immer seltener ausbezahlt. Kepler geriet von neuem in finanzielle Not und suchte nach einer anderen Stellung. Ein erneuter Versuch, in Tübingen eine Professur zu erhalten, scheiterte an dem Einspruch der dortigen protestantischen Theologen, die Keplers liberale Einstellung zur Abendmahlsfrage ins Feld führten. Erst nach dem Tode seiner ersten Frau erhielt er 1612 eine neue Stelle an der Landschaftsschule in Linz. Kaiser Matthias, der Nachfolger Rudolfs II., hatte zwar Kepler als kaiserlichen Mathematiker bestätigt, ihm jedoch erlaubt, eine zusätzliche Stelle außerhalb des Hofes anzunehmen. Doch auch hier in Linz litt Kepler unter der Verfolgung der ultraorthodoxen Protestanten. Wieder entbrannte der Streit an der Konkordienformel, die Kepler zu unterschreiben sich weigerte. Seine religiöse Einstellung kennzeichnet, dass er aus ehrlicher Überzeugung bei dieser Haltung auch blieb, nachdem er bereits kurz nach seiner Ankunft in Linz exkommuniziert worden war. Der Konflikt zwischen seiner Überzeugung und der Intoleranz der kirchlichen Stellen traf ihn schwer. 1619 wurde der Ausschluss vom Abendmahl endgültig von Württemberg aus bestätigt. Trotzdem konnte er sich nicht entschließen, Deutschland zu verlassen, als er 1617 einen Ruf als Professor der Astronomie nach Bologna erhielt. Es klingt fast wie Ironie, dass er gerade die in seiner Heimat herrschende geistige Freiheit als Begründung anführte – er hatte von dem Prozess gegen Galileo Galilei erfahren. Weitere Sorgen brachte ihm eine Anklage gegen seine Mutter wegen Hexerei. Drei Monate im Jahre 1617 und 13 der Jahre 1620 und 1621 verbrachte er in Württemberg, um die Anklage zu widerlegen; ein halbes Jahr nach der Entlassung aus dem Gefängnis starb sie im Jahre 1622. Während dieser Zeit hatten sich die Zustände in Linz verschlechtert. Nach der Eroberung durch Herzog MAXIMILIAN im Juli 1620 war die protestantische Macht gebrochen worden und das Leben für die Protestanten allmählich so unerträglich geworden wie zuvor in Graz. Als zu Beginn des Jahres 1626 seine ganze Bibliothek wegen ihres ›ketzerischen‹ Inhaltes beschlagnahmt wurde und im Herbst während einer Belagerung durch Bauern mit der Druckerei auch die fertigen Teile der ›Rudolphinischen Tafeln‹ vernichtet wurden, die auf Wunsch des Kaisers hier gedruckt werden sollten, verließ KEPLER endgültig Linz und begann mit seiner Familie – er hatte 1613 wieder geheiratet – ein unstetes Wanderleben, das ihn erst für ein Jahr nach Ulm führte, wo die Tafeln jetzt gedruckt wurden, dann nach Frankfurt, Ulm und Linz sowie je zweimal nach Regensburg und Prag – meist um das vom Kaiser vorenthaltene Gehalt vergebens einzubetteln.

Im Juli 1628 schließlich siedelte er nach Sagan über. Der Kaiser hatte sich wegen der Kriegslasten außerstande gesehen, den Verpflichtungen gegenüber KEPLER nachzukommen, und hatte den Herzog von Friedland und Sagan, ALBRECHT VON WALLENSTEIN, einen seiner reichsten Untertanen, gebeten, den Hofastronomen zu entschädigen. WALLENSTEIN nahm ihn als Astrologen gegen ein Jahresgehalt von 1000 Gulden in seine Dienste, blieb aber die rückfällige Zahlung ebenfalls schuldig. Als er 1630 KEPLER schließlich eine Professur in Rostock anbot, machte dieser die Annahme von der Auszahlung abhängig – weil er den Ruf in das ungewohnte Norddeutschland nicht abzuschlagen wagte. Nachdem er dann mehr und mehr einsah, dass WALLENSTEIN dem Wunsche des Kaisers auch nicht Folge leisten würde, trat er im Oktober eine Reise nach Regensburg an, um auf dem Reichstag vom Kaiser persönlich das rückständige Gehalt einzufordern. Hier starb er jedoch kurz nach seiner Ankunft an den Folgen der großen Anstrengungen dieser Reise.

Übersieht man die hauptsächlichen Etappen des durch äußere und innere Umstände rastlosen Lebens, so scheinen die wissenschaftlichen Leistungen JOHANNES KEPLERS fast ins Übermenschliche zu wachsen; und von Gott her nahm er auch die Kraft, sein Leben und Werk zu meistern. Ihm und seinem Erkennen wollte er dienen: »Ich wollte Theologe werden«, schrieb er aus Graz an MÄSTLIN, »Lange war ich in Unruhe. Jetzt aber sehet, wie Gott durch mein Bemühen auch in der Astronomie gefeiert wurde«;

und diese Haltung nahm er sein ganzes Leben über ein. Getragen von einem selbstverständlichen Glauben an die Ratio und die Ordnung der göttlichen Schöpfung als Kosmos und Ausdruck der Ratio Gottes, suchte er diese a priori gegebene Ordnung in der Welt, dem »körperlichen Abbild Gottes«. Alles ist für ihn verklammert durch die Dreiheit Gott, Welt, Mensch – Urbild, Abbild, Ebenbild. Die Vermittlung werde durch die Idee der Quantität hergestellt, die in Gott ihren Ursprung habe; die Mathematik ist ihm wie bei PLATON, auf den sich KEPLER auch ausdrücklich beruft, das erste Erkenntnismittel. Die Kugel als vollkommenste Quantität ergebe die äußere Gestalt des deshalb notwendig begrenzten Kosmos, sie sei durch den gleichmäßigen Ausfluss von ihrem Zentrum aus entstanden und sei symbolisch Abbild der Heiligen Dreifaltigkeit: Gott-Vater bedeute das Zentrum, Gott-Sohn die Peripherie, der Zwischenraum den Heiligen Geist. Die Natur erkennen ist für KEPLER dann nichts anderes, als die Gedanken und Absichten Gottes bei der Schöpfung ›nachzudenken‹, und das heißt: Geometrie zu treiben. In ihr lägen die Gründe und Ur-Sachen des Kosmos.

Bereits in seinem in Graz entstandenen Erstlingswerk, dem ›Mysterium Cosmographicum‹ (*Weltgeheimnis*), kam diese Grundidee, die auch sein weiteres Suchen bestimmte, zum Tragen: Die neben der Kugel vollkommensten Körper, die fünf regulären PLATONischen Polyёder, bestimmen hiernach ineinandergeschachtelt mit ihren Um- und Inkugeln die Abstände der Planeten (die überraschend genau mit den Werten im heliozentrischen System des COPERNICUS übereinstimmten), ihre Fünfzahl die Anzahl der Planeten im COPERNICanischen System (in dem Mond und Erde eine kosmische Einheit bilden). Die Richtigkeit dieser Theorie sei dadurch erwiesen. – Aber die Messdaten entsprachen nicht genau genug den Berechnungen nach diesem Modell. Zwar reichte die Übereinstimmung, um KEPLER in seiner Überzeugung zu bestärken, die Gründe des harmonischen Aufbaues der Welt und damit den Schöpfungsplan entdeckt zu haben, sie blieb aber unbefriedigend, zumal sie auf COPERNICanischen Werten basierte, von denen BRAHE ihm als Reaktion auf das Werk schrieb, dass sie zu ungenau wären. Sein Versprechen, ihm seine eigenen, besseren Werte zugänglich zu machen, bewog dann KEPLER schließlich, nach Prag überzusiedeln. Er hatte volles Vertrauen in die empirischen Daten, da die Welt der Geometrie entsprechen

müsse. Dieses Vertrauen zu bestätigen und die exakte Beobacht-
barkeit mit TYCHOS instrumentellen Mitteln zu erweisen, diente
auch sein großes optisches Werk von 1604, die auf den Erkenntnissen ALHAZENS (IBN AL-HAITHAMS) und WITELOS aufbauende
›Astonomiae pars optica‹; auf ihm basierte aber auch die soforti-
ge Anerkennung der Entdeckungen GALILEO GALILEIS mit dem
Fernrohr. Auch zur Entdeckung der elliptischen Bahnform und
der Bewegung der Planeten gemäß den beiden ersten sogenannten KEPLERschen Gesetzen (1605) konnte KEPLER auf einem langen, mit mühsamen Rechnungen gepflasterten Weg nur deshalb
vordringen, weil er, der ja selbst keine Beobachtungen anstellen
konnte, volles Vertrauen in die Messkunst BRAHES setzte und andere von ihm erwogene und durchgerechnete, noch an der bis dahin allgemein anerkannten Kreisförmigkeit aller Bewegungselemente orientierte Bahnformen eine Abweichung in der Tiefe von
8' ergeben hatten – eine Genauigkeit, die andere, wie KEPLER ursprünglich auch, vollauf befriedigt hätte. Aber die in der ›Astronomia nova‹ 1609 veröffentlichten Ergebnisse galten KEPLER
nur als notwendige Vorarbeit auf dem Weg zur Erkenntnis der
eigentlichen inneren Ordnung des Kosmos, der ›Weltharmonik‹.
Das Werk mit diesem Titel, das gleichsam als Abfallprodukt auch
das sogenannte dritte KEPLERsche Gesetz enthält, erschien 1619.
Für heutige Formen der Naturbetrachtung ungewohnt, werden
hierin wie überall in der Welt harmonische, musikalische Verhältnisse auch zwischen den einzelnen Bahnelementen der Planeten
aufgewiesen. Nur dem geistigen Ohr erklängen allerdings diese
himmlischen Harmonien, wie KEPLER sich ausdrückte, die den
Menschen Gott in seinen Werken erkennen ließen.

Das Auffinden von Gesetzlichkeiten in den Bewegungen der
Planeten wurde erst durch KEPLERS Bemühen ermöglicht, die
aus empirischen Daten mathematisch abgeleiteten Größen auch
›physikalisch‹ neu zu erklären, da TYCHO BRAHE an Parallaxenmessungen der Nova von 1572 und des Kometen von 1577 aufgewiesen hatte, dass die unveränderlichen und undurchdringlichen
ARISTOTELischen Äthersphären nicht existieren können; zumal
KEPLER die Epizykel als ›physikalisch‹ völlig absurd und irreal
ansah. Nachdem die Magnetlehre WILLIAM GILBERTS eine begeistert aufgenommene Möglichkeit geboten hatte, die abgeleitete
Bewegungsquelle Sonne statt mit der anfangs postulierten bewegenden Seele mit einer körperlichen Kraft auszustatten, deren

Größe und Ausbreitung daraufhin aus der Größe der bewirkten Bewegung zu erschließen war, entwickelte KEPLER eine völlig neuartige, einen kosmischen Magnetismus zugrundelegende Himmelsphysik: Die dazu erforderliche Rotation des Sonnenkörpers, der mit seinem magnetischen ›orbis virtutis‹ die Planeten herumführe, wurden ihm durch die von GALILEO GALILEI und CHRISTOPH SCHEINER berechneten Wanderungsbewegungen der oberflächlichen Sonnenflecken offenbar bestätigt. Die mit der Entfernung abnehmende Wirkung der sich in der Äquatorebene der Sonne, der Ebene der Planetenbewegungen, ausbreitenden Kraft bewirke auch eine mit der Entfernung abnehmende Geschwindigkeit der Planetenbewegung, nicht nur in seiner Umlaufbahn im Vergleich zu der anderer Planeten, sondern auch auf dieser Bahn selbst, je nach Entfernung zur Sonne im Aphel und Perihel. Diese wechselnde Entfernung, aus der ein Wandel der Bahngeschwindigkeit notwendig (›physikalisch‹) folge (die frühere Funktion des Epizykels), entstehe durch die Wechselwirkung zwischen dem nach außen einpolig wirkenden Zentralmagneten Sonne (der Gegenpol zur Oberfläche befinde sich im Zentrum) und den mit ihrer Rotationsachse schräg zur Bahnebene gestellten und deshalb einmal angezogenen und einmal abgestoßenen bipolaren Magnetplaneten. – Diese Physik eines kosmischen Magnetismus war heuristischer Ausgangspunkt und Basis der beiden ersten KEPLERschen Gesetze der Planetenbewegungen; sie wurde aber von den Zeitgenossen fast ausnahmslos abgelehnt (ATHANASIUS KIRCHER sollte sie später sogar empirisch widerlegen), welche Konsequenz dann aufgrund dieser erkenntnismäßigen Verquickung fast zwangsläufig auch die beiden Bewegungsgesetze selbst traf – Ausnahmen bildeten GIOVANNI ALFONSO BORELLI, ISMAËL BOULLIAU und vor allem JEREMIAH HORROCKS (* um 1619 in Lancashire, † 13.01.1641 Toxteth Park [bei Liverpool]) in seiner daraufhin verbesserten Mondtheorie (1638) und in dem Werk ›Astronomia Kepleriana defensa et promota‹, die beide allerdings erst 1672 von JOHN WALLIS postum herausgegeben wurden. Und die Ablehnung betraf dann in noch stärkerem Maße das in seine nur von wenigen nachvollziehbaren Überlegungen zu einer harmonikalen Weltordnung eingebettete und aus ihnen abgeleitete dritte Gesetz. Die Bewegungsgesetze fanden erst im Zuge der Anerkennung der Physik von ISAAC NEWTON, der sie mit der Allgemeinen Gravitation, dem Gravitationsgesetz und dem Trägheitsprinzip auf eine völlig neue physikalische Grundlage stellte, auch selber Anerkennung.

Bei KEPLER verbindet sich eine Vielfalt alter und neuer Ideen und erkenntnistheoretischer Vorstellungen zu einem grandiosen Weltbild, gegen das auch in den Augen KEPLERS seine anderen Leistungen verblassten, weil sie Ausdruck dieser Weltharmonik seien. Zu nennen ist neben bereits Erwähntem sein umfangreiches Lehrbuch der COPERNICanischen Astronomie auf den neuen Grundlagen, die ›Epitome astronomiae Copernicanae‹ (1618/21), die nach der neuen Theorie berechneten ›Rudolphinischen Tafeln‹ (1627), die für fast hundert Jahre Grundlage für die Berechnung der Planetenörter blieben, die ›Dioptrik‹ (1611) als Lehre der astronomischen Teleskopbeobachtung mit der Idee des sogenannten KEPLERschen Fernrohres, die erstmals von CHRISOPH SCHEINER verwirklicht wurde, sowie die Ansätze zu einer Integralrechnung, die sich bei der Behandlung des Flächensatzes (2. KEPLERsches Gesetz) und bei der Berechnung von Rotations-Körpern in seiner ›Faßrechnung‹ (1616) ergaben. KEPLERS Versuch einer Reform der Astrologie durch Beschränkung auf Aspekte, deren Winkel durch Bestandteile seiner ›Weltharmonik‹ als »kosmosbildend« vorgegeben wären, so dass diese reformierte Astrologie integrierter Bestandteil seiner die Disziplinen umfassenden Naturwissenschaft wurde, fand allerdings keine Nachahmung.

JOHANN BAYER

(* 1572 Rain [am Lech, Bayern], † 07.03.1625 Augsburg)

Der Jurist und Liebhaberastronom JOHANN BAYER, Rechtsanwalt und ab 1612 Ratsherr in Augsburg, hatte nach dem Besuch der Lateinschule in Rain ab 1592 in Ingolstadt Rechtswissenschaft studiert. Er galt seiner Zeit als beredter Kämpfer für den protestantischen Glauben – und als ›Ordner des Himmels‹. Er stellte nämlich zum ersten Mal auf streng wissenschaftlicher Basis, ausgehend von eigenen Messungen, vorwiegend aber von den Beobachtungsdaten TYCHO BRAHES, einen Sternatlas zusammen. Auf den 51 Tafeln seiner zuerst 1603 in Augsburg erschienenen ›Uranometria‹ sind die vor der Erfindung des Fernrohres bekannten 1709 Fixsterne des nördlichen und erstmals auch des südlichen Himmels positionsgetreu eingezeichnet und durch figürliche Darstellungen der 48 PTOLEMAIischen Sternbilder wie bei AS-SUFI, aber nach griechisch-römischer Tradition verbunden, und zwar im Gegensatz zu den damals üblichen Himmelsgloben so, wie sie von der Erde aus am Himmel erscheinen. Die einzelnen Sternbilder sind klar gegeneinander abgegrenzt. Innerhalb eines Sternbildes werden die Sterne dann einzeln durchlaufend mit den Buchstaben des griechischen und, wenn erforderlich, zusätzlich des lateinischen Alphabets bezeichnet. Diese Benennung (Buchstabe plus lateinischer Name des Sternbildes im Genitiv) hat sich als sehr praktisch erwiesen und schnell durchgesetzt; sie blieb auch neben der Bezeichnung JOHN FLAMSTEEDS bestehen, nachdem dessen ›Atlas‹ den BAYERschen abgelöst hatte, und wird noch heute benutzt.

Die Benennungen stifteten in der ersten Hälfte des 19. Jahrhunderts allerdings einige Verwirrung, weil man annahm, dass die alphabetische Reihenfolge der Folge der relativen Helligkeiten der Sterne entsprechen sollte. Das von WILLIAM HERSCHEL neu erschlossene Gebiet der Veränderlichen Sterne schien daraufhin nämlich durch mehr als zwei Jahrhunderte zurückliegende Beobachtungen bereichert werden zu können. Castor (α) und Pollux (β) beispielsweise wären danach 200 Jahre zuvor von anderer Helligkeit gewesen, zumindest damals nicht wie heute der ›zweite‹ Stern BAYERS heller als Castor. Das hieße aber, eine moderne Fragestellung in die Vergangenheit zu projizieren. 1842 konnte denn auch FRIEDRICH ARGELANDER nachweisen, dass BAYER die Sterne nur nach ganzen Helligkeitsklassen gruppierte, innerhalb der er die Reihenfolge von Norden nach Süden ordnete, also keine Zwischenklassen berücksichtigte, innerhalb einer Größenklasse vielmehr bezüglich der Helligkeit eine willkürliche Reihenfolge wählte. Man kann ihm daraus allerdings keinen Vorwurf machen, wie es aus der Enttäuschung heraus, die ARGELANDER Hoffnungen seiner Zeit bereiten musste, öfter geschah. – BAYER arbeite später auch an dem Himmelsatlas ›Coelum stellatum Christianum‹ (1627) mit, in dem JULIUS SCHILLER die heidnischen durch christliche Sternbilder ersetzte, womit er sich allerdings nicht durchzusetzen vermochte.

Simon Mayr

(latinisiert: *Simon Marius*)

(* 10.01.1573 Gunzenhausen, † 26./27.12.1624 Ansbach)

Simon Mayr hatte das Glück gehabt, durch eine schöne Stimme die Aufmerksamkeit seines Landesfürsten, des Markgrafen Georg Friedrich von Ansbach-Brandenburg, auf sich zu lenken. Dieser hatte 1581 in Heilbronn eine Fürstenschule zur kostenfreien Unterrichtung begabter Landeskinder eingerichtet, in die Mayr 1586 aufgenommen wurde. Bald danach musste er allerdings in der fürstlichen Kapelle mitwirken und kam erst 1589 wieder an die Schule zurück. Gegen Ende der Schulzeit bemühte er sich vergeblich darum, ein Stipendium zu erhalten, um in Königsberg ein ordentliches Studium aufnehmen zu können. Wohl als Entschädigung für die Enttäuschung wurden ihm dann 1601 Mittel für eine Reise nach Prag zur Verfügung gestellt, wo Tycho Brahe sich bereiterklärt hatte, ihn zu beschäftigen. Mayr war zwar ein halbes Jahr unterwegs, traf aber mit Brahe selbst, der erkrankt war, nicht zusammen, nur mit seinen Gehilfen, konnte jedoch seine Instrumente zum Beobachten benutzen. Ende desselben Jahres reiste Mayr mit einem neuen Stipendium nach Padua, um dort Medizin zu studieren. Seit dieser Zeit erschienen seine jährlichen Schreibkalender und Prognostika – Wetterbeobachtungen und -vorhersagen für den Raum Ansbach. In Padua unterrichtete er auch einzelne Studenten in Astronomie. Nach seiner Rückkehr im Jahre 1605 wurde eigens für ihn die Stelle eines Hofastronomen in Ansbach geschaffen, die jedoch mit einem so geringen Gehalt (150 Taler jährlich) verbunden war, dass Mayr weiterhin Kalender verfassen musste, um die größte Armut abzuwenden.

Aus der Fülle seiner Beobachtungen von Kometen, neuen Sternen und anderen Himmelsobjekten ist nur das wenige erhalten, das Eingang in diese Kalender und Prognostika gefunden hatte: Seit August 1611 beobachtete er regelmäßig die von ihm als Schlacken gedeuteten Sonnenflecken, deren Bahnschiefe zur Ekliptikebene er feststellte und deren Tätigkeitszyklus er zumindest geahnt zu haben scheint; im Winter 1611/12 entdeckte er unabhängig von GALILEO GALILEI die Phasen der Venus, schloss aus den Helligkeitsänderungen auf solche des Merkur und entdeckte am 15.12.1612 den zwar in AS-SUFIS arabischem Sternkatalog von 964 schon einmal verzeichneten, im Abendland aber noch unbekannten Andromedanebel. Alle diese Beobachtungen machte er mit dem belgischen Fernrohr seines Ansbacher Gönners, das ihm seit 1609 zur Verfügung stand. Mit ihm gelang auch unabhängig von GALILEI die Entdeckung der Jupitermonde, was ihm später zu Unrecht den Vorwurf geistigen Diebstahls einbrachte. Neuere Untersuchungen haben gezeigt, dass MAYR die Bahnbewegungen der vier damals bekannten Jupitertrabanten, die er erstmals berechnete und in seinem Werk ›Mundus Jovialis anno MDCIX detectus‹ 1614 veröffentlichte, aus eigenen *und* GALILEIschen Beobachtungen ableitete und dass seine eigenen zum Teil weitaus besser waren. Leider verleideten die bald nach Erscheinen des Werkes einsetzenden Anschuldigungen seitens GALILEIs und seiner Anhänger ihm die weitere Beschäftigung mit der Astronomie – 1618 stellte er seine Beobachtungen ganz ein –, zumal ihm auch keinerlei Unterstützung zuteil wurde. So machen denn die in seinen Kalendern veröffentlichten Notizen nur wahrscheinlich, dass er bei entsprechender Förderung zu einem weitaus bedeutenderen Astronomen hätte werden können, als ihm mit seinen beschränkten Mitteln bereits gelang.

CHRISTOPH SCHEINER

(* 25.07.1573 [nicht 1575] Wald [jetzt: Markt Wald, bei Mindelheim (Schwaben)], † 18.06.1650 Neiße)

CHRISTOPH SCHEINER war 1595 in den Jesuitenorden eingetreten, dessen Lateinschule in Augsburg er zuvor besucht hatte, und absolvierte sein Studium der *humaniora* am Jesuitenkolleg zu Landsberg und das Philosophiestudium ab 1600 in Ingolstadt, wo er 1603 auch den Grad eines Magisters erwarb. Daraufhin unterrichtete er am Jesuiten-Gymnasium in Dillingen selbst die *humaniora*, bevor er ab 1605 mit dem Studium der Theologie in Ingolstadt die jesuitische Regelausbildung beendete. Hier wurde er auch nach einer kurzen Tätigkeit als Professor für Mathematik und Hebräisch in Freiburg i. Br. 1610 bis 1616 in derselben Funktion eingesetzt, bevor er 1617 die Priesterweihe empfing. Ab 1614 ist er auch mehrfach als mathematischer und theologischer Berater von Erzherzog MAXIMILIAN VON ÖSTERREICH-TIROL herangezogen worden und blieb auch unter MAXIMILIANs Nachfolger LEOPOLD (ab 1618) in Innsbruck – nur im Winterhalbjahr 1620/21 kurzzeitig als Mathematikprofessor an die von Erzherzog LEOPOLD den Jesuiten anvertraute Universität Freiburg abgeordnet – und wurde Lehrer und Berater von dessen Bruder KARL, der als Bischof von Neiße und Brixen vor den Protestanten nach Innsbruck geflohen war und 1622 in Begleitung SCHEINERs nach Neiße zurückkehrte und hier den Jesuiten ein Ordenshaus und Kollegium errichtete, zu dessen Rektor SCHEINER ernannt wurde. Mitte 1624 wurde SCHEINER nach Rom delegiert, um die Übernahme des Neißer Kollegiums zu regeln. Da Bischof KARL auf einer Spanienmission verstorben war, konnte SCHEINER vorerst hier am Collegium Romanum und am Observatorium der Gregoriana bleiben, bis er 1633 vom Kaiser zurückgerufen wurde, vorerst als mathematischer und theologischer Berater am Wiener Hof wirkte und 1639 endgültig nach Neiße übersiedelte, ohne hier jedoch bis zu seinem Tode noch ein Lehr- oder Verwaltungsamt auszuüben.

Die Muße zur experimentellen Weiterverfolgung seiner mathematisch-naturwissenschaftlichen Kenntnisse und Entdeckungen, deretwegen er von den Habsburgern angefordert worden war, war ihm aufgrund der vielfältigen Verpflichtungen nur während der Zeit in Ingolstadt, Rom und schließlich Neiße vergönnt geblieben; auch zu der ihm versprochenen Errichtung eines Observatoriums in Freiburg war es nicht gekommen. Die Beschreibung seines 1603 erfundenen ›Storchschnabels‹ zur maßstäblichen Vergrößerung und Verkleinerung von Zeichnungen (später auch Körpern) konnte er erst 1631 in Rom veröffentlichen (›Pantographice seu ars delineandi res quaslibet per parallelogrammum lineare seu cavum mechanicum mobile‹). Auch er hatte jedoch sogleich nach Bekanntwerden der Erfindung des Fernrohrs in Holland – damals wirkte er als Professor der Mathematik in Ingolstadt – ein solches zweilinsiges Teleskop nachgebaut und es nach und nach zu einem für gemeinsam mit seinem Schweizer Schüler JOHANN BAPTIST CYSAT (*1588, † 1657) durchgeführte Beobachtungen der Sonne eingerichtet. Er war durch die von starken Nebeln verschleierte Sonnenscheibe zu ihrer Betrachtung angeregt wor-

den und hatte im März 1611 – unabhängig von GALILEO GALI-
LEI, JOHANNES FABRICIUS und anderen – erstmals Flecken auf der
Sonnenscheibe gesehen, dann aber für eine erneute Beobachtung
lange Wochen auf einen ähnlichen Nebel- oder Wolkenschleier
warten müssen, so dass er ihn dann schließlich künstlich durch in
den Strahlengang eingeschobene farbige Blendgläser oder durch
farbige Linsen erzeugte und so gemeinsam mit CYSAT in den folgenden Jahren regelmäßige systematische Beobachtungen dieser
Erscheinungen durchführen konnte. Das Sonnenbild ließ er zur
Betrachtung auf eine weiße Tafel hinter dem Okular fallen. Für
dieses ›Helioskop‹ genannte Beobachtungsinstrument verwirk-
lichte er 1613 (oder 1617) erstmals auch die Idee des KEPLERschen
oder astronomischen Fernrohres. SCHEINER hatte die Flecken auf
der Sonnenscheibe zuerst als Schatten sonnennaher kleiner Planeten angesehen (was nahelag, da die ARISTOTELische Physik keine
›Makel‹ auf dem Ätherkörper der Sonne zugelassen hätte) – eine
Deutung, der sich später noch OTTO VON GUERICKE anschließen
sollte. Die systematischen Beobachtungen und Aufzeichnungen
des Erscheinungsbilds der ›Flecken‹, ihrer Wanderungen schräg
über die Sonnenscheibe und der damit verbundenen Veränderung
ihrer Formen ließen ihn aber schon bald zu der Überzeugung gelangen, dass es sich bei ihnen um eine Erscheinung auf der Oberfläche des Sonnenkörpers selbst handele, woraus er dann auch
auf dessen Rotation schloss. Das widersprach aber der von der
katholischen Kirche und vor allem von den für den Unterricht an
den katholischen Universitäten eingesetzten Jesuitenmathemati-
kern anerkannten ARISTOTELischen Physik; und so erteilte der Or-
densprovinzial auch keine Erlaubnis für die Veröffentlichung der
Beobachtungsergebnisse. Auf Bitten des befreundeten Augsbur-
ger Patriziers MARKUS WELSER teilte SCHEINER ihm jedoch seine
Beobachtungen und Überlegungen in drei Briefen (vom 12.11., 19.
und 24.12.1611) mit, die dieser ohne Wissen des Autors sogleich
unter dem Pseudonym ›Apelles‹ drucken ließ (›De Maculis Solaribus tres epistolae ad Marcum Welserum Apellis post tabulam
latentis‹, Augsburg 1612); drei weitere Briefe vom 16.01., 14.04.
und 25.07.1612, die WELSER ebenfalls anonym drucken ließ (›De
Maculis Solaribus et stellis circa Jovem errantibus accuratior dis-
quisitio ad M. Veserum conscripta‹, Augsburg, September 1612),
brachten neuere Beobachtungsergebnisse. Der letzte dieser Briefe
geht dabei auch auf einen Brief GALILEIS an WELSER vom 4. Mai

ein, in dem dieser seine Prioritätsansprüche für die Entdeckung angemeldet hatte, die SCHEINER ihm aber auch gar nicht streitig machte. Auf die Publikation dieser Briefe antwortete GALILEI mit einem langen Brief vom 1. Dezember, in dem er unberechtigterweise sehr scharfe Töne anklingen ließ – was einen der für das 17. Jahrhundert so typischen Prioritätsstreite entfachte, dem SCHEINER statt erwiderter Polemik seine genaueren Messungen und Beobachtungen entgegenhielt, die genaue Rotationsdauer und -achse aufgrund exakter Umlaufzeiten sowie der Verzögerung der polnäheren Flecken ergaben und schließlich auch über GALILEIS geniale Spekulationen obsiegten. SCHEINER sah die Sonnenflecken als Vertiefungen im Feuerball Sonne an, während jener sie für Wolken in der Sonnenatmosphäre hielt. In diesem Zusammenhang entdeckte SCHEINER auch die Sonnenfackeln und die Granulation, für die man sich wie überhaupt für die Physik der Sonne erst wieder ab dem 19. Jahrhundert interessieren sollte, wiederum unter Führung eines Jesuiten in Rom, ANGELO SECCHI. Von 1626 bis 1630 dauerte allein die kostspielige Drucklegung des mit vielen Kupfertafeln ausgestatteten Prachtwerks ›Rosa Ursina sive Sol ex admirando Facularum et Macularum suarum phaenomeno varius … ostensus‹ (Bracciano 1626–1630), der SCHEINER sich auch erst in Rom widmen konnte.

SCHEINER blieb, für einen Jesuiten nicht verwunderlich, dem alten Weltbild treu und verteidigte die Geozentrik in der Form des geo-heliozentrischen Planetensystems von TYCHO BRAHE gegen GALILEI; neben dem posthum 1651 in Prag erschienenen ›Prodromus pro Sole mobili et Terra stabili contra Galilaeum a Galileis‹ verfasste er auch die von seinem Schüler JOHANN GEORG LOCHER verteidigten Thesen ›Disquisitiones mathematicae de controversiis et novitatibus astronomicis‹. Sein Hauptarbeitsgebiet war jedoch die Optik, neben der atmosphärischen Refraktion speziell die physiologische Optik: Er erkannte den Sehnerv und wies die Netzhaut als eigentlichen Sitz des Sehvorgangs nach, erkannte die Anpassungsfähigkeit der Linse und die Bedeutung der Pupille und berechnete ohne Kenntnis des etwa gleichzeitig von WILLEBRORD SNELLIUS entdeckten Brechungsgesetzes richtig die Brechungsindices der wichtigsten Medien des Auges. In seinem Werk ›Oculus sive fundamentum opticum‹ (Innsbruck 1619, Freiburg i.Br. 1621, London 1652) werden auch die dazugehörigen Grundversuche beschrieben.

GIAMBATTISTA (Giovanni Battista) RICCIOLI

(* 17.04.1598 Ferrara, † 25.06.1671 Bologna)

GIAMBATTISTA RICCIOLI trat am 06.10.1614 in den Jesuitenorden ein und wurde nach dem für deren akademische Mitglieder obligatorischen Studiengang, zu dem auch eine Lehrtätigkeit gehört, die er in Rhetorik ausübte, nacheinander Professor der Philosophie und Theologie am Ordenskollegium in Parma, wo er auch Studienleiter war, und Professor der Astronomie in Bologna.

Dass RICCIOLI als Jesuit an die Entscheidungen der Erlasse der Kurie von 1616 und 1633 gebunden war, welche das heliozentrische Planetensystem des NICOLAUS COPERNICUS als Irrlehre verdammten und GALILEO GALILEI untersagten, es als wahr zu vertreten, schloss selbstverständlich nicht aus, dass er dennoch allen naturwissenschaftlichen Neuerungen gegenüber sehr aufgeschlossen war. Er gehörte wie ATHANASIUS KIRCHER zu den großen jesuitischen Naturforschern des 17. Jahrhunderts, welche die experimentelle Methode förderten und selber praktisch anwandten und das experimentelle Ergebnis vor jede Spekulation stellten, ohne allerdings dabei sogleich auch alles traditionelle Gut zu verwerfen. Er versuchte vielmehr, die alte und die neue Astronomie zu vereinen, erkannte die rechnerischen Vorzüge des COPERNICANISCHEN Systems an und enthielt sich jeder persönlichen Polemik gegenüber COPERNICUS und dessen Anhängern, deren Argumente er jeweils kritisch prüfte. Er selbst vertrat das Planetensystem TYCHO BRAHES, wandelte es allerdings aus Anlass einer Vorlesung in Parma dahingehend ab, dass er sowohl die beiden äußeren Planeten Jupiter und Saturn mit ihren Trabanten wie auch die Sonne mit Mars, Venus und Merkur (quasi als ihren Trabanten) und den Mond um die im Zentrum der Fixsternsphäre ruhende Erde als Bahnmittelpunkt kreisen ließ. Die Venus-, Mars- und Merkurphasen waren so erklärt und die Bündelung der Planetenbewegungen um die Sonne, ihre allgemein anerkannte zusammenfassende Ökonomisierung durch COPERNICUS, blieb erhalten, ohne der Erde die tägliche und die jährliche Bewegung zuteilen zu müssen, womit der kirchlichen Forderung Genüge getan war. Doch verfehlt es den Kern des Problems, wenn man behauptet, allein dies sei der Grund für seine Ablehnung der Erdrotation gewesen, die er insgeheim anerkannt habe. Überhaupt muss man sich bei der Beurteilung der Gegner und Anhänger einer Erdrotation und damit des heliozentrischen Systems davor hüten, ihre Argumente allzusehr an der Physik ISAAC NEWTONS, die heute anerkannt ist, zu messen. Auch diese Physik, die zudem später entstand, setzte sich erst allmählich durch und erhielt bezüglich der jährlichen Erdbahn und damit der Erdrotation erst durch die Entdeckung der Aberration des Lichtes durch JAMES BRADLEY 1728 eine empirische Bestätigung. RICCIOLI dagegen schloss aus den im Vergleich zur Wucht des Aufpralls unverhältnismäßig geringen Unterschieden des Weges je eines verschieden weit und lange frei gefallenen Körpers auf eine notwendig ruhende Erde: Er hatte dazu nicht die bloßen Fallwege verglichen, sondern die aus dem Fallweg und dem ›vermeintlichen‹ Rotationsweg resultierenden Wege – und vermisste auch einen Unterschied in der Wucht des Aufpralls bei gleichem senkrechten Fall unter verschiedener geographischer Breite. Mit anderen Worten: Er kannte das Trägheitsprinzip noch nicht. Heute können wir den Denkfehler aufzeigen, vor NEWTON waren jedoch die Gegenargumente nur von gleichartigem Gewicht. Und gerade auf die Bestimmung der Fallzeiten und -wege hatte er lange Jahre die größte Mühe angewandt; er hat zusammen mit seinen Ordensbrüdern hierin das geleistet, was man so gern GALILEI selbst zuschreibt, nämlich die experimentelle Bestätigung dessen Gesetzes für den Freien Fall. Noch in Parma hatte er dazu 1629 erste Versuche über den Isochronismus von Pendelschwingungen angestellt, um ein genügend kurzes und dennoch exaktes Zeitmaß zur Bestimmung von Fallzeiten zu erhalten. 1634 wiederholte er diese Versuche in Ferrara und machte hier zugleich Fallversuche am allerdings nur 100 Fuß hohen Turm der Jesuitenkirche. Aus den Ergebnissen schloss er, dass die Fallstrecken sich in aufeinander folgenden gleichen Zeiten wie 1 : 3 : 9 : 27 usw. verhielten. Als er 1640 von seinen Oberen die Erlaubnis erhalten hatte, GALILEIS ›Dialog‹, der ja auf dem Index der verbotenen Bücher stand, zu lesen, erfuhr er von dem GALILEIschen Gesetz, wonach die Fallstrecken sich wie die ungeraden Zahlen verhalten, und begann mit großem Aufwand eine empirische Überprüfung beider Ergebnisse.

Die höchsten Türme Bolognas mit maximal 280 Fuß Nutzhöhe wurden dazu verwendet, zur Zeitmessung wurden von ihm Pendel geeicht – zuerst an einer Auslaufuhr, dann (noch lange vor JOHANNES HEVELIUS und CHRISTIAAN HUYGENS) astronomisch, indem er die Anzahl der Pendelschwingungen zwischen zwei Meridiandurchgängen eines Sternes und der Sonne durchzählen ließ. Nebenprodukte dieses aufwendigen Verfahrens, zu dessen Durchführung er mehrere zu einem ›Team‹ eingeübte Ordensbrüder heranziehen konnte, waren gute Werte für das siderische und das tropische Jahr, also für die Präzession, wie RICCIOLI überhaupt für die astronomischen Konstanten aufgrund seines Beobachtungstalents und der von seinen Ordensbrüdern gebotenen Hilfe zu den führenden Astronomen des 17. Jahrhunderts gehörte. Das Ergebnis der Fallversuche war eine Bestätigung der Zahlenreihe GALILEIS, die er eigentlich hatte widerlegen wollen, während weitere Versuche von 1642 bis 1645 die GALILEIsche Annahme zu widerlegen schienen, dass alle Gegenstände im Vakuum gleich schnell fallen, weil sie es im Medium Luft eben nicht taten. Hierin zeigen sich eindeutig die Grenzen im Denken RICCIOLIS, der die empirische Erfahrung überbewertete.

Seine größte bleibende Leistung war wohl aber das voluminöse, 1651 erstmals erschienene ›Almagestum novum‹, ein mit unvorstellbarem Fleiß kritisch zusammengestelltes Kompendium des gesamten astronomischen Wissens aller Zeiten, das erste die gesamte Astronomie umfassende Handbuch, das zumindest für die astronomiehistorische Forschung und die historische Astronomie noch heute von unschätzbarem Wert ist. Es enthält unter anderem die fast mit jener des HEVELIUS vergleichbare Mondkarte seines Ordensbruders FRANCESCO MARIA GRIMALDI (* 02.04.1618 Bologna, † 28.12.1663 Bologna), welche ihre Bedeutung dadurch erhielt, dass die Folgezeit ihre Benennungen der Krater nach großen Naturforschern und -philosophen übernahm und nur gelegentlich auf einen der von HEVELIUS vorgeschlagenen Namen zurückgriff. GRIMALDI, Professor der Mathematik in Bologna, hatte RICCIOLI auch bei seinen Fallversuchen unterstützt, widmete sich jedoch hauptsächlich optischen Problemen und auf ARISTOTELisch-scholastischer Grundlage der Theorie des Lichtes, wobei er erstmals allerdings noch nicht als solche gedeutete Beugungserscheinungen beobachtet und beschrieben hat.

OTTO VON GUERICKE

(1666 geadelt, ursprünglich *Otto Gericke*)

(* 20./30.11.1602 [a./n.St.] Magdeburg, † 11./21. 5. 1686
[a./n.St.] Hamburg)

Mit der Widerlegung des von ROGER BACON (* um 1219 Il-
chester, † um 1292 Oxford) zur Erklärung der Heberwirkung
eingeführten ›horror vacui‹, des Vermeidens eines ihr widersprechenden Vakuums durch die auf ihre generelle Ordnung
achtende Natur, war eines der letzten hartnäckigen Bollwerke
der ARISTOTELisch-scholastischen Physik beseitigt worden. Sie
beruhte auf Experimenten zu zwei unterschiedlichen Überlegungen: Die barometrischen Versuche von EVANGELISTA TORRICEL-
LI (* 15.10.1608 Faenza [?], † 25.10.1647 Florenz) und VINCENZO
VIVIANI (* 05.04.1622 Florenz, † 22.09.1703 Florenz) zur Erzeugung der sogenannten TORRICELLIschen Leere waren angeregt
worden durch die bekannte Tatsache, dass eine Saugpumpe und
entsprechende Heber Wasser nur bis etwa 10 m hochziehen können. GALILEO GALILEI, bei dem TORRICELLI die letzten Monate
Gehilfe war, hatte selber noch einfacher handhabbare Versuche
mit schweren Flüssigkeiten angeregt. TORRICELLI und seine Mitarbeiter fanden bei ihren Experimenten mit einer einseitig ge-
schlossenen, anfangs ganz mit Quecksilber gefüllten Röhre, deren offenes Ende in ein ebenfalls mit Quecksilber gefülltes Gefäß
eingetaucht wurde, dass die Quecksilbersäule sich auf eine etwa
76 cm entsprechende Höhe einstellt. Also konnte nicht ein ›horror vacui‹ der Grund für das Verharren des Quecksilbers sein;
denn warum sollte dieser ›horror‹ nur bis zu einer bestimmten
Höhe wirken können? Die richtige, bereits einmal 1614 von dem
Holländer ISAAK BEECKMAN (* 1588, † 1637) spekulativ gewonne-
ne Schlussfolgerung, der äußere Luftdruck müsse dafür verantwortlich sein, wurde bald darauf von BLAISE PASCAL (* 19.06.1623
Clermont-Ferrand, † 19.08.1662 Paris) in weiteren Experimenten
erhärtet. Besonders eindrucksvoll zeigten dann die Magdeburger Versuche OTTO VON GUERICKEs mit einem künstlich mittels
der von ihm erfundenen Luftpumpe erzeugten Vakuum, welche
Kräfte durch die Erzeugung eines luftleeren Raumes innerhalb

der unter Atmosphärendruck stehenden Umgebung zur Wirkung kommen können.

Als Mitglied einer reichen und angesehenen Patrizierfamilie für die politische Laufbahn in seiner Vaterstadt bestimmt, hatte GUERICKE nach der Vorbereitung durch Hauslehrer 1617 mit dem Studium in Leipzig begonnen, das er in Helmstedt und ab 1621 an der juristischen Fakultät in Jena fortsetzte, ohne es jedoch mit einem akademischen Grad abzuschließen. Seit 1623 ergänzte er seine Ausbildung durch ein Studium der mathematischen Wissenschaften im damaligen umfassenden Sinne in Leiden, wo allein auch speziell der Festungsbau berücksichtigt wurde, und machte, bevor er in den Rat seiner Vaterstadt eintrat und 1630 das Amt des ›Bauherrn‹ übernahm, eine ausgedehnte Bildungsreise nach Frankreich und England. Während der Wirren des Dreißigjährigen Krieges und dessen Folgen bürdete der Magdeburger Rat ihm von der Eroberung und Zerstörung Magdeburgs im Mai 1631 über die Friedensverhandlungen in Münster und Osnabrück bis zum erzwungenen Vergleich zu Kloster Berge 1666 vielfältige und langwierige diplomatische Reisen auf. Aufgrund anfänglicher Erfolge wurde er zu einem der vier Bürgermeister ernannt, zog sich aber nach dem Vergleich von 1666 allmählich von der politischen Bühne zurück, ließ sich 1678 gänzlich von seinen Amtspflichten entbinden und ging im Jahre 1679, als Magdeburg die Pest drohte, zu seinem Sohn nach Hamburg, wo er seinen Lebensabend verbrachte.

Die 1631 einsetzenden Wirren gaben GUERICKE frühestens nach der Rückkehr aus Osnabrück, also nach 1646, die Muße, jenes Problem auch experimentell zu untersuchen, das ihn nach eigener Auskunft seit langem beschäftigt hatte, nämlich die Frage nach dem Wesen des interplanetarischen Raumes: Kann dieser seit Anerkennung der Lehre des NICOLAUS COPERNICUS, der sich auch GUERICKE seit seinem Studium in Leiden anschloss, in seiner vorgestellten Ausdehnung ungeheuer gewachsene Raum wirklich von einem Stoff wie dem Äther erfüllt sein? Ist Raum nur als erfüllter Raum zu denken, oder ist er als bloßer Raum leerer Raum, und wie können dann die Körper der Welt über die Leere hinweg auf einander einwirken? Im zweiten Falle müsste sich auch auf der Erde ein leerer Raum, ein Vakuum, künstlich wenigstens angenähert herstellen lassen, obwohl RENÉ DESCARTES (* 31.03.1596 La Haye [Touraine], † 11.02.1650 Stockholm, latinisiert *Cartesius*) dieses gerade wieder in seinen ›Principia philosophiae‹ von 1644 geleugnet hatte, da sich aus der von ihm gesetzten Identität von Raum und Materie ergäbe, dass nirgendwo ein Vakuum entstehen könne, bei Entleerung eines Gefäßes vielmehr dessen Wände aneinander stoßen müssten. GUERICKE gelang es jedoch, diese Behauptung zu widerlegen, indem er anfänglich wassergefüllte Behälter (Bierfässer) mit einer umgebauten Feuerspritze auspumpte, ohne dass etwas anderes an die Stelle des Wassers hätte eindringen sollen, was ihm mit schrittweise verbesserter Technik auch glückte. Danach versuchte er auf dieselbe Weise, nämlich von unten, auch Luft, die er gemäß seiner Zeit als Ausdünstungen der gesamten Erdwasserkugel ansah, die als ihr zugehörige von dieser angezogen würden, aus einem Behälter zu pumpen und dadurch ein Vakuum künstlich zu erzeugen. Diese Versuche lehrten ihn allmählich die Elastizität der Luft und das Wesen des für damalige Vorstellungen ungeheuer großen Luftdrucks erkennen. 1654 führte GUERICKE seine Luftpumpe und Versuche mit und in dem Vakuum auf dem Regensburger Reichstag erstmals einem größeren Publikum vor – hier erst erfuhr er auch von ähnlichen Untersuchungen über das Vakuum in Italien (EVANGELISTA TORRICELLI) – und erregte damit so großes Aufsehen, dass der Erzbischof von Mainz, JOHANN PHILIPP VON SCHÖNBORN, die Geräte GUERICKES aufkaufte, in seine Residenz nach Würzburg brachte und die Versuche von dem Mathematikprofessor am dortigen Gymnasium, dem Jesuitenpater KASPAR SCHOTT (* 1608 Königshofen, † 1666 Würzburg), wiederholen ließ. Dieser berichtete darüber erstmals 1657 ausführlich in einem Anhang zu seinem Werk ›Mechanica hydraulico-pneumatica‹, in dem er wie in seinen anderen Büchern kritisch über den Stand von Technik und Naturwissenschaften seiner Zeit berichtete. Hierdurch wurden die Geräte und die Vorstellungen GUERICKES schnell allgemein bekannt und regten besonders CHRISTIAAN HUYGENS in Holland und ROBERT BOYLE in England zum Nachbau und zur Verbesserung der Luftpumpe und zum Experimentieren mit dem Vakuum an. Auch GUERICKE selber verbesserte seine Luftpumpe und erdachte neue Versuche, darunter besonders jenen zur Demonstration der ungeheuren Größe des Luftdrucks mit den sogenannten Magdeburger Halbkugeln, die evakuiert kaum von einer großen Anzahl zusammengespannter Pferde getrennt werden können, während sie von selbst auseinanderfallen, wenn nach dem Öffnen eines kleinen Hahns Luft eingeströmt ist. Mit diesem Versuch, erstmals 1657 in Magdeburg ausgeführt, erregte GUERICKE im Dezember 1663 am Hofe des Großen Kurfürsten bei Berlin großes Aufsehen.

Aber nicht mehr darum ging es ihm zu dieser Zeit, sondern um ein neues, auf den Erkenntnissen vom Luftdruck und Vakuum beruhendes Weltbild, das er in seinem damals bereits abgeschlossenen, aber erst 1672 im Druck erschienenen Werk ›Neue, sogenannte Magdeburger Versuche über den leeren Raum‹ darlegte. Zwischen den Weltkörpern, die auf Kreisen um ihr Bahnzentrum ziehen, sollen danach spezifische, bewegende und qualifizierende, unkörperhafte, also noch keineswegs auf die bei ihm als ›Erhaltungskraft‹ aufgefasste Schwere beschränkte Kräfte über das Vakuum hinweg wirken. Zur Demonstration solcher zentraler körperlicher Wirkkräfte konstruierte er eine erste, allerdings von ihm selbst noch nicht als solche verwendete Elektrisiermaschine in Form einer drehbar gelagerten und zu reibenden Schwefelkugel und machte dabei wichtige Beobachtungen elektrostatischer Erscheinungen. Nachdem die Möglichkeit eines ›kosmischen Magnetismus‹, wie ihn JOHANNES KEPLER im Anschluss an WILLIAM GILBERT eingeführt hatte, von ATHANASIUS KIRCHER empirisch widerlegt worden war, hatte GUERICKE den ›Magneten‹ durch eine der magnetischen ›terrella‹ GILBERTs entsprechende Mineralkugel (mit hohem Schwefelanteil) ersetzt und damit ein erfolgreicheres Modell-Äquivalent der Himmelskörper gefunden, die kosmische Magnetik durch eine allgemeine Elektrik ersetzend.

Seine das Weltbild am nachhaltigsten prägende Entdeckung beruhte auf dem Nachweis, dass der Luftdruck und die daraus folgende Höhe der Wassersäule in einem über Stockwerke reichenden barometrischen Heber nicht konstant waren, sondern nach oben und unten schwankten. Die daraus zu erschließende unterschiedliche Höhe der den Druck erzeugenden Luftsäule könne aber nur entstehen, wenn die Lufthülle keine sphärische Begrenzung erführe, sondern sich, allmählich verdünnend, sehr weit ausdehne, und der anschließende ›leere Raum‹ somit ebenfalls unbegrenzt sei – als etwas Nicht-Erschaffenes widerspräche dieses Unendliche auch nicht der Allmacht Gottes, die nichts ihm Gleiches erschaffen würde. Der Nachweis schwankender Höhe der Luftschicht gab GUERICKE dann vermeintlich auch die Möglichkeit, die im Laufe der Geschichte der Astronomie gewonne-

nen unterschiedlichen Beobachtungsdaten, die er dem Handbuch
›Almagestum novum‹ von Giambattista Riccioli entnahm, auf
eine daraus resultierende unterschiedliche atmosphärische Refraktion zurückzuführen und die Gründe, die zur Einführung
der Exzenter geführt hatten, scheinbar zu entkräften. Ihm gelang
1660 auch die erste Vorhersage eines Unwetters aufgrund der barometrischen Beobachtung extremer Luftdruckänderungen.

Giovanni Alfonso Borelli

(getauft am 28.01.1608 Castelnuovo [bei Neapel],
† 31.12.1679 Rom)

Giovanni Alfonso Borelli, der bedeutendste Vertreter der
iatrophysikalischen Forschung des 17. Jahrhunderts, der Vorstu-
fe der Biophysik, und Wegbereiter der Newtonschen Himmelsmechanik, war der Sohn eines spanischen Soldaten in Neapel.
Er studierte durch den Einfluss von Tommaso Campanella
(* 05.09.1568 Stilo [Calabrien], † 21.05.1639 St. Honoré [Paris]) in
Rom Astronomie und Physik, besonders Mechanik, und hatte
den bedeutenden Galileischüler und vorzüglichen Kenner der
Hydrostatik und Hydraulik Benedetto Castelli zum Lehrer,
was nicht ohne Einfluss auf seine späteren Vorstellungen von der
Gravitation blieb. Nach intensivem Studium erhielt Borelli 1635
eine Professur für Philosophie und Mathematik in Messina, wo
seine Forschungen allerdings unter den unzureichenden Verhältnissen zu leiden hatten. Die Bemühungen seiner Gönner erbrachten jedoch erst 1656 eine Professur in Pisa. Marcello Malpighi
hatte hier gerade den Lehrstuhl für Medizin erhalten; gleiche
Interessen führten schnell zu einer engen Freundschaft und zu
gegenseitiger Einflussnahme. Schon im folgenden Jahr wurde
Borelli auch in die von Galileischülern unter dem Protekto-
rat und mit Unterstützung der Medici in Florenz neugegründete
›Experimentiergesellschaft‹, die Accademia del cimento, aufgenommen. Zehn Jahre unbeschwerten Experimentierens und Be-
obachtens waren ihm dadurch vergönnt, bis 1667 die Auflösung
der Accademia ihn zwang, sich wieder nach einem Lehrstuhl
umzusehen. Trotz seiner Mittellosigkeit konnte ihn aber nur ein
erhöhtes Gehalt wieder nach Messina locken; und schon 1674

musste er wegen des Ausbruchs einer Verschwörung gegen die spanische Oberherrschaft die Stadt wieder verlassen. Er floh nach Rom, wo die im Exil lebende Königin Christina von Schweden, eine geistreiche Förderin der Wissenschaften, ihn als Experimentatoren in ihren Kreis aufnahm, bis auch sie sich nach einer Intrige gezwungen sah, ihn zu entlassen. Er fand schließlich Aufnahme im Kloster St. Pantaleon in Rom und wirkte bis an sein Lebensende an der Klosterschule als Mathematiklehrer.

1666 erschien Borellis astronomisches Hauptwerk, die ›Theoricae Mediceorum planetarum ex causis physicis deductae‹, das ihn schnell allgemein bekannt machte. Er versuchte hierin erstmals nach Johannes Kepler, die Bewegungen aller Planeten, nicht nur jener im Titel genannten ›Mediceischen‹, wie Galileo Galilei die von ihm entdeckten ersten vier Jupitermonde genannt hatte, worin Borelli ihm aus Dankbarkeit gegenüber seinen Gönnern folgte, in Anlehnung an die neue, geometrische Theorie der Keplerschen Ellipsenbahnen des französischen Mathematikers und Astronomen Ismaël Boulliau (* 28.09.1605 Loudun, † 25.11.1694 Paris) physikalisch herzuleiten: Die Planeten sollen im Weltenäther im Gleichgewicht zur Sonne schwimmen und von deren Strahlen unter Anwendung eines Trägheitsprinzips im Kreise herumgeführt werden; die dabei auftretenden Zentrifugalkräfte würden durch ein seelisches Streben der Planeten zur Sonne hin in der Art kompensiert, dass eine elliptische Bahn entstehe. Eine Zentralkraft lehnte Borelli als treuer Galileianhänger ab, und auch über die Größe der ›Kräfte‹ machte er sich noch keine Gedanken. Er deutete die Gravitation vielmehr so, dass sich auf sie alle Bewegungen der irdischen Körperwelt zurückführen ließen, welche er wiederum als hydrostatische Probleme auffasste: ›Über die natürlichen Bewegungen, die von der Schwerewirkung abhängen‹ lautet der Titel der diesbezüglichen, 1670 erschienenen Schrift, in der auch die wichtigsten Erscheinungen der von ihm entdeckten Kapillarität beschrieben und zu erklären versucht werden.

Johannes Hevelius

(latinisiert aus *Hewelcke*)

(* 28.01.1611 Danzig, † 28.01.1687 Danzig)

Johannes Hevelius besuchte von 1617 bis 1623 und 1627 bis 1630 das Akademische Gymnasium seiner Vaterstadt und widmete sich in den letzten Jahren besonders den mathematischen Wissenschaften, in die ihn auch in privatem Unterricht der bekannte Astronom Peter Krüger (* 20.10.1580 Königsberg, † 06.06.1639 Danzig) einführte. Anfangs gemeinsam mit ihm durchgeführte astronomische Beobachtungen und Berechnungen nahmen fortan seine freie Zeit während des Jurastudiums 1630/31 in Leiden ein, wo er aber wie Otto von Guericke die guten Möglichkeiten zum Studium der angewandten Mathematik (besonders der Optik und Mechanik) nutzte. Anschließend unternahm er eine ausgedehnte Bildungsreise nach England (1631) und Frankreich, wo er Pierre Gassendi und Ismaël Boulliau in Paris sowie Athanasius Kircher in Avignon aufsuchte, bevor er 1634 in die Heimat zurückberufen wurde, um in den väterlichen Brauereibetrieb einzutreten und sich speziell auf seinen Kaufmannsberuf vorzubereiten (1651 wurde er in Danzig auch zum Ratsherrn gewählt). Astronomische Studien werden in der Folgezeit ganz verdrängt, bis Hevelius 1639 am Sterbebett seines Lehrers versprechen musste, Talent und Wissen nicht brachliegen zu lassen.

Er begann dann bald mit dem Schleifen von Linsen mit langer Brennweite für mit der Zeit immer größer werdende Luftfernrohre, gab große Messgeräte (Quadranten, Sextanten usw.) in Auftrag, die er mit Teilungen versah, welche Ablesungen weit unterhalb des Minutenbereiches erlaubten, und ließ sich nach anfänglichen Provisorien 1651 über seinen Häusern eine große Plattform mit den für eine Sternwarte nötigen Einrichtungen bauen. Für die zur Messung von Längendistanzen durch Wilhelm IV. von Hessen-Kassel eingeführte Zeitmessung verwendete er anfangs Räder- und Sonnenuhren mit Minutenanzeige, dann ab den 1640er Jahren ein Pendel, dessen Schwingungen gezählt werden mussten, bis er zur Vereinfachung des Verfahrens unabhängig von Christiaan Huygens eine Penduluhr mit Sekundenanzeige konstruierte. He-

VELIUS erreichte so ohne Teleskop – seine (Luft-)Fernrohre dienten ihm nur zu topographischen Untersuchungen von Mond, Planeten und Sonne (Sonnenflecken) – Messgenauigkeiten, die jene der durch Fadenkreuze unterstützten Fernrohrmessungen seiner Zeit weit übertrafen, wovon sich der junge EDMOND HALLEY bei seinem Besuch 1679 – im Auftrag der Royal Society of London, zu deren ›Fellow‹ HEVELIUS 1664 gewählt worden war – überzeugen konnte. Kurze Zeit nach diesem Besuch zerstörte ein Feuer Hauswesen und Sternwarte mit dem gesamten Inventar. Umfangreiche Zuwendungen durch Freunde und Gönner – wie unter anderen die Könige von Polen und Frankreich, die ihm bereits vorher (seit 1663 beziehungsweise 1678) in Ansehung seiner wissenschaftlichen Verdienste Jahrespensionen hatten zukommen lassen – verhalfen ihm schon 1681 zur Fertigstellung eines Sternwartenneubaues mit allerdings kleineren Geräten. Die mit ihrer Hilfe zur Ergänzung der wenigen geretteten oder bereits in anderem Zusammenhang publizierten Daten ausgeführten Messungen von Fixsternörtern konnte er noch selbst 1685 im ›Annus Climactericus‹ veröffentlichen, während die katalog- und kartenartige Zusammenstellung samt Hilfstabellen dann postum von seiner zweiten Frau herausgegeben wurde (1687–1690).

Seine bedeutendste wissenschaftliche Leistung bildet aber wohl die nach neunjährigen Beobachtungen entstandene ›Selenographie‹ (Danzig 1647, Nachdruck Leipzig 1967), gleichzeitig seine erste Veröffentlichung. Mit ihr begründete er die topographische Darstellung der Mondoberfläche, die er auf 60 Karten der einzelnen Mondphasen so exakt auf selbst gestochenen Kupfern zeichnete, dass erst TOBIAS MAYER hundert Jahre später Verbesserungen anbringen konnte. Trotz der allgemeinen Bewunderung für dieses Kartenwerk setzte sich die von HEVELIUS vorgeschlagene Nomenklatur mit der Erde entliehenen geographischen Namen für nicht immer ähnlich geformte Gebilde auf dem Mond gegen die spätere von GIAMBATTISTA RICCIOLI, der mit der Einsicht in die Eitelkeit der Kollegen die Krater nach Wissenschaftlern benannte, nicht durch. Daneben beschäftigte HEVELIUS sich viel mit Finsternissen und aus ihren Beobachtungen ableitbaren Daten, bestimmte beim Merkurdurchgang von 1661 erstmals annähernd seine Größe (›Mercurius in Sole visus‹, Danzig 1662) und entdeckte bei Beobachtungen der Kometen von 1664 und 1665 deren (scheinbar) parabelförmige Bahn (›Prodromus cometicus‹, Danzig 1665).

GIOVANNI DOMENICO (Jean-Dominique) CASSINI (*CASSINI I*)

(* 08.06.1625 Perinaldo [bei Nizza], † 14.09.1712 Paris)

Das spätere Mitglied der Accademia del cimento Giovanni Domenico Cassini (CASSINI I) studierte an den Jesuitenkollegien zu Genua und Bologna, wandte sich bald der Astronomie zu und wurde bereits 1650 auf den neu eingerichteten Lehrstuhl für Mathematik und Astronomie in Bologna berufen. Hier wurde ihm im Turm der Kirche St. Petronio eine Sternwarte eingerichtet. Auch entfremdeten ihm übertragene Ingenieurtätigkeiten nicht die Astronomie, als er zusätzlich Oberintendant der Befestigungsanlagen der Zitadelle St. Urbino wurde und später den Auftrag erhielt, den Fluss Chiana zu begradigen. LOUIS XIV. berief ihn jedenfalls 1668 als Beobachter an die zwei Jahre zuvor gegründete königliche ›Académie des sciences‹ zu Paris, wo er im folgenden Jahr zum Direktor der seit 1667 im Bau befindlichen Sternwarte ernannt wurde, deren unzweckmäßiger Prunkbau erst 1672 vollendet wurde. Diese Akademie-Sternwarte entwickelte sich unter CASSINI, dessen Erfahrung als Astronom kaum von einem Zeitgenossen übertroffen wurde, vor allem zur Zeit seiner Leitung (in der ihm drei weitere CASSINIS folgen sollten) zu einer international hoch angesehenen astronomischen Forschungsstätte mit bezahlten Mitarbeitern, obgleich der Kriegsminister LOUIS' XIV., J. MICHEL LE TELLIER, MARQUIS DE LOUVOIS, 1683 bei Antritt des ihm nach dem Tode JEAN-BAPTISTE COLBERTS erteilten Protektorats über die Akademie ausdrücklich anordnete, »dass sich die Akademie nur mit Arbeiten beschäftige, die einen raschen und handgreiflichen Nutzen zeitigen und zum Ruhme des Königs beitragen«, und 1685 mitverantwortlich war für die endgültige Aufhebung des Ediktes von Nantes, das den Reformierten die Ausübung ihres Glaubens erlaubt hatte, so dass es (ab 1681) zu zahlreichen Entlassungen und Ausweisungen auch von Wissenschaftlern aus Frankreich kam.

Das Teleskop hatte, wie schon GALILEO GALILEI für den Mond und gemeinsam mit CHRISTOPH SCHEINER für die Sonne demonstriert hatte, ganz neue Einblicke in die Welt der Planeten eröffnet. Auch CASSINI, der immer recht traditionell eingestellt war und dessen Stärken mehr auf dem Gebiet der praktischen Astronomie lagen, widmete sich vornehmlich den Kometen und Planeten. Er gab 1662 neue Sonnentafeln und -ephemeriden heraus, bestimmte erstmals die Rotationszeiten von Mars, Venus und Jupiter, dessen Abplattung er 1665 entdeckte, berechnete die Umläufe der Jupitermonde – vermutlich schon teilweise mit GIOVANNI ALFONSO BORELLI, der wie er bis zur Auflösung Mitglied der ›Accademia del cimento‹ in Florenz gewesen war, dann in Paris (die Tafeln erschienen 1693) – und beobachtete später erstmals die Verspätung der Verfinsterungen der Jupiter-Monde, ohne diese Erscheinung jedoch bereits erklären zu können oder als Cartesianer später die Deutung OLE RØMERS anzuerkennen. Es waren wohl die exakten Beobachtungen des Jupiter, die ihm den ehrenhaften Ruf nach Paris eingetragen hatten; denn die an allen Orten der Erde gleichgehende ›Himmelsuhr‹, die das System des Jupiter mit seinen Monden darstellt, schien, wie schon GALILEI bemerkt hatte, vorzüglich geeignet, das alte Problem der geographischen Längenbestimmung zu lösen. LOUIS XIV. bestellte für das Observatorium aus England Objektive mit langen Brennweiten (86, 100 und 130 Fuß), die vor der Erfindung des Spiegelteleskops als die besten galten; auch JOHANNES HEVELIUS in Danzig schliff sich und benutzte solche Linsen. Ebensowenig wie ihm gelang es allerdings auch in Paris, für derartige Objektive haltbare, unverformbare Rohre (Tuben) zu bauen. Der Strahlengang blieb unverkleidet, wenn ihm auch in Paris erstmals ein Fadenkreuz zu exakteren Ortsbestimmungen eingefügt wurde (1666 durch ADRIEN AUZOUT [* 28.01.1622 Rouen, † 23.05.1691 Paris], eines der ersten Mitglieder der Académie des Sciences in Paris [bis 1668]) – ohne von dem englischen Amateurastronomen WILLIAM GASCOIGNE (* um 1612 Middleton, † 02.07.1644 Schlacht von Maston Moor) zu wissen, der 1639 das Fadenkreuz erfunden und mit einem Mikrometer verbunden in ein KEPLERsches Fernrohr eingefügt hatte. Lange Stangen und Masten sorgten für die Fixierung von Objektiv und Okular und bewirkten natürlich eine große Unbeweglichkeit dieser riesigen sogenannten ›Luftfernrohre‹, mit denen bestimmte Objekte auch nur kurze Zeit beobachtet werden konnten. Die großen Gestänge auf dem Dach der Sternwarte erregten unter der Pariser Bevölkerung jedenfalls größeres Aufsehen als die Entdeckungen, die CASSINI mit ihnen gelangen:

1671, 1672, 1684 (2) die ersten vier Saturnmonde, 1675 die Teilung des Saturnringes durch den dunklen ›Cassinischen Streifen‹ (eine erste Skizze von CASSINI stammt aus dem Jahre 1676), am 18.08.1683 unabhängig von JOHANNES KEPLER das Zodiakallicht – seine weitgehend richtige Erklärung gelang 1684 dem jungen aufstrebenden Schweizer Mathematiker und Naturforscher NICOLAS FATIO DE DUILLIER (* 26.02.1664 Basel, † 12.05.1753 Maddersfield [Worcester, England]), der sich 1682–1683 auf Einladung CASSINIS als Gast am Pariser Akademie-Observatorium aufhielt und auch später mit ihm in Verbindung blieb – und das ›Cassinische Gesetz‹ der Achsendrehung des Mondes. Die Bewegung der Planeten glaubte er durch eine Kurve 4. Grades, die sogenannte Cassinoide (›Cassinische Linie‹), darstellen zu können.

Aus 1672 gleichzeitig von JEAN RICHER (* 1630, † 1696 Paris) in Cayenne (Französisch-Guayana, 5° nördlicher Breite) und von CASSINI in Paris durchgeführten Marsbeobachtungen bestimmte CASSINI die Sonnenparallaxe ziemlich genau zu 9,5". RICHER war in seinem Auftrag 1671 bis 1673 zu astronomischen und geodätischen Messungen in Cayenne und konnte feststellen, dass ein Sekundenpendel dort in der Nähe des Äquators kürzer ist als in Paris – EDMOND HALLEY, der sich mit ähnlichem Auftrag der Royal Society of London auf St. Helena befand, sollte eine entsprechende Beobachtung 1676 dort ebenfalls machen. CHRISTIAAN HUYGENS hatte 1669 der Pariser Akademie eine Arbeit vorgelegt, in der aus der Wirkung der ›Zentrifugalkraft‹ der rotierenden Erde eine Verkürzung des Sekundenpendels mit abnehmender Breite gefolgert wurde, was durch diese Beobachtungen bestätigt wurde. HUYGENS hatte ebenso wie später ISAAC NEWTON daraus auf eine Abplattung der Erde an den Polen geschlossen, während CASSINI die Beobachtung umgekehrt als Folge der aus der Wirbeltheorie RENÉ DESCARTES' sich ergebenden Ellipsoidenform der Erde deutete und diese Auffassung ebenso hartnäckig verteidigte wie sein Sohn und Nachfolger als Direktor der Akademiesternwarte JACQUES CASSINI – und wie HUYGENS und NEWTON die abgeplattete Form.

CHRISTIAAN HUYGENS

(* 14.04.1629 Den Haag, † 08.07. [nicht 08. oder 18.06.]
1695 Den Haag)

CHRISTIAAN HUYGENS' Vater CONSTANTIJN HUYGENS, Herr
von Zuilichen, Zelhem und Monikenlandt und über fünfzig Jahre
Geheimschreiber im Dienste des Prinzen von Oranien, war ein
hochgebildeter Mann und bekannter Dichter seiner Zeit und war
mit RENÉ DESCARTES, MARIN MERSENNE und anderen Gelehrten
und Künstlern befreundet, die häufig Gäste in seinem Hause waren, so dass auch der Sohn mit ihnen in Kontakt treten konnte. Er
ließ seinen Söhnen eine sorgfältige Erziehung angedeihen, wobei
CHRISTIAAN früh eine starke mathematische Begabung bewies.
Er studierte jedoch zunächst 1645–1647 Rechtswissenschaft in
Leiden, wo er in FRANS VAN SCHOOTEN dem Jüngeren (* um 1615
Leiden, † 29.05.1660 Leiden) allerdings auch einen befähigten
Mathematiker zum Lehrer hatte, und anschließend bis 1649 am
Collegium Auriacum in Breda, ehe er sich endgültig, nicht zuletzt
aufgrund der Anregungen seines Leidener Lehrers, für mathe-
matisch-naturwissenschaftliche Studien entschied. Beide kannten
DESCARTES' Mathematik ebensogut wie die der antiken Klassiker,
unter denen sich HUYGENS besonders ARCHIMEDES und dessen
Methoden zum Vorbild nahm und etwa ab 1650 in der Mechanik
weiterführte – seine ersten Publikationen aus den Jahren 1651 bis
1654 waren vornehmlich mathematischen Problemen gewidmet.
1655 erwarb er in Anjou den juristischen Doktorgrad.

1654 begann HUYGENS, Linsen für Fernrohre zu schleifen und
zu polieren, wobei er die Methoden durch den Einsatz eigener
Linsen verbesserte; und aufgrund der Berechnung des Strahlen-
ganges aus dem Lichtbrechungsgesetz von WILLEBRORD SNELLI-
US, das GALILEO GALILEI und JOHANNES KEPLER noch nicht kannten, und später auch seiner eigenen Theorie des Lichtes, dem er
eine wellenförmige Fortpflanzung durch den cartesischen Äther
zuwies, hatte er eine bessere Einsicht in die erforderliche Form der
Linsen, um die chromatische und sphärische Aberration zu ver-
ringern. Er entwickelte auch ein eigenes, aus zwei plankonvexen
Linsen bestehendes Okular, bei dem das vom Objektiv projizierte
Bild zwischen den Okularlinsen liegt. Dadurch konnten bei den

langen Brennweiten relativ gute Bilder erzeugt werden; stabile Tuben waren für diese Längen (sein größter Refraktor hatte eine Länge von 5 m) allerdings noch nicht herzustellen, seine großen Teleskope waren deshalb wie bei JOHANNES HEVELIUS und später an der Pariser Akademie-Sternwarte sogenannte Luft-Fernrohre mit offenem Strahlengang. (1672 versuchte er sich an einem Spiegelteleskop nach der von ISAAC NEWTON vorgeschlagenen Bauart; in den 1680er Jahren widmete er sich mit seinem Bruder erneut der Verbesserung der Linsenfernrohre.) Wie GALILEO GALILEI lenkte er seine Teleskope auf alle möglichen Himmelsobjekte. Dabei entdeckte er 1655 den ersten Saturnmond (Titan) (›De Saturni luna observatio nova‹, Den Haag 1656); noch im selben Jahr besuchte er erstmals Paris, um seine Entdeckung den dortigen Mathematikern bekannt zu machen – ab 1671 sollte JEAN-DOMINIQUE CASSINI an der Pariser Akademie-Sternwarte vier weitere Saturnmonde nachweisen. Er erfuhr bei der Gelegenheit von den Überlegungen zu Wahrscheinlichkeiten in der Korrespondenz zwischen BLAISE PASCAL und PIERRE DE FERMAT und legte nach der Rückkehr seine Gedanken dazu in der Schrift ›De ratiociniis in ludo aleae‹ nieder, die ihn zu einem der Protagonisten einer Wahrscheinlichkeitstheorie machte. 1656 enträtselte er die von GALILEI als ›Henkel‹ gedeuteten Ausbuchtungen des Saturnkörpers als ein 27° gegen die Saturnbahn geneigtes flaches, nicht mit dem Planetenkörper verbundenes Ringgebilde, dessen Ansicht sich je nach der Richtung der Rotationsachse zum Betrachter auf der Erde verändert und der sogar alle 14 Jahre scheinbar ganz verschwindet, wenn nämlich seine Ausdehnung genau in die Blickrichtung fällt (›Systema Saturnium‹, 1659). Weiterhin entdeckte HUYGENS bei seinen teleskopischen Himmelsbetrachtungen die Abplattung des Jupiter, die Oberflächenstruktur des Mars (1659 skizziert er die älteste überlieferte Marskarte) und seine Rotation, woraus er den Marstag zu rund 24 Stunden berechnete, löste die innere Region des Orion-Nebels in Einzelsterne auf (der hellste Teil des Nebels wird deshalb die ›HUYGENSsche Region‹ genannt) und entdeckte weitere ›Nebel‹. Ende des Jahres 1656 gelang ihm unabhängig von HEVELIUS erstmals die Ausführung des schon von GALILEO GALILEI geäußerten Prinzips einer Pendeluhr; das Patent darauf datiert vom 16.06.1657 – er machte sie in einer kleinen, den General-Staaten von Holland gewidmeten Schrift bekannt (›Horologium‹). Später entwickelte er auch Uhren auf der Basis von ihm erfundener Spiralfedern als Unruhe für Taschenuhren und eines Zykloidenpendels, das speziell für die zur Längenbestimmung erforderlichen Schiffschronometer gedacht war (1662 auf See getestet). Die wissenschaftlich fundierte Darstellung der Lehre vom Pendel und ihrer Anwendung in seinen zahlreich gefertigten Uhren, die eine Ganggenauigkeit von bis zu ±10 Sekunden pro Tag boten, stellte er später in Paris zusammen (›Horologium oscillatorium‹, Paris 1673).

1660/1661, 1663 und 1664 besuchte HUYGENS erneut Paris, 1661 London, wie 1663, als er als erster ausländischer Wissenschaftler zum Fellow der Royal Society of London gewählt wurde. 1665 wurde er erneut nach Paris eingeladen, um mit über die Pläne einer Akademiegründung zu diskutieren; 1666 wurde er von dem königlichen Minister und Protektor der Académie des Sciences JEAN-BAPTISTE COLBERT in die noch im Aufbau begriffene Pariser Akademie berufen, wo er mit reichlichem Gehalt und freier Wohnung zurückgezogen in der königlichen Bibliothek wohnte und nach 1672 auch an den großen Teleskopen der Akademie-Sternwarte gemeinsam mit CASSINI astronomische Beobachtungen anstellte, wenn er sich mit ihm auch nicht über die Konsequenz aus der in seiner 1669 der Akademie vorgelegten Abhandlung über die ›Zentrifugalkraft‹ gefolgerten Verkürzung des Sekundenpendels mit abnehmender geographischer Breite, die 1672 von JEAN RICHER hatte bestätigt werden können, für die Gestalt der Erde einigen konnte – hier sollte erst das große Gradmessungsunternehmen der Pariser Akademie in den 1730er Jahren eine Entscheidung für HUYGENS und NEWTON (abgeplattete Erde) und gegen DESCARTES und die CASSINIS (ellipsoide Erdform) bringen. Wegen einer schweren Krankheit, die ihn immer wieder zu längeren Genesungsaufenthalten in Den Haag gezwungen hatte, zog sich HUYGENS 1681 endgültig mit Verzicht auf sein Akademie-Gehalt auf den dortigen Familienbesitz Hofwijck zurück und verbrachte hier seinen durch die Krankheit geprägten Lebensabend. (Die Aufhebung des Edikts von Nantes im Jahre 1685 hätte auch anderenfalls seine Entlassung erzwungen.) In seinen letzten Jahren befasste er sich mit Musiktheorie und schrieb an dem grandiosen Weltbild des ›Kosmotheoros‹, der erst posthum 1699 im Druck erschien (Nachdruck 2004), mit tiefsinnigen, wohl auch durch seine Krankheit geprägten »Mutmaßungen über die Einwohner, Pflanzen und Erzeugnisse der Planetenwelten« nicht nur innerhalb des Sonnensystems, sondern auch anderer Welten, deren Sonnen uns als die Sterne erscheinen – mit denen er dem Leser auch die Winzigkeit und Nichtigkeit der aus dem Weltraum betrachteten irdischer Dinge und Geschehnisse bewusst machen wollte.

Vielen seiner Entdeckungen und Untersuchungen liegt ein Ineinanderwirken von Theorie und Praxis zugrunde. Dabei waren seine physikalischen Vorstellungen anfangs stark durch DES-CARTES geprägt, und es gelang ihm nur allmählich, sich aus den Fesseln von dessen metaphysischen Prinzipien zu befreien. Dazu trug die Untersuchung von DESCARTES' Stoßgesetzen, die von unelastischen Stößen ausgegangen waren, die eine instantane Ausbreitung des Lichtes zur Folge gehabt hätten, nicht wenig bei. HUYGENS setzte sich schon 1652 kritisch mit ihnen auseinander und ersetzte den unelastischen durch den elastischen Stoß. Doch blieb das von DESCARTES entworfene Leitbild einer mechanistischen Erklärung aller Naturerscheinungen für ihn bestimmend. Neben den Studien zur Mechanik, die (modern gesprochen) das Prinzip der Erhaltung der Energie im Gravitationsfeld zu einem Eckpfeiler machten, zeigt dies vor allem auch die HUYGENSsche Undulationstheorie des Lichtes. Zwar beherrschte NEWTONS Korpuskulartheorie die Optik des 18. Jahrhunderts, doch die Entdeckung der Wellennatur des Lichtes durch AUGUSTIN-JEAN FRESNEL (* 10.05.1788 Broglie [Département Eure], † 14.07.1827 Ville d'Avray [bei Paris]) ließ HUYGENS' mechanistische Theorie wieder aufleben. Sie hatte schon ihrem Entdecker die Möglichkeit eröffnet, die Doppelbrechung in Kristallen durch die Annahme zu erklären, dass die Ausbreitungsgeschwindigkeit des Lichts in ihnen von der Richtung abhängig sei. Der Verbindung von Theorie und Experiment führte dabei zu der Entdeckung der Polarisation des Lichtes beim Durchgang durch einen Kalkspatkristall.

Sir (ab 1705) Isaac Newton

(* 25.12.1642 [a. St.] / 04.01.1643 [n. St.] Woolsthorpe
[Lincolnshire], † 20./31.03.1726/1727 [Jahresbeginn des
alten Kalenders war in England der 25. März] Kensington
[heute zu London gehörig])

Isaac Newton, dessen Vater (ein Farmer) schon vor der Geburt seines Sohnes verstorben war, besuchte ab seinem zwölften
Lebensjahr die Lateinschule in Grantham, wo er bei einem mit
der Mutter befreundeten Apotheker wohnte, und soll sich schon
in seiner Jugend durch die Anfertigung von Modellen und mechanischen Apparaten hervorgetan haben. Dennoch verdankte
Isaac es nur der energischen Fürsprache des Schulrektors von
Grantham, dass er sich, statt dem landwirtschaftlichen Betrieb
der Mutter zu dienen, auf den Besuch der Universität vorbereiten
konnte. Im Sommer 1661 bezog er in Cambridge das ›Trinity College‹ der Universität, an dem 1663 durch eine Stiftung die Lucas-
Professur für Mathematik und Naturwissenschaften eingerichtet
wurde, dessen erster Inhaber (Isaac Barrow) Newton zu den
modernen mathematischen und physikalischen Wissenschaften
hinführte, nachdem er zuvor noch aus Lehrbüchern der noch auf
der Physik des Aristoteles basierenden Barockscholastik unterrichtet worden war. Aufgrund einer verheerenden Pestepidemie
wurde die Universität 1665 bis 1667 geschlossen, während welcher Zeit Newton sich wieder in die ländliche Stille der mütter-
lichen Farm zurückzog und die Muße fand, über viele während
seines Studiums der Mathematik, Physik und Chemie aufgekom-
mene Probleme nachzudenken. Er berichtete später, dass er während dieser knapp zwei Jahre sein gesamtes wissenschaftliches
Programm in den Grundideen entwickelt und in Teilen auch bereits einer Lösung zugeführt hätte. Dazu zählte er die Entdeckung
der Zusammensetzung des weißen Lichtes aus den Spektralfarben und die Vorstellung einer Allgemeinen Gravitation sowie
das Gravitationsgesetz. Schon 1664 war er, angeregt durch René
Descartes und John Wallis, bei seinen mathematischen Untersuchungen zur Infinitesimalmathematik und Reihenlehre vorge-
stoßen, woraus er dann später die Fluxionsrechnung entwickelte,
die veränderliche Größen als sich bewegende, fließende annimmt

und dem mathematischen Gehalt nach mit dem Infinitesimalkalkül von Gottfried Wilhelm von Leibniz (* 21.06. [a. St.] / 01.07. [n. St.] 1646 Leipzig, † 14.11.1716 Hannover) übereinstimmt, obwohl es hierüber einen heftigen Prioritätsstreit geben sollte. Nach der Wiedereröffnung des College wurde Newton 1667 ›minor fellow‹, womit bereits eine Unterrichtserlaubnis verbunden war, 1668 ›major fellow‹ und nach dem Erwerb des ›master of arts‹ 1669 durch den Verzicht Barrows auch der Lucas-Professor für Mathematik. Zu dessen Lehrverpflichtung gehörten nur wenige Stunden im Jahr, die Newton dann auch noch mit Ergebnissen seiner eigenen Forschungen füllte, zu denen ihm ja viel Zeit gelassen wurde, mit denen er aber auch die Studierenden völlig überforderte. So wurde er auch nicht etwa als Lehrer bekannt und berühmt, sondern als Forscher. 1696 tauschte er diese Fast-›sine cura‹-Stellung mit der tatsächlichen an der königlichen Münzanstalt in London, der er ab 1699 vorstand. Im Jahre 1703 wählte ihn die Royal Society of London zu ihrem Präsidenten.

Auf dem Gebiet der Naturwissenschaften waren es vor allem zwei grundlegende Entdeckungen, die er in aller methodischen Strenge und experimentell abgesichert zu einem System ausbaute, das die folgenden Jahrhunderte bis hin zu Albert Einstein ausschließlich beherrschte und auf vielen Gebieten nicht nur in der Physik zu erfolgreichen Nachahmungseffekten führte, die seine große Prognosefähigkeit dokumentierten und es immer wieder bestätigten. Sie werden entwickelt in den axiomatisch vorgehenden ›Philosophiae naturalis principia mathematica‹ von 1687 (^{2}1713, ^{3}1726) sowie, aufbauend auf früheren Arbeiten, in den ›Opticks‹ von 1704. Die methodische Strenge resultiert dabei aus der bewussten reduktionistischen Beschränkung auf mathematisch erfassbare Erscheinungen (auch wenn sie experimentell erzeugt werden), ohne sich über die Art ihres Entstehens und der ›Kräfte‹ Gedanken (Hypothesen) zu machen, die diese Erscheinungen erzeugen. – Ganz kann er sich allerdings des in den Scholien zu den ›Principia‹ geäußerten Grundsatzes »hypotheses non fingo« (ich *erdichte* keine Hypothesen, nicht: ich verwende keine; denn das tut auch er, bevor er sich um ihre Bestätigung bemüht) nicht enthalten, wenn er in den Scholien und den ihnen entsprechenden ›Queries‹ der ›Opticks‹ ebenso wie seine Physiker-Zeitgenossen durchaus Spekulationen über die Art und Wirkungsweise jenseits der Wirkgröße der den Körpern von Gott eingepflanzten Kräfte (*vires impressae*) anstellt; und dass er die Religion aus seinem Denken nicht verbannte, wie es die Statuten der Royal Society für wissenschaftliche Überlegungen von ihren Mitgliedern forderte, zeigen seine allerdings lange Zeit nicht erwähnten theologischen Arbeiten. Sein wissenschaftliches Prinzip war es jedoch, »die Kräfte der Natur aus den Bewegungserscheinungen aufzuspüren und anschließend aus diesen Kräften die übrigen Naturerscheinungen herzuleiten«, also ein induktivdeduktives Verfahren, das auf die ›allgemeine‹ Gravitation führt. Diese gelte sowohl im Kleinen (bei der Kohäsion, bei chemischen Verbindungen, für die er in ›Query‹ 31 analog der Elektrizität und dem Magnetismus anziehende und abstoßende Kräfte zwischen den kleinsten Teilchen statt der üblichen ›Sympathie‹ und ›Antipathie‹ vorschlägt, welcher Theorie man sich schnell anschließen sollte) als auch im Großen (zwischen den Himmelskörpern), und zwar nicht nur als ›Prinzip‹, sondern auch in der Größe der Kraftwirkung und ihrer Abschwächung im umgekehrten Verhältnis zur Entfernung, die er nach verschiedenen fehlgeschlagenen Anläufen schließlich aus den Werten der Mondbahn unter Anwendung des Trägheitsprinzips ablesen konnte (eine entsprechende, ihm gegenüber von Robert Hooke geäußerte Vermutung war dagegen noch weitgehend spekulativ gewesen). Die Anwendung des Trägheitsprinzips und des Gravitationsgesetzes ermöglichten es Newton dann auch, Johannes Keplers Gesetze der Planetenbewegungen, soweit sie empirisch waren, auseinander abzuleiten und damit gegen alle zwischenzeitliche Kritik auf der neuen Grundlage ›physikalisch‹ zu bestätigen; und Newton äußerte die Hoffnung, dass neben »den Bewegungen der Planeten, der Kometen [für deren Bahnform er die Parabel ableitete], des Erdmondes und des Meeres [Ebbe und Flut, deren gleichzeitiges Auftreten auf der dem Mond gegenüberliegenden Seite der Erdkugel er mit der aus der Rotation des Erd-Mond-Systems resultierenden Zentrifugalwirkung erstmals erklären konnte]« auch alle anderen Naturerscheinungen aus diesen mechanischen Prinzipien hergeleitet werden könnten – was die Folgezeit dann ja auch in Angriff nehmen sollte, nachdem die Möglichkeit der Alternativ-Physik des René Descartes durch die Gradmessungen der Pariser Akademie empirisch widerlegt worden war.

Man verlieh dieser ihre Aussagen auf die mathematisch zu bestimmenden Größen beschränkenden Physik das Attribut

›klassisch‹, und das einflussreichste Lehrbuch dieser ›klassischen Physik‹ sind noch immer die NEWTONschen ›Mathematischen Prinzipien der Naturwissenschaft‹ selbst (Prinzipien der *philosophiae naturalis,* nicht im Sinne der im Deutschen einen anderen Sinn ausdrückenden ›Naturphilosophie‹). Sie stellen die axiomatisch begründete und mathematisch exakte vollständige Durchführung der einfachen, allerdings auch damals keineswegs erstmals geäußerten Vorstellung von einer Einheitlichkeit der Welt dar, dergemäß die wechselseitige Wirkung der allen Körpern eigenen Schwerkraft, deren Rolle für den freien Fall auf der Erdoberfläche und für das Erde-Mond-System J. KEPLERS (magnetische) Überlegungen in der Einleitung zur ›Astronomia nova‹ hatten erkennen lassen, weit über die irdische Welt hinausgeht und zumindest sämtliche Bewegungsvorgänge innerhalb des Sonnensystems einschließlich der Kometen bestimmt. Damit war gleichzeitig bewiesen, dass auch die himmlischen Körper den auf der Erde geltenden Gesetzen unterworfen sind, sie also nicht wesentlich verschieden sind von der Erde, wie man seit der Antike noch lange angenommen hatte. Die Vertauschung der Positionen von Erde und Sonne im Planetensystem durch NICOLAUS COPERNICUS hatte den Gedanken der Gleichartigkeit von irdischer und himmlischer Materie im Anschluss an NIKOLAUS VON KUES, der von der Einheitlichkeit der einen Schöpfung ausgegangen war, zwar bereits nahegelegt, und GALILEO GALILEIS Fernrohrbeobachtungen sowie WILLIAM GILBERTS, JOHANNES KEPLERS (und OTTO VON GUERICKES) kosmischer Magnetismus hatten ihn gestützt, doch erst NEWTONS Ableitung der KEPLERschen Gesetze aus dem allgemeinen Gravitationsgesetz lieferte den unanfechtbaren Beweis – jedenfalls für die NEWTONianer, die sich nach und nach gegen die CARTESIaner durchzusetzen vermochten. Für DESCARTES und gegen NEWTON hatte lange gesprochen, dass letzterer die doch von ersterem bereits durch seine alles mechanisch erklärende Wirbeltheorie aus der Physik verbannten ›okkulten‹ Kräfte der Scholastik in Form unerklärlicher, lediglich in ihrer Größe bestimmbarer ›Schwerkraft‹ wieder hätte aufleben lassen, aber auch, dass NEWTON manche Erscheinungen (gleicher Richtungssinn der Planetenumläufe, gleicher Rotationssinn der Planeten) als aus ›physikalischen Gesetzen‹ nicht ableitbare wieder auf ein Eingreifen Gottes hatte zurückführen müssen, was aber schon der Erklärungsumfang der Wirbeltheorie DESCARTES' (wie andererseits für die Anzahl der Planeten und ihre Abstände von der Sonne schon die Schöpfungstheorie Johannes Keplers) erfasst hatte. Immanuel Kant sollte später beide Theorien vereinen; und nicht umsonst versuchte man bis ans Ende des 18. Jahrhunderts, die von der ›okkulten‹ Schwerkraft hinterlassene Erklärungslücke zu schließen und wie die Wirkungen von Elektrizität, Magnetismus, Feuer und Wärme auch die mathematisch eindeutig bestimmte Gravitation ›physikalisch‹ auf eine sehr fein verteilte ›imponderable‹ Materie zurückzuführen. Das von Newton geschaffene mathematisch-dynamische System sollte dann auch durch die Relativitätstheorie nicht umgestoßen, sondern lediglich modifiziert und ergänzt werden. Deren Schöpfer Albert Einstein charakterisierte Isaac Newton denn auch mit den Worten: »In einer Person vereinigte er den Experimentator, den Theoretiker, den Mechaniker und – nicht zuletzt – den Meister der Darstellung. Er steht vor uns: stark, sicher, und einsam; seine Schöpferfreude und seine präzise Genauigkeit zeigen sich in jedem Wort, in jeder Zahl.«

Das zweite Feld, dem Newton sich neben der Mathematik über weite Phasen seines Lebens widmete, war die Optik und die Frage nach der Natur des Lichtes – wieder nur unter seiner bekannten methodischen Strenge. Im Jahr 1668 konstruierte und baute er, um Farbfehler zu vermeiden, deren Entstehung er ja aufgeklärt hatte, ein Spiegelteleskop. Es war der von James Gregory kurz zuvor vorgeschlagenen Anordnung nicht nur konstruktiv überlegen, sondern war auch das erste tatsächlich (von Newton selbst) ausgeführte Instrument dieser Art und trug ihm die Mitgliedschaft in der Royal Society ein, wenn es sich auch in der Praxis gegen das Gregorysche Bauprinzip nicht durchzusetzen vermochte. Die Wahl eines Reflektors statt eines Refraktors war dabei sicherlich bedingt durch die schon während der Pestjahre 1664/1666 erfolgten Entdeckung der Zerlegung des weißen Lichtes beim Durchgang durch ein brechendes Prisma (oder eine Linse) in verschiedenfarbiges Licht entsprechend den Farben des Regenbogens, die folglich unterschiedlich gebrochen würden. Die Zerlegung und damit auch die weiße ›Natur‹ des (Sonnen-)Lichtes ließ sich bestätigen, indem Newton die farbigen Strahlen in einem optischen Umkehrverfahren wieder zu weißem Licht vereinte. Doch über die ›Natur‹ des Lichtes war er sich lange nicht im Klaren. Er führte darüber heftige Auseinandersetzungen mit

ROBERT HOOKE. Während er in den 1670er Jahren noch wie dieser eine Undulationstheorie vertrat, wie sie von CHRISTIAAN HUYGENS entwickelt worden war, und dabei sogar unterschiedlichem farbigen Licht auch eine unterschiedliche Wellenlänge zuschreiben wollte, neigte er in den erst nach HOOKES Tod veröffentlichten ›Opticks‹ einer mit Vibrationsvorstellungen verbundenen Korpuskulartheorie zu, der sich dann auch das 18. Jahrhundert ganz allgemein anschließen sollte. Beide Theorien konkurrierten danach, wobei immer wieder die Entdeckung einer nicht durch die gerade anerkannte Theorie erklärbaren neuen Eigenschaft zum Theoriewechsel führte, bis beide Vorstellungen letztlich auf mathematischer, keine Rücksicht auf Anschaulichkeit nehmender Ebene von ALBERT EINSTEIN zusammengeführt wurden – zu sich wellenförmig mit höchster Geschwindigkeit bewegenden Korpuskeln (unvorstellbar, letztlich aber ein Erfolg des auf die Spitze getriebenen NEWTONschen Reduktionismus).

OLE CHRISTENSEN RØMER (RÖMER)
(* 25.09.1644 Aarhuus [heute: Århus],
† 19.09.1710 Kopenhagen)

OLE RØMER studierte ab 1662 in Kopenhagen, vornehmlich Mathematik, und lebte hier im Hause des Mediziners und bedeutenden Naturforschers ERASMUS BARTHOLIN (* 1625 Roskilde, † 1698 Kopenhagen), seines späteren Schwiegervaters, der ihn gelegentlich zu wissenschaftlichen Arbeiten heranzog und ihn unter anderem mit der Durchsicht der in Dänemark verbliebenen Manuskripte TYCHO BRAHES beauftragte. Durch diese Tätigkeit war RØMER mit dem ABBÉ JEAN PICARD (* 1620 La Flèche [Anjou], † 1682 Paris) bekannt geworden, der 1671 im Auftrage der Pariser Akademie der Wissenschaften die geographische Länge der Uraniborg auf Hveen, dem Beobachtungsort TYCHO BRAHES, bestimmen sollte – unter Anwendung und zur Erprobung der von dem Direktor der Akademiesternwarte GIOVANNI DOMENICO CASSINI angeregten neuen Methode, Längendifferenzen durch die gleichzeitige Beobachtung einer Verfinsterung des innersten Jupitermondes an beiden Orten (hier Paris und Hveen) aus der Differenz der Ortszeiten zu bestimmen. RØMER begleitete ihn auf

die Sundinsel und scheint ABBÉ PICARD von seinen mathematischen Fähigkeiten so überzeugt zu haben, dass dieser ihn 1672 mit
nach Paris nahm und sich für seine Aufnahme als Astronom in
die Académie des Sciences einsetzte. 1681 musste RØMER wie alle
reformierten Protestanten aus der Akademie austreten und Frankreich verlassen. Ihm wurde dann in Kopenhagen eine Professur
für Mathematik und die Direktion der Sternwarte übertragen;
später wurde er auch Bürgermeister der Stadt und Staatsrat.

Bereits vor seiner Übersiedlung nach Paris hatte RØMER den
Meridiankreis erfunden und ein Okularmikrometer entwickelt,
das er mit nach Paris brachte. An der Akademiesternwarte beobachtete er dann zusammen mit CASSINI weiterhin die Bewegungen der Jupitertrabanten, berechnete ihre Bahnen und versuchte den Zeitpunkt des Beginns und Endes ihrer Verfinsterungen
durch den Jupiterschatten zu bestimmen. Allmählich erkannte
er einen eigenartigen jährlichen Rhythmus in den schon von
CASSINI als solche erkannten Verspätungen dieser Erscheinungen und stellte fest, dass sie mit der Stellung der Erde zum Jupiter, also mit der Ab- und Zunahme der Entfernung zwischen
beiden Gestirnen, zusammenhängt. Er schloss daraus, dass die
Verzögerungen nicht auf Bewegungsanomalien der Trabanten
beruhen könnten, sondern nur darauf, dass das Licht eine end-
liche Fortpflanzungsgeschwindigkeit besitzt, so dass es von den
Jupitermonden zur Erde je nach Entfernung verschieden lange
Zeit benötige. Aus den folglich nur scheinbaren Verzögerungen errechnete RØMER die (immer noch viel zu geringe, damals
aber unvorstellbar große) Geschwindigkeit von 42000 Meilen
pro Sekunde für die Fortpflanzung des Lichtes. Von einer Endlichkeit der Ausbreitungsgeschwindigkeit des Lichtes war zwar
schon vorher gelegentlich auf rein spekulativer Basis gesprochen
worden, und GALILEO GALILEI hatte in Verkennung der Höhe
der Geschwindigkeit auch schon versucht, mittels gleichzeitig
aufgedeckter Fackeln ihre Größe zu bestimmen, doch verlangte
nicht nur die ARISTOTELische, sondern vor allem die zu dieser
Zeit besonders in Frankreich herrschende Physik RENÉ DESCAR-
TES' eine instantane Ausbreitung. Es wundert deshalb nicht, dass
trotz des genauen Eintritts einer von RØMER für den 9. November
1676 vor der Akademie angekündigten Verzögerung der Verfinsterung des innersten Jupitermondes gegenüber einer früheren
um 10 Minuten die strengen CARTESIaner wie CASSINI die Deu-

tung Rømers ablehnten. Doch bauten dann sowohl Christiaan Huygens als auch Isaac Newton ihre Licht- und Farbentheorien auf dieser Entdeckung auf, und sie fand deshalb bereits vor ihrer Bestätigung durch James Bradleys Nachweis der Aberration des Lichtes (1728) allgemeine Anerkennung. Sie ist seitdem fester Bestandteil der Physik, und die Lichtgeschwindigkeit sollte als einzige Konstante dann in der Physik Albert Einsteins sogar eine fundamentale Rolle spielen. Bradley hatte auch erstmals eine genauere Bestimmung der Ausbreitungsgeschwindigkeit vornehmen können und war für die Entfernung Sonne-Erde auf eine Dauer von 8 Minuten und 7½ Sekunden gekommen.

Rømer konstruierte noch in Paris mechanische Modelle von Planetensystemen, für die er neuartige epizyklische Zahnräder entwickelt hatte: ›Jovilabium‹ 1677, ›Saturnarium‹ 1678, ›Lunarium‹ 1680. An der von ihm geleiteten Sternwarte in Kopenhagen benutzte er dann erstmals in umfassendem Maße das Fernrohr auch für astronomische Messungen; speziell für den (vor Friedrich Wilhelm Bessel gescheiterten) Versuch, die Parallaxe von Fixsternen für den Nachweis der Richtigkeit des heliozentrischen Planetensystems zu bestimmen, entwickelte er 1690 das Passagenfernrohr. 1704 errichtete er sich im Anwesen seines Schwiegervaters in Vridslösemagle eine Privatsternwarte (heute Museum). Seine Beobachtungen sind nicht abgeschlossen worden, und die Aufzeichnungen wurden beim großen Brand von Kopenhagen 1728 bis auf einige erst 1913 wiederaufgefundene Notizen vernichtet. Erhalten ist ein die Örter von 55 Sternen umfassender Katalog, Notizen über Mond- und Sonnenbeobachtungen sowie Aufzeichnungen, aus denen übrigens auch hervorgeht, dass die erste Konstruktion vergleichbarer Thermometer mit zwei Fixpunkten (Rømer-Skala) durch Gabriel Daniel Fahrenheit auf seine Anregung zurückging. – Im Jahre 1700 wurde durch Rømer der Gregorianische Kalender in Dänemark eingeführt.

John Flamsteed
(* 19.08.1646 Denby [Derbyshire],
† 31.12.1719 Greenwich)

John Flamsteed besuchte bis 1662 die Lateinschule im benachbarten Derby, konnte aber wegen der schwachen Konstitution seines Körpers keine Universität besuchen. Vom Vater unterstützt, trieb er deshalb, von Kurreisen unterbrochen, häusliche Studien, besonders in Mathematik und, nach der Anregung durch die Lektüre der ›Sphaera‹ von Johannes de Sacrobosco, Astronomie, die ihm bald ermöglichten, Ephemeriden zu berechnen und die Sonnenfinsternisse von 1666 und 1668 vorherzubestimmen. 1669 stellte er einen Almanach für das folgende Jahr mit astronomischen Angaben und der in den Ephemeriden ausgelassenen Sonnenfinsternis zusammen. Da er keinen Verleger fand, sandte er die astronomischen Teile zur Begutachtung an die Royal Society, die sie sofort in ihren ›Philosophical Transactions‹ publizierte. Ein reger Briefwechsel setzte ein mit dem Sekretär Heinrich (Henry) Oldenburg (* um 1615 Bremen, † September 1677 Charlton [Kent]) und mit dem Mathematiker und Bibliothekar der Royal Society John Collins (* 05.03.1625 Wood-Eaton [bei Oxford], † 10.11.1683 Malmsbury [Wiltshire]), der wie jener einen intensiven Briefwechsel, vorwiegend mit den bedeutenden Mathematikern Europas, unterhielt. 1670 erhielt der kränkliche Flamsteed die Erlaubnis, nach London zu fahren, um seine Korrespondenten persönlich kennenzulernen. Collins machte ihn mit dem königlichen Feldzeugmeister Jonas Moore bekannt, der ihn fortan förderte und unterstützte. Noch im selben Jahr begann Flamsteed mit dem Studium der Theologie in Cambridge – auch sein Vater war Pfarrer – und bemühte sich nach dessen Abschluss 1674 erfolgreich um die Pfarrstelle in Burstow (Surrey). Seine astronomischen Studien hatte er jedoch in der Zwischenzeit nicht vernachlässigt, und Moore bemühte sich, ihn für diese Wissenschaft ganz zurückzugewinnen. Eine bei ihm im Tower gebotene Beobachtungsmöglichkeit sagte Flamsteed nach einiger Zeit allerdings nicht mehr zu. Als König Karl II. jedoch im selben Jahr eine Kommission einsetzte, um die von Peter Apian aufgegriffene Anregung Johannes Werners, die geographischen Längen auf See durch Monddistanzmessungen zu bestimmen, prüfen zu lassen, und neben anderen MOORE damit beauftragte, dieser sich mit FLAMSTEED besprach und von ihm erfuhr, dass diese Methode ohne die Basis genauer Sternkataloge und Mondtafeln nicht anwendbar sei, schlug die Kommission den Bau eines königlichen Observatoriums vor, das unter der Leitung von FLAMSTEED die dazu erforderlichen Beobachtungen ausführen sollte. Der Plan wurde genehmigt, und 1676 konnte FLAMSTEED als erster königlicher Astronom die rasch errichtete Sternwarte von Greenwich beziehen.

Mit teils selbst gebauten und teils von Gönnern gestifteten Instrumenten machte er sich mit wenigen Gehilfen an die exakte Bestimmung von Örtern der wichtigsten Fixsterne. Für die Sorgfalt, mit der er dabei vorging, zeugt, dass er trotz wiederholten Drängens der Royal Society und besonders ISAAC NEWTONS, die dringend benötigten Beobachtungsdaten zu veröffentlichen, erst auf einen Befehl der Königin hin mit den Vorbereitungen für eine erste Publikation begann. Im Jahre 1712 legte er dann, nicht durchkorrigiert und auf keine einheitliche Epoche reduziert, eine erste ›Historia coelestis Britannica‹ mit Beobachtungen aus den Jahren 1676 bis 1705 gleichsam als Zwischenbericht der Royal Society vor, die NEWTON und EDMOND HALLEY jedoch ohne Wissen FLAMSTEEDS sofort in den Druck gaben. FLAMSTEED verbrannte daraufhin die Exemplare, derer er habhaft werden konnte. Die exakte Durcharbeitung aller seiner Beobachtungen konnte er allerdings nicht mehr selbst abschließen. Doch waren die Sternverzeichnisse und Karten so weit gediehen, dass schon 1725 eine neue Ausgabe und vier Jahre später der dazu gehörige ›Atlas coelestis‹ mit 28 Karten über beide Hemisphären erscheinen konnte. Mit diesem ersten exakten Verzeichnis von 2848 Fixsternen (Genauigkeit bis auf 10") schuf FLAMSTEED die Grundlage für die spätere Stellarastronomie, die noch heute seine Sternnummerierung neben den Buchstaben JOHANN BAYERS benutzt.

EDMOND HALLEY

(* 29.10. [a.St.] / 08.11. [n.St.] 1656 Haggerston
[bei London], † 14.01.1742 / 25.01.1743 Greenwich)

Der Sohn eines reichen Londoner Seifensieders EDMOND HAL-
LEY besuchte die St. Paul's School in London und begann 1673
am Queen's College in Oxford mit dem Studium. Bereits zu dieser Zeit hatte er eigene astronomische Beobachtungen angestellt
und die magnetische Deklination für London bestimmt; es heißt,
er habe nach Oxford neben guten Kenntnissen des Lateinischen,
Griechischen und Hebräischen eine Reihe astronomischer Instrumente mitgebracht. In den ›Philosophical Transactions‹ veröffentlichte er dann schon 1676 seine Methode zur Bestimmung
des Aphels und der Exzentrizitäten der Planetenbahnen. Die Beobachtungen dazu hatte er bei JOHN FLAMSTEED in Greenwich gemacht, mit dem ihn anfangs eine enge Freundschaft verband. Als
königlicher Astronom war dieser hauptsächlich damit beschäftigt,
der Seefahrt ein brauchbares Instrument zur Längenbestimmung
auf See zu schaffen; eine Ausdehnung der Kenntnis genauer Fix-
sternpositionen am Himmel der Südhalbkugel war dabei die erste
Voraussetzung für eine universelle Anwendung. HALLEY erklärte
sich bereit, diese Ergänzung zu den Messungen TYCHO BRAHES
zu erbringen. Als Standort wählte er die englische Besitzung St.
Helena; im November 1676 verließ er zu diesem Zweck Oxford
ohne Studienabschluss. Trotz widriger Witterungsverhältnisse
gelang ihm während der 18 Monate auf St. Helena mit der Messung von 341 Sternpositionen die erste umfangreiche Erfassung
des Südhimmels – der Katalog erschien bereits 1679, ein Jahr nach
seiner Rückkehr. Im Auftrage der Royal Society hatte er auch eine
Reihe von Penderluntersuchungen zur Bestimmung der Erdgestalt
durchgeführt, die besonders ISAAC NEWTON interessierten; sie ergaben ein kürzeres Sekundenpendel als in London. Am 07.11.1677
gelang ihm auf St. Helena die erste Beobachtung eines Merkur-
durchganges während seiner gesamten Dauer. Er entwickelte später daraus eine auf die Venusdurchgänge ausgedehnte Methode
zur exakten Bestimmung der Sonnenparallaxe (1679/1716).

Ende 1678 nach England zurückgekehrt, wurde HALLEY von
der Universität Oxford zum ›magister artium‹ ernannt und in

die Royal Society gewählt. In deren Auftrag reiste er im folgenden Jahr nach Danzig zu JOHANNES HEVELIUS, um dessen Streit mit ROBERT HOOKE um die Genauigkeit der Messungen mit und ohne Fernrohr prüfend zu schlichten. Ende 1680 startete er eine große Kontinentreise zur Koordinierung der Arbeiten an den verschiedenen Sternwarten. Sie führte ihn nach Paris zu GIOVANNI DOMENICO CASSINI und 1681 durch Italien. Auf der Rückreise beobachtete er zwischen Paris und Calais den großen Kometen, der später nach ihm benannt wurde. 1682 schlug er seinen Wohnsitz in Islington auf, wo er sich mit der Mondtheorie und dem Problem der Gravitation beschäftigte, deren Erklärungen durch R. HOOKE und CHRISTOPHER WREN ihn nicht befriedigten. Ein Besuch bei NEWTON, den er daraufhin in Cambridge befragte, führte zu einer lebenslangen Freundschaft. Von 1685 bis 1692 war HALLEY Assistent des Sekretärs der Royal Society und Herausgeber von deren ›Philosophical Transactions‹. In dieser Eigenschaft überredete er NEWTON, seine Ergebnisse zu veröffentlichen, und regte ihn damit zur Abfassung und Veröffentlichung der ›Principia‹ (1687) an, die er auf vielfache Weise förderte. 1691 scheiterte die Übernahme der Savile-Professur für Astronomie in Oxford an dem Einspruch JOHN FLAMSTEEDS. NEWTONS Einfluss verdankte er dann 1696 die Stelle als Deputy Comptroller an der Münze von Chester.

Von 1698 bis 1700 unternahm HALLEY im Auftrag der Britischen Admiralität auf dem Kriegsschiff ›Paramour Pink‹ zwei Forschungsreisen nach Afrika und Amerika bis an die südliche Eisberggrenze, um die magnetische Deklination an möglichst vielen Orten zu messen. Auch dieses Unternehmen diente dem Problem der Längenbestimmung auf See; denn HALLEY ging von der Annahme einer konstanten Abweichung aus, deren Unrichtigkeit er später einsah. Als Ergebnis dieser Reisen erschien 1701 eine erste Generalkarte der magnetischen Deklination; 1688 war ihr bereits eine ähnliche meteorologische vorangegangen. Beide waren von hohem praktischen Wert für die Seefahrt gewesen; die Linien gleicher magnetischer Deklination wurden auch noch lange als ›HALLEYsche Linien‹ bezeichnet. Eine weitere Reise diente 1702 Gezeitenmessungen im englischen Kanal und seiner ersten exakten Kartierung. 1703 endlich nahm die Rastlosigkeit in seinem Leben ein Ende: Er wurde Nachfolger von JOHN WALLIS als Savile-Professor für Geometrie in Oxford; und als FLAMSTEED starb, erschien Halley als der geeignetste, dessen Nachfolge als königlicher Astronom anzutreten. Seit 1720 widmete er sich in Greenwich dann hauptsächlich der Mondtheorie, ohne jedoch noch Wesentliches veröffentlichen zu können.

Halley war ein äußerst vielseitiger und fruchtbarer Astronom. Aber auch zu anderen Gebieten hat er bedeutende Beiträge geleistet, von denen neben einer Verbesserung der Taucherglocke die Erfindung des Spiegeloktanten für die Vereinfachung von nautischen Messungen, die Anwendung des Barometers zu Höhenmessungen, die Erklärung des Nordlichtes als magnetische Erscheinung, Beobachtungen über die Passatwinde und die Wiederherstellung und Herausgabe der Kegelschnittlehre des Apollonios von Perge besonders genannt zu werden verdienen. Zwei Beobachtungen waren es jedoch, die eigentlich seinen Nachruhm begründeten: Ein Vergleich der Fixsternörter von Hipparchos und Ptolemaios, dessen Katalog im ›Almagestum‹ Halley herausgab, mit den neuen Messungen John Flamsteeds ergab für die besonders hellen Sterne Arctur, Sirius und Aldabaran Ortsunterschiede von einem halben bis 1 Grad. Diese Abweichungen an so auffälligen Sternen ließen sich für den erfahrenen Astronomen Halley nur mit einer Ortsveränderung an der Sphäre erklären. Während jedoch diese erste Entdeckung einer Eigenbewegung von sogenannten Fixsternen bis zu den Beobachtungen von Tobias Mayer angezweifelt wurde, fand die Entdeckung der Wiederkehr von Kometen, die damit eindeutig als Himmelskörper unseres Sonnensystems erwiesen waren, schnell Anerkennung. Sie diente gleichzeitig als Stütze der Gravitationstheorie Newtons, mit deren Hilfe er 1705 die Bahnelemente von 24 Kometen aus den Jahren 1337 bis 1698, von denen genauere Beobachtungen vorlagen, bestimmte. Die Elemente der Kometen von 1531, 1607 und 1682 erwiesen sich dabei als so übereinstimmend, dass Halley die Vermutung aussprach, alle drei Phänomene seien durch ein und denselben Himmelskörper hervorgerufen, der eine große geschlossene Ellipsenbahn um die Sonne beschreibe, und keine Parabel, wie Georg Samuel Dörffel (* 20.10.1643 Plauen, † 06.08.1688 Weide) 1681 an dem Kometen von 1680/81 vermeintlich nachgewiesen hatte, worauf Newtons vergebliche Bemühungen um eine Bahnberechnungen gefußt hatten. Die Vorhersage der Wiederkehr für 1758 durch Halley wurde nach einer Korrektur der Berechnung auf neuer physikalischer Grundlage durch ALEXIS-CLAUDE CLAIRAULT 1759 glänzend bestätigt. Der Komet wird seitdem der HALLEYsche genannt.

JACQUES CASSINI *(CASSINI II)*

(* 18.02.1677 Paris, † 16.04.1756 Gut Thury-sous-Clermont [Oise])

JACQUES CASSINI (später CASSINI II genannt), ein Sohn von JEAN DOMINIQUE CASSINI, studierte am Collège Mazarin in Paris, das er mit einer optischen Arbeit im Alter von 14/15 Jahren verließ. 1694 wurde er zur Académie des Sciences zugelassen und wirkte als Astronom an der Pariser Akademie-Sternwarte, die bis zu dessen Tod unter der Direktion seines Vaters stand, mit dem er gemeinsam ab 1700 in Frankreich Gradmessungen durchführte. 1709 übernahm er wegen großer Sehschwäche seines Vaters mehr und mehr dessen Aufgaben an der Sternwarte und wurde schließlich nach dessen Tod 1712 auch sein Nachfolge als Direktor. J. CASSINI trat zwar auch durch exakte Tabellen der Bewegungen von Sonne, Mond, Planeten und Saturn- und Jupitertrabanten sowie Bestimmungen von Fixstern-Eigenbewegungen hervor, seine vordringliche Aufgabe sah er jedoch in der Bestätigung der CARTESischen Physik, aus der eine ellipsoide Form der Erde statt einer durch die Zentrifugalwirkung des Erdkörpers entstehenden Abplattung folgte, wie sie die NEWTONsche Physik forderte. Zu diesem Zwecke führte er nach den 1700 gemeinsam mit dem Vater durchgeführten Gradmessungen in Frankreich, deren Ergebnisse von der Gegenseite angezweifelt worden waren, 1718 und 1733 weitere Gradmessungen in Nord- und Südfrankreich durch, bei letzteren unterstützt durch seinen Sohn CÉSAR FRANÇOIS CASSINI. Aber die geodätischen Messungen in Nord- und Südfrankreich waren wegen der Fehleranfälligkeit nicht genügend aussagefähig, und die NEWTONianer ließen sich dadurch nicht von ihrer Überzeugung von der Richtigkeit der von ihnen vertretenen Physik abbringen – ebensowenig wie die CASSINIS von der Richtigkeit der Physik des RENÉ DESCARTES. Der seit 1669 schwelende, jahrzehntelange Streit zwischen den englischen und französischen Astronomen ließ sich so nicht entscheiden.

Damals hatte Christiaan Huygens der Pariser Akademie eine Arbeit vorgelegt, die aus der Wirkung der ›Zentrifugalkraft‹ eine Verkürzung des Sekundenpendels mit abnehmender Breite folgerte, und dieser Schluss war durch 1671–1673 von Jean Richer im Auftrag der Académie in Cayenne (Französisch-Guayana, 5° nördlicher Breite) sowie 1676 im Auftrag der Royal Society von Edmond Halley auf St. Helena bestätigt worden. Aber je nach der zugrundegelegten Physik folgte daraus im Falle der Newtonschen Physik eine Abplattung der Erde an den Polen, wie Huygens annahm, oder im Falle der Wirbeltheorie von René Descartes eine zu den Polen hin verlängerte Ellipsoidenform (vereinfachend fälschlich auch ›Eiform‹ genannt). Wie sein Vater war auch Jacques Cassini Cartesianer und verteidigte diese Ellipsoidenform gegen die Polabplattung von Huygens und Newton, zumal Johann I Bernoulli in einer 1735 von der Pariser Akademie preisgekrönten Abhandlung die Möglichkeit eines nach den Polen verlängerten Ellipsoids für die Erde mathematisch nachgewiesen hatte. Aus der newtonschen Abplattung der Erde an den Polen würde die längs eines Meridians gemessene Bogenlänge zwischen zwei 1° auseinander liegenden Breitengraden in Polnähe länger ausfallen als in Mitteleuropa oder gar in Äquatornähe. Um den Streit endlich entscheiden zu können, beschloss deshalb die Pariser Akademie, im Jahre 1735 eine Expedition zur Gradmessung in die Äquatornähe nach Peru, dem heutigen Ecuador, zu entsenden. Sie stand unter der Leitung des Professors für Schifffahrtskunde in Le Havre und Begründers der Fotometrie Pierre Bouguer (* 10.02.1698 Croisic [Bretagne], † 15.08.1758 Paris) und von Charles Marie de la Condamine (* 27.01.1701 Paris, † 1774 Paris). Noch vor deren Rückkehr wurde auf Anregung von Anders Celsius unter der Leitung von Pierre Louis Moreau de Maupertuis (* 28.09.1698 St. Malo, † 27.07.1759 Basel), einem Anhänger der newtonschen Gravitationstheorie, der 1731 zum Mitglied der Académie gewählt worden war, eine zweite Expedition, an der neben Celsius und anderen auch Alexis-Claude Clairault teilnahm, nach Lappland geschickt, um dort 1736/1737 Vergleichsbestimmungen vorzunehmen. Die trigonometrischen Messungen dieser Expedition erbrachten eine deutliche Verlängerung der Bogenlänge und Verkürzung des Erdradius gegenüber den Messungen in Frankreich und somit einen ersten Beweis für die Abplattung der Erde, wie Maupertuis stolz verkündete (›La Figure de la Terre‹, Paris 1738). Die Größe der Abplattung konnte dann allerdings erst nach der Auswertung der Ergebnisse der länger dauernden Südamerika-Expedition 1744/1745 ermittelt werden: Bogenlänge Ecuador (Breite –01°31') 56734 Toisen, Frankreich (+ 49°13') 57060 Toisen, Lappland (+ 66°20') 57438 Toisen.

Es sollten noch zwei weitere CASSINIS Nachfolger ihrer Väter werden: CÉSAR FRANÇOIS CASSINI DE THURY (CASSINI III, * 17.06.1714 Paris, † 04.09.1784 Paris) und JEAN DOMINIQUE, COMTE DE CASSINI (CASSINI IV, * 30.06.1748 Paris, † 18.10.1845 Thury). Der erstgenannte veranlasste 1733 die große topographische Aufnahme Frankreichs, die erst sein Sohn vollenden konnte. Die Direktorendynastie der CASSINI an der Pariser Akademie-Sternwarte endete mit der Französischen Revolution, doch wurde CASSINI IV nach der Revolution 1799 wieder als Astronom in die Académie gewählt.

JAMES BRADLEY

(* Ende März 1692 a.St./1693 n.St. Sherbourne [Gloucestershire, England], † 13.07.1762 Chalford [Gloucestershire])

JAMES BRADLEY studierte in Oxford Theologie und war ab 1719 Diakon in Wanstead (Essex), wo sein Onkel, ein mit ISAAC NEWTON befreundeter bekannter Amateurastronom, Pfarrer war. Etwa ab 1715 von diesem in die Astronomie eingeführt, hatte BRADLEY mit seinen astronomischen Beobachtungen bald die Aufmerksamkeit von NEWTON, EDMOND HALLEY und anderen auf sich gelenkt, so dass er 1721 zum Professor für Astronomie in Oxford ernannt wurde. Von hier aus besuchte er häufig die Privatsternwarte des reichen irischen Edelmannes SAMUEL MOLYNEUX (* 1689, † 1728) in Kew nahe bei London, um auch selber astronomische Beobachtungen anstellen zu können. Nach dem Tode HALLEYS wurde ihm 1742 dessen Stelle als königlicher Astronom und Professor der Astronomie an der Sternwarte Greenwich übertragen.

MOLYNEUX hatte sich ein Spezialinstrument aufstellen lassen, mit dem er 1725 zusammen mit BRADLEY die Deklination des Sternes γ im Drachen zu messen begann, um an ihm endlich eine

Fixsternparallaxe nachzuweisen. Dabei entdeckte BRADLEY bald eine merkwürdige, nach langjährigen Beobachtungen als periodisch erkannte Änderung des Sternortes, die er zunächst als Nutation der Erdachse deuten wollte, weil die Bewegungsrichtung jener der zu erwartenden Parallaxe widersprach, die sich jedoch schließlich als Ergebnis einer Aberration des Lichtes durch die Erdbewegung erwies. Von dieser Entdeckung machte er 1728 in einem offenen Brief an HALLEY Mitteilung (*Philosophical Transactions* 35 [1727–1728], 637–661), dem er schon vorher von seinen Vermutungen berichtet hatte. Der Wert, den er schließlich für die Aberration erhielt, erlaubte ihm dann eine Bestimmung der Ausbreitungsgeschwindigkeit des Lichtes; er erhielt einen größeren Wert als vor ihm OLE RØMER, und der erwies sich später auch als der richtigere. Einige Abweichungen von den für die Aberration erschlossenen Werten in den Beobachtungsreihen ließen in BRADLEY den Gedanken an die von NEWTON bereits theoretisch erschlossene Nutation wieder aufkommen, um deren Nachweis sich bis dahin vergeblich RØMER und JOHN FLAMSTEED bemüht hatten. Seine Vermutung fand er zwar schon 1737 bestätigt, und er hatte auch sofort PIERRE DE MAUPERTUIS darüber berichtet, doch veröffentlichte er sie erst nach eingehender Prüfung wiederholt angestellter Beobachtungen in einem Bericht an die Royal Society vom 31.12.1747. In Greenwich widmete er sich ab 1750 besonders genauen Meridianbeobachtungen von Fixsternen unter sorgfältiger Berücksichtigung der Refraktion und instrumenteller Eigenarten. Diese Beobachtungen, die vor allem der Längenbestimmung auf See mittels Monddistanzen hatten dienen sollen, von Anfang an einem zentralen Anliegen der königlichen Astronomen in Greenwich, konnten jedoch erst in den Jahren 1798–1805 von dem Oxforder Astronomen THOMAS HORNSBY (* 1733, † 1810) herausgegeben werden. Ihr großer Wert wurde sehr bald erkannt, und ihre Genauigkeit ermöglichte FRIEDRICH WILHELM BESSEL und ARTHUR AUWERS die exakte Bestimmung von Eigenbewegungen von Fixsternen und der Konstanten von Präzession, Aberration und Mutation und dadurch das Aufstellen von Fundamentalkatalogen (F. W. Bessel: Fundamenta Astronomiae pro Anno 1755 deducta ex observationibus James Bradley in specula astronomica Grenovicensi per annos 1750–1762 institutis. Königsberg/Preußen 1818).

ANDERS CELSIUS

(* 27.11.1701 Uppsala, † 25.04.1744 Uppsala)

ANDERS CELSIUS entstammt einer schwedischen Adelsfamilie vom Gut Doma in Ovanåker (Hälsingland). Er studierte an der Universität Uppsala und wurde dort auch 1730 Professor der Astronomie. Da weder hier noch in Schweden überhaupt eine Sternwarte existierte, begann er 1732 eine Informationsreise, die ihn über längere Aufenthalte mit Beobachtungstätigkeit in Nürnberg und Rom, wo er sich unter anderem mit Lichtmessungen beschäftigte, 1734 nach Paris führte. Damals war dort PIERRE BOUGUER gerade mitten in den Vorbereitungen für die von der Pariser Akademie geplante Expedition zur Gradmessung nach ›Peru‹, um Gewissheit über die Art der Erdgestalt zu erlangen. CELSIUS sah den Zweck einer solchen Expedition erst dann voll erfüllt, wenn eine Vergleichsmessung nicht in Frankreich, wie bereits mehrmals erfolgt, sondern möglichst hoch im Norden ausgeführt würde, und schlug Lappland als geeignetes Gelände vor. Mit der daraufhin beschlossenen Messung in Lappland wurde PIERRE DE MAUPERTUIS beauftragt, und CELSIUS konnte sich der Expedition anschließen, die noch vor der Rückkehr der Südamerika-Expedition 1736 aufbrach. Nach der Rückkehr im folgenden Jahr widmete er sich verstärkt der Errichtung einer ersten schwedischen Sternwarte in Uppsala, in der er 1740 die Arbeit aufnehmen konnte.

Die fehlende Muße in seinem kurzen Leben verhinderte größere Leistungen auf seinem eigentlichen Arbeitsfeld, der Astronomie. Naheliegend war die Beschäftigung mit der Erscheinung des Nordlichtes, dessen störenden Einfluss auf den Erdmagnetismus CELSIUS untersuchte, während er eine Herleitung aus dem Zodiakallicht ablehnte. Neben der Auswertung der Lappland-Expedition stehen Untersuchungen des Jupitersystems. Er hat sich auch erfolgreich für die Einführung des Gregorianischen Kalenders in Schweden eingesetzt und als einer der ersten die Strandverschiebungen an der skandinavischen Küste beobachtet, die er auf eine Senkung des Meeresspiegels zurückführte. – Von größerer Bedeutung ist eine kleine Arbeit, die CELSIUS 1742 in den Abhandlungen der Schwedischen Akademie unter dem Titel

›Beobachtungen von zwei beständigen Graden auf einem Thermometer‹ erscheinen ließ. Sie enthält den Vorschlag, auf einem Quecksilberthermometer Siede- und Gefrierpunkt des Wassers bei einem bestimmten Barometerstand (Meereshöhe) als Eichpunkte zu wählen und den Abstand in 100 Teile (Grade) zu teilen, wie es heute in Wissenschaft und Technik und mit Ausnahme vor allem Nordamerikas auch allgemein üblich geworden ist. Allerdings ließ CELSIUS die Skala umgekehrt beim Siedepunkt mit 0° beginnen und führte sie über den Gefrierpunkt (100°) hinaus fort. Eine derartig exakte Definition war von seinen diesbezüglichen Vorgängern GABRIEL DANIEL FAHRENHEIT (* 14.05.1686 Danzig, † 16.09.1736 Den Haag) und RENÉ-ANTOINE FERCHAULT DE RÉAUMUR (* 1683 La Rochelle, † 17.10.1757 Schloss Bermondière [Maine]) nicht vorgelegt worden. Dass deren Skalen – natürlich auf der Grundlage der exakten Definition des CELSIUS – dennoch teilweise noch heute benutzt werden, zeugt nicht nur für die generell reservierte Haltung gegenüber Neuerungen auf dem Gebiet der Messkunde, sondern im Falle FAHRENHEITS auch für die Güte seiner Thermometer.

ALEXIS-CLAUDE CLAIRAU(L)T
(* 07.05.1713 Paris, † 17.05.1765 Paris)

ALEXIS-CLAUDE CLAIRAUT war das zweite von 21 Kindern eines Pariser Mathematiklehrers und machte unter der Anleitung seines Vaters so rasche Fortschritte, dass die Gutachter einer 1726 der Pariser Akademie eingereichten Arbeit über Kurven zur graphischen Verdoppelung des Würfels voll des Lobes waren und große Erwartungen in den jugendlichen Verfasser setzten. Ihre Hoffnungen wurden nicht getäuscht: Gerade 16 Jahre alt, vollendete CLAIRAUT eine Abhandlung über neuartige Raumkurven, von der die neuen Gutachter so begeistert waren, dass sie sich beim König dafür einsetzten, für den Verfasser eine Sonderregelung zuzulassen, nach der er trotz seiner 18 Jahre schon zum Mitglied der Akademie gewählt werden könnte. Die Wahl erfolgte am 14. Juli 1731.

Es entstand dann eine ganze Reihe von Arbeiten hauptsächlich mathematischen Inhalts, die CLAIRAUTS hervorragende Beherrschung der jungen infinitesimalen Methoden bezeugen.

Auch seine Lehrbücher zur Geometrie (1741) und Algebra (1749) wurden für ihre Zeit bahnbrechend, da sie heuristisch und nicht, wie üblich, axiomatisch aufgebaut waren. 1736 schloss er sich der von der Pariser Akademie nach Lappland ausgeschickten Gradmessungsexpedition unter der Leitung des ihm befreundeten PIERRE DE MAUPERTUIS an, die zusammen mit der gleichzeitigen Peru-Expedition zur Entscheidung zwischen den ›Physiken‹ von ISAAC NEWTON und RENÉ DESCARTES die Frage nach der Erdgestalt klären sollte. 1743 ließ er als theoretische Auswertung deren Ergebnisse seine berühmte ›Theorie der Erdgestalt nach Gesetzen der Hydrostatik‹ erscheinen, das klassische Werk der Geodäsie. In ihm werden auf der Grundlage der NEWTONschen Physik bis dahin unbekannte Differentialgleichungen des Gleichgewichts von Flüssigkeiten auf die Erde angewendet. Das darin aufgestellte sogenannte CLAIRAUTsche Theorem erlaubt die Berechnung der Abplattung der Erde aus der Fliehkraft am Äquator und der Schwerebeschleunigung am Äquator und am Pol. So war die für die aussendende Institution überraschende Entscheidung für NEWTON und gegen DESCARTES nicht nur empirisch geklärt, sondern auch physikalisch begründet. Diese Arbeit führte CLAIRAUT dann auch mehr und mehr der Himmelsphysik und Astronomie zu: Er unternahm eine Untersuchung des Dreikörperproblems und unterbreitete seine Lösung, auf den Mond angewendet, 1747 der Pariser Akademie; sie trug ihm 1750 einen von der St. Petersburger Akademie ausgeschriebenen Preis ein. Neue Mondtafeln auf dieser Grundlage folgten 1754. CLAIRAUT berechnete daraufhin auch die Wiederkehr des HALLEYschen Kometen, die EDMOND HALLEY aus historischen Daten, die ihn diesen Kometen erstmals als ein wiederkehrendes Mitglied des Sonnensystems erschließen ließen, selbst für 1758 vorausgesagt hatte, richtig für das Jahr 1759 und schloss später aus Störungen, die eine Differenz von einem Monat zwischen dem berechneten und dem beobachteten Zeitpunkt seiner größten Sonnennähe ergeben hatten, auf einen unbekannten Weltkörper jenseits des Saturns, der seine elliptische Bahn neben den anderen Planeten gestört haben müsse. WILLIAM HERSCHEL sollte es dann 1781 tatsächlich gelingen, den seit den Babyloniern ersten neuen, Uranus genannten Planeten zu entdecken. Die Arbeiten CLAIRAUTS lieferten so insgesamt eine vielfältige Bestätigung der Ausdehnung der Gültigkeit NEWTONscher Physik auf das gesamte Sonnensystem.

Tobias Mayer
(* 17.02.1723 Marbach, † 26.02.1762 Göttingen)

Tobias Mayer hatte durch seinen Vater, einen geschickten Wagner in Marbach, der bald nach Tobias' Geburt 1725 als Brunnenmeister in die Reichsstadt Eßlingen berufen worden war, Elementarunterricht in Schreiben und Rechnen und einen guten Zeichenunterricht erhalten; auf eine Schule kam er erst spät (1729), da dem Vater die Mittel dazu fehlten. Er hatte dann allerdings das wenn auch nur kurze Glück, dass der Bürgermeister Eßlingens sich nach dem frühen Tod des Vaters (1731) des begabten Jungen annahm, um ihn zu einem tüchtigen Maler ausbilden zu lassen. Nach dem Tod der Mutter (1737) bezog er das Schülerwohnheim in Eßlingen und besuchte die Lateinschule. Aber auch sein Gönner starb bald, so dass Tobias sich den Lebensunterhalt durch Privatunterricht in Mathematik und kleinere Veröffentlichungen selbst verdienen musste. 1739 verfertigte er einen ersten Stadtplan von Eßlingen (1741 in Augsburg gedruckt), 1743 einen weiteren; 1741 erschien in Verwertung seiner eigenen Unterrichtserfahrung ein Elementarlehrbuch der Geometrie. 1744 ging er nach Augsburg zu seinem älteren Stiefbruder, um sich hier zeichnerisch weiterzubilden, studierte mathematische Werke, veröffentlichte 1745 einen ›Mathematischen Atlas, in welchem auf 60 Tabellen alle Theile ›der Mathematik vorgestellet‹, arbeitete in einer Landkartenanstalt und trat auch schon als Kartograph hervor, was ihm schließlich 1746 eine leitende Anstellung beim Kartenverlag von Homann in Nürnberg eintrug. Hier stellte er selbst insgesamt 30 Karten von Gebieten Süddeutschlands und der Schweiz her (erschienen bis 1753), die zu den besten seiner Zeit gehörten, und machte gelegentlich Beobachtungen auf der alten Sternwarte von Nürnberg, bis ihn 1751 der Ruf auf den Lehrstuhl für Mathematik und Ökonomie in Göttingen erreichte. 1753 wurde er Mitglied der Göttinger Gesellschaft der Wissenschaften und 1754 auch einer der beiden Leiter der dort neu errichteten Sternwarte. Er starb bereits im Alter von 39 Jahren am ›Faulfieber‹. – Sein Sohn Johann Tobias Mayer (* 05.05.1752 Göttingen, † 30.11.1830 Göttingen) war Professor der Mathematik und Physik in Altdorf (1780), Erlangen (1786) und schließlich Göttingen (1799).

TOBIAS MAYER widmete sich in Göttingen neben Befestigungs-
wesen, Optik und Erdmagnetismus vorwiegend der Astronomie,
in der ihn als Kartographen besonders das Problem der geographischen Längenbestimmung interessierte. Diesem Ziel dienten
auch seine exakten Beobachtungen sowie die Schaffung der instrumentellen Voraussetzungen dafür und die Verbesserung der
Beobachtungstechnik: Er stellte eine Refraktionstheorie auf und
entwickelte Methoden zur Aufdeckung und Berechnung von In-
strumentenfehlern, dadurch erstmals mit einer Forderung TYCHO
BRAHES Ernst machend. Sein Multiplikationsprinzip zum Ausgleich von Beobachtungsfehlern bei Winkelmessungen blieb noch
lange in Gebrauch und wurde erst durch die Methode der kleinsten Quadrate von CARL FRIEDRICH GAUSS ersetzt. Am Himmel
galt sein Augenmerk deshalb dem Mond und seinen Bewegungen sowie den Fixsternen im Bereich des Tierkreises, vor denen
die Mondbewegung erfolgt. Die von Entbehrungen gekennzeich-
nete kurze Schaffenszeit ließ ihn allerdings nur weniges von dem,
was er sich vorgenommen hatte, vollenden; das meiste blieb Manuskript oder bestand aus ungeordneten Aufzeichnungen, wovon jedoch das Wichtigste postum erscheinen konnte. So gab die
britische Admiralität (Göttingen im Kurfürstentum Hannover
war damals britisch) seine ›Mondtheorie‹ 1767 und seine neuen
Mond- und Sonnentafeln 1770 heraus – sie stellten eine Verbesserung seiner ersten Mondtafeln von 1752/53 dar, welche MAYERS
Ruf als Astronom begründet hatten. 1775 gab GEORG CHRISTOPH
LICHTENBERG wiederum im Auftrag des englischen Königs weitere ›Opera inedita‹ heraus, unter anderen eine nach exakten mi-
krometrischen Messungen hergestellte kleine Mondkarte, welche
die beste seit JOHANNES HEVELIUS und für fast hundert Jahre war
– ein erster Mondglobus ging nicht mehr in Produktion –, sowie
den Katalog der Zodiakalsterne. Dessen zu seiner Zeit unerreich-
te Genauigkeit veranlasste noch 1894 ARTHUR AUWERS, eine reduzierte Neuausgabe zu veranstalten; für seine Güte zeugt auch
der Umstand, dass er als vermeintlichen Fixstern den 1781 von
FRIEDRICH WILHELM HERSCHEL entdeckten Planeten Uranus enthält, was später ermöglichte, dessen Bahn genauer zu berechnen.
Die bedeutendste Leistung MAYERS – auch sie beruht auf den exakten Messungen – ist aber wohl der Nachweis der Eigenbewegung mehrerer Fixsterne (1760), womit er die 1718 von EDMOND
HALLEY geäußerte Vermutung allgemein bestätigte und der Kos-

mogonie eine neue, empirische Phase eröffnete, indem er Johann
Heinrich Lambert empirisches Material für dessen Kosmologie
lieferte, welches Immanuel Kant für seine Kosmogonie von 1755
noch nicht vorgelegen hatte. Der Versuch, aus diesen Eigenbewegung auch eine unserer Sonne abzuleiten, gelang dann allerdings
erst F. W. Herschel und Friedrich Argelander. Schon 1750
hatte Mayer außerdem das Fehlen einer Atmosphäre auf dem
Mond nachgewiesen und gehörte damit zu den ersten Forschern,
welche die seit Galileo Galileis Mondbeobachtungen allgemein angenommene Existenz von Mondbewohnern aus physikalischen Gründen ablehnten – und endgültig in den Bereich der
Utopie und Science-fiction verwiesen.

Immanuel Kant
(* 22.04.1724 Königsberg, † 12.02.1804 Königsberg)

Der Sohn eines Königsberger Sattlermeisters Immanuel Kant
besuchte das pietistische Friedrichs-Gymnasium seiner Geburtsstadt und hat dort 1740 auch mit dem Studium der Theologie
begonnen, dieses dann jedoch mehr und mehr auf Philosophie,
Mathematik und Naturwissenschaften verlagert. Nach dem Abschluss des Studiums bekleidete er ab 1747 mehrere Hauslehrer-
stellen in Königsberg, bevor er sich hier 1755 zum Privatdozenten
der Philosophie habilitierte. Er las in den folgenden Jahren über
Logik, Metaphysik, Physik und Mathematik. Eine ihm 1762 angebotene Professur für Poetik lehnte er ab. 1770 wurde er ordentlicher Professor für Logik und Metaphysik in seiner Geburtsstadt,
deren nähere Umgebung er auch während seines gesamten Lebens nie verlassen hat.

Mehr Philosoph denn Naturwissenschaftler, hat Kant auch in
der Zeit vor der Professur, in der naturwissenschaftliche Schriften noch überwogen, nie Experiment und Mathematik in seine
eigenen naturwissenschaftlichen Überlegungen mit einbezogen –
hierin sich grundlegend unterscheidend von den anderen beiden
bedeutenden Naturforscher-Philosophen der Neuzeit, René Descartes und Gottfried Wilhelm Leibniz. Ihm ging es mehr um
die Klärung allgemeiner naturphilosophischer Probleme, wie der
Begriffe Raum, Zeit, Kraft, Materie, und um Wissenschafts- und

Erkenntnistheorie. Ihnen speziell widmete er seine ›Methaphysischen Anfangsgründe der Naturwissenschaft‹ (1786), in denen er daneben die Neubegründung der Wissenschaft mit dem Ziel einer theoretischen Philosophie, hier für die naturwissenschaftlichen Disziplinen, anstrebte. Die ›rationale Naturlehre‹, die eigentliche Naturwissenschaft, müsse apodiktische Gewissheit besitzen und von apriorischen Prinzipien ausgehen. Jede wahre Naturwissenschaft müsse deshalb neben der experimentellen Erfahrung einen ›reinen‹ Teil, nämlich Metaphysik, in sich enthalten, andererseits aber Mathematik mit ihrer sicheren Deduktion und ihrer Konstruktion der Begriffe zur Grundlage haben. Insofern stellen die ›Anfangsgründe‹ entsprechend der in den ›exakten‹ Naturwissenschaften zu seiner Zeit bereits weitgehend vollzogenen, gegenüber ARISTOTELES aber einseitigen Ausdeutung des Kausalbegriffes und Beschränkung auf dessen ›causa efficiens‹ (›causa movens‹) und der Notwendigkeit einer Mathematisierung einen bedeutenden Anstoß für die Entwicklung der Naturwissenschaften der Folgezeit dar. In der Naturgeschichte, aber auch in seinen frühen kosmogonischen Überlegungen hatte KANT allerdings noch selbst weitgehend teleologisch entsprechend der ARISTOTELischen ›causa finalis‹ (griechisch: *télos*) gedacht – so schloss er etwa von der Existenz der Jupitermonde auf lebende Geistwesen als Bewohner des Zentralgestirns, weil die Trabanten wie der Mond der Erde (neben einer Verursachung der Gezeiten) nur den Sinn und Zweck hätten, ihnen die Tages- und Kalenderzeiten anzuzeigen.

Die eigentlichen naturwissenschaftlichen Schriften KANTs gehören vorwiegend den Jahren vor 1760 an. Besonders einflussreich waren das Erstlingswerk ›Gedanken von der wahren Schätzung der lebendigen Kräfte‹ (1747), mit denen ein Schlichtungsversuch zwischen den Kraftbegriffen von LEIBNIZ und DESCARTES unternommen wurde, die ›Monadologia physica‹ (1756) mit einer rein dynamischen Materieauffassung – hier im Gegensatz zu den ›Anfangsgründen‹ noch diskreter ›Teilchen‹ (Punktatome), die er unabhängig von ROGER JOSEPH BOSCOVICH (Bošković S.J., * 18.05.1711 Dubrovnik, † 13.02.1787 Mailand) entwickelte und die im 19. Jahrhundert bis hin zu MICHAEL FARADAY starken Einfluss ausübte –, vor allem aber die ›Allgemeine Naturgeschichte und Theorie des Himmels, oder Versuch von der Verfassung und dem mechanischen Ursprunge des ganzen Weltgebäudes, nach

Newtonischen Grundsätzen abgehandelt‹ (1755). In dieser Schrift wird die neben DESCARTES' Wirbeltheorie erste, jetzt auf den physikalischen Prinzipien und Gesetzen NEWTONs basierende Kosmogonie der Neuzeit entwickelt, das materielle Universum also als aus Gottes Schöpfung zeitlich entstanden aufgefasst. Es habe sich über Milliarden von Jahren als Auswirkung der NEWTONschen Gesetze entwickelt, und sein gegenwärtiger Zustand sei nur ein Durchgangsstadium. Eine generelle Anwendung der NEWTONschen Gesetze auf alle Himmelserscheinungen hatte sich für KANT, ohne gleichzeitig wie NEWTON auch ein nachträgliches Einprägen von Bewegungsimpulsen durch Gott, also eine ursprünglich unvollkommene Schöpfung annehmen zu müssen, nämlich nur unter der Voraussetzung eines Urzustands mit über den gesamten Raum lückenlos verteilter Materie als möglich herausgestellt, aus deren Wirbeln im Sinne von DESCARTES' sich dann diskrete, aber wegen der Erhaltung des Drehimpulses notwendig rotierend bewegte Körper und Körpersysteme mit der Zeit gebildet hätten und weiterhin bildeten – in Millionen und »Bergen von Millionen« Jahren, wie KANT gegen sämtliche zeitgenössischen Vorstellungen vom Alter der Schöpfung (um die 5000/6000 Jahre) aus den kaum wahrnehmbaren Spuren der notwendigen Rotationsbewegung schloss. Für die ihr zugrundeliegenden Analogien und Hypothesen war das astronomische Ausgangsmaterial allerdings noch äußerst dürftig gewesen – erst JOHANN HEINRICH LAMBERT (* 26.08.1728 Mülhausen [Elsass], † 25.09.1777 Berlin) konnte in seinen ›Cosmologischen Briefen‹ von 1761 auf dem gesicherten Nachweis von Eigenbewegungen von Fixsternen durch TOBIAS MAYER (1760) aufbauen –, doch werden ihre Grundideen in modifizierter Form noch heute anerkannt.

Diese Kosmogonie KANTS umfasst das Entstehen nicht nur unseres Sonnensystems und der einzelnen Planeten aus einheitlicher, ursprünglich fast homogen verteilter, von Gott bei der Schöpfung mit Gravitation ausgestatteter Materieteilchen, sondern auch unseres Milchstraßensystems und anderer Fixsternsysteme, als welche er richtig die wenigen zu seiner Zeit bekannten kleinen ›Nebel‹ (heute: Spiralnebel, Galaxien) gedeutet hatte. Durch die Erweiterung der NEWTONschen Kosmologie um die Anwendung historischer Aspekte zu einer Kosmogonie, die an den Anfang die CARTESischen Wirbel setzte (woraus er den für alle gleichen Dreh- und Richtungssinn der Planetenbewegungen ableitete, den ein Newton noch als unerklärbar der Willkür Gottes bei der Schöpfung hatte zuweisen müssen), waren einige durch den mathematischen Reduktionismus begründete fundamentale Schwächen und Lücken in Newtons Welterklärung beseitigt (die aber durchaus noch in den Erklärungsumfang von Johannes Kepler gehört hatten). – Die Theorie Kants ist allgemein bekannt unter dem Namen Kant-Laplacesche Nebularhypothese, da Pierre Simon, Marquis de (ab 1817) Laplace (* 28.03.1749 Beaumont-en-Auge, † 05.03.1827 Paris) später unabhängig von ihm zu ähnlichen Vorstellungen gekommen, seine Theorie aber eher allgemein bekannt geworden war. Kants Schrift ist in der Originalausgabe (wohl wegen eines Verlustes durch Feuer oder Konkurs des Verlages) nämlich weitgehend unbekannt geblieben, und der daraufhin von Johann Friedrich Gensichen besorgte, autorisierte ›Auszug‹ war nur als Anhang zu einer ersten deutschen Übersetzung von Abhandlungen Friedrich Wilhelm Herschels erschienen (Königsberg 1791), in denen für einige der von Kant durch Analogieschlüsse gewonnenen Vorstellungen empirisch gesicherte Daten nachgeliefert wurden. Wieder aufgenommen und weitergeführt wurden Kants kosmogonische Überlegungen erst nach der Erweiterung der Astronomie durch astrophysikalische Beobachtungs- und Denkweisen, wobei auch der Begründer der neueren ›Astrophysik‹, Friedrich Zöllner, Kants Kosmogonie der Vergessenheit wieder entriss und ihre Priorität gegenüber der Laplaceschen betonte. – In seinen Überlegungen zu den gravitativen Einflüssen in Sternsystemen war Kant auch bereits zu der Vorstellung einer Gezeitenreibung als die Rotationsgeschwindigkeit von Mond und Erde ändernder Komponente gelangt.

Sir (ab 1816) William (Friedrich Wilhelm) Herschel

(* 15.11.1738 Hannover, † 25.08.1822 Slough [bei Windsor, England])

Als begabter Sohn eines Oboisten der Hannoverschen Garde schien Friedrich Wilhelm Herschel ursprünglich ganz für ein Musikerleben bestimmt gewesen zu sein. Schon als Schüler spielte er im Hoforchester und trat nach dem Besuch der Garnisonsschule mit 14 Jahren ebenfalls als Oboist in die Regimentskapelle seines Vaters ein. 1856 kam dieses Regiment für ein halbes Jahr nach England in Garnison (das Kurfürstentum Hannover unterstand in Personalunion dem englischen König); HERSCHEL erlernte die englische Sprache und knüpfte als Musiker einige Bekanntschaften an, die ihm dann ein Jahr später den neuen Start erleichterten. Als nämlich die Franzosen im Siebenjährigen Krieg Hannover besetzten, zog er sich nach England zurück, um fern von allem Kriegslärm ein ruhiges Musikerleben führen zu können. Anfänglich schlug er sich dort mit seinem älteren Bruder mit Musikunterricht und Notenschreiben durch; der Bruder ging dann 1759 ans Hoforchester nach Hannover zurück, was WILHELM verwehrt war, da er sich unerlaubt von der Garde entfernt hatte – die förmliche Entlassung konnte der Vater erst 1762 erwirken. Aber auch er erhielt bald eine Stellung mit dem Auftrag, die kleine Milizkapelle des Grafen von Darlington in Richmond zu organisieren. Die finanzielle Sicherung ließ ihm daneben die Muße zu eigenen Kompositionen und Konzertreisen, die ihm schnell einen guten Ruf als Musiker eintrugen. Er beschäftigte sich auch mit der Musiktheorie und wurde so »von einem Zweig der Mathematik zum anderen geführt«, auch zur Astronomie, die ihn jedoch vorerst nicht mehr als anderes fesselte: Anfang 1761 begann ein recht bewegtes Wanderleben als Musiker und Musiklehrer (von 1762 bis 1766 in der Stellung eines Konzertleiters von Leeds, dann als Organist in Halifax), bis er Ende 1766 Organist an der exklusiven Octagon-Kirche in Bath wurde. HERSCHEL organisierte das Musikleben des mondänen Badeortes, machte Konzertreisen, baute einen Chor auf, gab einer wachsenden Zahl von Schülern Musikunterricht und wurde allmählich zu einem wohlhabenden Mann, der nach und nach seine Geschwister aus den ärmlichen Verhältnissen in Hannover zu sich holen konnte. Längere Zeit blieb vor allem die kleinere Schwester LUCRETIA KAROLINE HERSCHEL (* 16.03.1750 Hannover, † 09.01.1848 Hannover), die WILHELM aber 1772 nur unter der Bedingung zu sich holen konnte, dass er der Mutter eine Haushaltshilfe finanziere. Sie wurde zur Sängerin ausgebildet, opferte dann jedoch ihre erfolgreiche künstlerische Laufbahn ihrem Bruder und seinen astronomischen Beobachtungen, wurde ihm eine unentbehrliche Hilfe und entdeckte selbst unter anderem seit 1782 acht Kometen und eine Reihe von Nebeln, bevor sie als angesehene Astronomin nach dem Tode ihres Bruders nach Hannover zurückging.

Bald nach der Rückkehr mit seiner Schwester aus Hannover hatte HERSCHEL nämlich begonnen, sich intensiv mit der praktischen Astronomie zu beschäftigen, ohne dass man wüsste, was ihn nun eigentlich dazu getrieben hatte. Im April 1773 jedenfalls kaufte er sich einen Quadranten, dann kleine Linsen für ein Teleskop. Nach eigener Aussage wollte er selbst sehen, worüber er in den Astronomiebüchern gelesen hatte. Wegen der damals noch auftretenden Verzerrungen und Farbfehler befriedigte ihn das Linsenfernrohr nicht. Er mietete ein kleines Spiegelteleskop, begann dann im Sommer 1773 selber mit dem Schleifen von Metallspiegeln, nachdem sich ihm Gelegenheit geboten hatte, eine kleine, dazu eingerichtete Werkstatt aufzukaufen. 1775 unternahm er bereits seine erste ›Durchmusterung‹ des Himmels, die alle Sterne bis zur 4. Größe umfasste. Sie diente vorerst nur der Prüfung der neuen Spiegel; denn sein Ziel war deren Vervollkommnung zur ungetrübten Betrachtung der Himmelsobjekte, und so fehlte den Beobachtungen zuerst auch alles Systematische, und zwar selbst dann noch, als ihm Mitte 1776 die Herstellung eines Spiegels mit 20 Fuß Brennweite und 12 Zoll Öffnung gelang. HERSCHEL war jetzt nicht nur ein vielbeschäftigter Musiker, sondern auch eifriger Spiegelbauer und praktischer Astronom, der darüber hinaus vielseitige philosophische und naturwissenschaftliche Interessen hatte, wie die Arbeiten bezeugen, die er der Philosophischen Gesellschaft von Bath seit 1780 vorlegte. Einige dieser Arbeiten wurden auch vor der Royal Society in London verlesen und dann in deren ›Philosophical Transactions‹ veröffentlicht. GEORGE III. ernannte HERSCHEL nach der Entdeckung des Planeten Uranus 1782 zum königlichen Astronomen mit einem festen Jahresgehalt von 200 £ und der alleinigen Aufgabe, der königlichen Familie gelegentlich Himmelsobjekte zu zeigen. KAROLINE erhielt als Gehilfin ebenfalls ein Jahresgehalt, und auch später erwies sich der König als sehr großzügig und finanzierte Herstellung und Unterhalt des vierzigfüßigen Reflektors. Die HERSCHELs konnten sich jetzt ganz der Astronomie widmen und siedelten nach Datchet über, später in ein nahes Landhaus an der Themse und 1786 schließlich nach Slough, jeweils in die Nähe der Residenz in Windsor.

HERSCHEL war kein ganz Unbekannter mehr, als ihm die erste große astronomische Entdeckung gelang: 1778 hatte er einen besonders guten siebenfüßigen Reflektor hergestellt, mit dem er Mitte 1779 eine zweite Himmelsdurchmusterung begann – dieses Mal mit der Absicht, alle Sterne bis zur 8. Größe zu beobachten und ihre Positionen mit den in Sternkarten angegebenen zu vergleichen, um Exemplare mit periodischen jährlichen Eigenbewegungen aufzufinden, die durch die Erdbewegung verursacht würden (trigonometrische Fixsternparallaxe). Als dazu besonders geeignet sah er je zwei dicht nebeneinanderstehende und unterschiedlich helle Sterne an, von denen der schwächere, allein in seinen Teleskopen noch gerade isolierbare ihm als entsprechend weiter entfernt galt, so dass der größere im Vergleich zu ihm eine Parallaxe hätte aufweisen sollen. 1782 legte er der Royal Society einen ersten Katalog mit 269 solchen ›optischen‹ Doppelsternen vor. Er war nämlich kurz zuvor zum Mitglied gewählt worden; zwar nicht wegen des Nachweises einer Parallaxe – das gelang erst später FRIEDRICH WILHELM BESSEL –, doch hatte er bei seiner systematischen Durchmusterung am 13.03.1781 einen relativ hellen, bis dahin unbekannten Stern entdeckt, den er für einen Kometen hielt, weil er merkliche Eigenbewegung und bei stärkerer Vergrößerung einen wachsenden Durchmesser zeigte. Über die Royal Society wurde diese Entdeckung schnell in ganz Europa bekannt. Überall wurden neue Ortsbestimmungen vorgenommen, welche das Objekt für einen Kometen bald als zu langsam auswiesen. Ende des Jahres gelang dann PIERRE SIMON DE LAPLACE der Nachweis, dass es ein Planet sein müsse. Diese erste Entdeckung eines Planeten (des Uranus) seit den Babyloniern machte HERSCHEL mit einem Schlage bekannt. Der König empfing ihn im Mai 1782 in Audienz, bat, ihm die Entdeckung auf seiner Privatsternwarte zu zeigen, und ernannte ihn zum Königlichen Astronomen. HERSCHEL erreichte dadurch auch, dass seine Teleskope erstmals außerhalb von Bath bekannt wurden und die zünftigen Astronomen sich von ihrer Güte und dem bis dahin als phantastisch angezweifelten Vergrößerungsgrad (bis zu mehrtausendfach) überzeugen konnten. Die Folge war eine starke Nachfrage, die HERSCHEL mit der Fabrikation von mehr als 400 Spiegeln bis 1795 kaum befriedigen konnte. Der Erlös aus dem Verkauf hätte allein ausgereicht, den Musikerberuf aufgeben zu können.

Entdeckung folgte auf Entdeckung: 1783 erschloss HERSCHEL aus der Richtungsverteilung einer Zusammenstellung von Fixsterneigenbewegungen, dass auch die Sonne eine Eigenbewegung ausführe, und konnte 1805 auch deren Zielpunkt (Apex) schon sehr genau bestimmen – FRIEDRICH ARGELANDER nahm diese Idee später wieder auf. 1784 legte er als erste Frucht einer dritten Himmelsdurchmusterung einen zweiten Doppelsternkatalog vor, und 1803 schloss er aus den inzwischen erfolgten Veränderungen, dass es sich in der Hauptsache nicht um bloß ›optische‹, sondern um ›physische‹ Doppelsterne handelte, um zwei verschieden große Sonnen, die um einen gemeinsamen Schwerpunkt kreisen – die Erforschung der Doppelsterne setzte später neben seinem Sohn vor allem WILHELM STRUVE fort. 1784 entdeckte HERSCHEL auch die Natur der Polkappen des Mars, 1787 zwei Uranusmonde, 1789 mit dem neuen, später nur selten verwendeten 40-Fuß-Reflektor die beiden inneren Saturnmonde und 1798 einen weiteren Uranusmond. 1786 erschien ein erster ›Katalog von 1000 neuen Nebeln und Sternhaufen‹, dem 1789 ein weiterer und 1802 ein solcher mit nochmals 500 folgten. Aber HERSCHEL begnügte sich nicht mit der bloßen Registrierung und Vermessung, er ordnet sie nach ihrem Aussehen in acht Klassen und sah in diesen Klassen schließlich Vertreter eines unterschiedlichen Alters und Entwicklungsstadiums der Sterne, die dadurch zu geschichtlichen Individuen wurden – eine Idee, die IMMANUEL KANT spekulativ vorweggenommen hatte, die aber erst in der zweiten Hälfte des 19. Jahrhunderts allmählich Einlass in die zünftige Astronomie finden sollte. Nicht anders erging es seinen erfolgreichen Versuchen, mittels sogenannter Sterneichungen (›star-gages‹), einer Stellarstatistik, die ursprünglich von der gleichmäßigen Verteilung und Helligkeit der Sterne ausging, so dass die jeweils innerhalb eines Feldes sichtbare Sternmenge schon allein Auskunft über die erfassten Räume geben könne, die Struktur unseres Milchstraßensystems (›Construction of the Heavens‹) zu ermitteln. 1784 erschien die erste Arbeit darüber, und die Methode wurde von HERSCHEL immer mehr verfeinert; hierzu gehören auch die Arbeiten von 1796 bis 1799 über die scheinbare Helligkeit und Veränderlichkeit der Sterne sowie vier erste Helligkeitskataloge – die Anfänge einer astronomischen Fotometrie. HERSCHEL war noch von einer etwa gleichen Größe (und absoluten Helligkeit) aller Sterne ausgegangen, so dass ein Vergleich ihrer relativen Helligkeit mit der Sonne eine Aussage über ihre Entfernung hätte ermöglichen können. Er errechnete nach einer posthum 1829 veröffentlichten Arbeit die

Entfernung (fotometrische Parallaxe) des hellsten Sternes Sirius zu 1",8; diese sogenannte Sirius-Weite bildete dann noch lange den Maßstab fotometrischer Entfernungsbestimmungen.

WILLIAM HERSCHEL hatte durch seine ungewohnten Betrachtungsweisen der Astronomie zwar eine Reihe von neuen Arbeitsgebieten erschlossen, doch fand er damit bei seinen Zeitgenossen und unmittelbaren Nachfolgern kaum Verständnis; und auch die vielen HERSCHELschen Teleskope in aller Welt blieben ohne die neuen Ideen ihres Konstrukteurs ohne Erfolg, weil sie anderenorts für die traditionellen Aufgaben des Astronomen eingesetzt wurden, für die es aber geeignetere Teleskope gab. Die Astronomie blieb vorerst reine Positionsastronomie, die erst nach der Erfindung der Spektralanalyse durch ROBERT WILHELM BUNSEN und GUSTAV ROBERT KIRCHHOFF in die Richtung einer Astrophysik ausgeweitet wurde. Auch auf diesem Wege war HERSCHEL eine vielleicht nur ihm mögliche Entdeckung gelungen: In den Jahren 1800 und 1801 legte er der Royal Society vier Abhandlungen über »unsichtbare Wärmestrahlen« vor. Bei seinen Untersuchungen über die Helligkeit der Fixsterne und der Sonne hatte er bemerkt, dass das Sonnenlicht nach dem Passieren verschiedenfarbiger Gläser auf der Hand als unterschiedlich warm empfunden wurde. Das musste mit den Spektralfarben zusammenhängen; und so ging er mit einem Thermometer das Spektrum entlang und entdeckte, dass die Temperatur zum Rot hin zunahm und am stärksten sogar jenseits des Rot war. Das Sonnenlicht enthielt also auch unsichtbare, nur wärmende Strahlen im und jenseits des Rot (Infra- beziehungsweise Ultrarot) – JOHANN WILHELM RITTER (* 16.12.1776 Samitz [Schlesien], † 23.01.1810 München), ein ähnlich genialer Physiker, sollte dann bald nach dem Bekanntwerden das Pendant dazu im Ultravioletten nachweisen.

GIUSEPPE PIAZZI

(* 16.07.1746 Ponte [Ventlin, Italien], † 22.07.1826 Neapel)

GIUSEPPE PIAZZI trat in den Theatinerorden in Como ein und studierte in Mailand, Turin und Rom. Danach wurde er als Lehrer der Philosophie und Mathematik in Genua, La Valetta (Malta), Ravenna und Cremona sowie 1779 als Professor der Dogmatik in

Rom eingesetzt, bevor ihm 1780 die Professur für Höhere Mathematik und später auch Astronomie an der Universität Palermo übertragen wurde. Es war ihm nämlich gelungen, den Vizekönig für seine Pläne zur Errichtung einer Sternwarte zu gewinnen. Mit dessen Unterstützung konnte sie im Frühjahr 1791 in Palermo eröffnet werden. Um die geeignetsten Instrumente erhalten zu können, war PIAZZI vorher mit den besten Instrumentenbauern in Kontakt getreten und hatte sich zu diesem Zweck zwei Jahre in London sowie ein Jahr in Paris aufgehalten, gleichzeitig Erfahrungen für die Beobachtungstechnik sammelnd und persönliche Kontakte mit den bekannten Astronomen seiner Zeit aufnehmend. 1817 wurde er als Generaldirektor der Sternwarte des Königreiches beider Sizilien nach Neapel berufen. In seinen letzten Lebensjahren beschäftigte er sich vorwiegend mit Fragen des öffentlichen Unterrichts.

PIAZZIS Hauptaugenmerk galt einer möglichst vollständigen und exakten Katalogisierung der Fixsternörter. Mit den Beobachtungen dazu begann er 1792 an seiner Sternwarte; 1803 erschien ein erstes Verzeichnis von 6 784, 1814 ein zweites von 7 646 Sternen. Auch ein großer Teil der arabischen oder arabisch klingenden, von ihm erfundenen Sternnamen geht auf ihn zurück. – Bleibenden Ruhm erwarb sich PIAZZI mit der Entdeckung des ersten Kleinen Planeten: In der Neujahrsnacht zum 19. Jahrhundert, am 1. Januar 1801, sah er bei Fixsternbeobachtungen zufällig ein Objekt 8. Größe, das rasch seinen Ort veränderte und das er für einen Kometen hielt, dessen Bahn er einige Wochen verfolgen konnte. Der Versuch, aus den Beobachtungen seine parabolische Bahn zu bestimmen, scheiterte jedoch; eine Ellipse, wie sie den Planeten zukommt, schien ihnen besser zu genügen, doch reichten die Beobachtungen vorerst nicht aus, und das Objekt ging während der bald einsetzenden schlechten Witterung verloren. Erst ein Jahr nach der Entdeckung gelang es FRANZ XAVER VON ZACH und WILHELM OLBERS, den dann ›Ceres‹ genannten Planetoiden unweit dem von CARL FRIEDRICH GAUSS nach einer von ihm entwickelten neuen Methode errechneten Ort wieder aufzufinden. Zur allgemeinen Überraschung zeigte sich, dass seine mittlere Entfernung von der Sonne fast genau der erwarteten entsprach. Schon JOHANNES KEPLER war nämlich die Lücke zwischen Mars und Jupiter aufgefallen, und der Würzburger Professor für Mathematik und Physik JOHANN DANIEL TITIUS (* 02.01.1729 Konitz [Westpreußen], † 16.12.1796 Wittenberg) hatte 1766 aus der schon von CHRISTIAN WOLFF erwähnten Progression der Planetenabstände eine Regel abgeleitet, welche der Direktor der Berliner Sternwarte JOHANN ELERT BODE (* 19.01.1747 Hamburg, † 23.11.1826 Berlin) bekanntgemacht und bestätigt hatte (daraufhin ›TITIUS-BODE-Reihe‹ oder -Gesetz genannt), und die angenähert auch für den 1781 von FRIEDRICH WILHELM HERSCHEL entdeckten transsaturnischen Planeten Uranus gegolten hatte, aber ebenfalls zwischen Mars und Jupiter eine Lücke aufwies. F. X. VON ZACH hatte dann 1800 eine Gesellschaft ins Leben gerufen mit der Aufgabe, nach diesem fehlenden Planeten zu suchen und zu dem Zwecke genaue Karten der Tierkreiszone anzufertigen. Diese Mühe erübrigte sich aber durch PIAZZIS zufällige Entdeckung, die zudem GEORG WILHELM FRIEDRICH HEGELS philosophische Spekulation widerlegte, mit der er gerade nachgewiesen zu haben meinte, dass es in unserem Sonnensystem nur sieben Planeten geben könne, die Suche der Astronomen also überflüssig sei.

PIERRE SIMON, MARQUIS DE (ab 1817) LAPLACE
(* 28.03.1749 Beaumont-en-Auge, † 05.03.1827 Paris)

JEAN-BAPTISTE D'ALEMBERT erkannte das mathematische Genie PIERRE SIMON LAPLACES, eines Sohnes armer Landleute in der Normandie, und förderte ihn. Er wurde Examinator beim königlichen Artilleriekorps, wechselte jedoch bald zur ›École normale‹ über, wo er 1794 Professor der Mathematik wurde. Bereits 1785 war er zum ordentlichen Mitglied der Pariser Akademie gewählt worden. Von Herkunft dritten Standes, musste er in seinem Leben vier politische Systeme überstehen. Unter NAPOLEON BONAPARTE war er kurzzeitig sogar Innenminister. Durch rechtzeitigen Kurswechsel war es ihm aber stets gelungen, seine in der Wissenschaft einflussreiche Stellung zu behalten. Man warf ihm deshalb politischen Opportunismus vor.

Einen wichtigen Platz in LAPLACES wissenschaftlichem Gesamtwerk nehmen gemeinsam mit ANTOINE LAURENT DE LAVOISIER durchgeführte Untersuchungen zur Wärmelehre, Arbeiten zu Kapillaritätserscheinungen, zur mathematischen Potentialtheorie und zur Wahrscheinlichkeitsrechnung ein. Als genialer Mathematiker, der virtuos die Infinitesimalrechnung und die Reihenentwicklung beherrschte, führte er im Sinne seiner Zeit, deren Mathematik noch im Anschaulichen verankert war und der auch ein J. B. D'ALEMBERT, LEONHARD EULER und JOSEPH-LOUIS DE LAGRANGE angehörten, einen wichtigen Zweig der Mathematik zur Vollendung, die Himmelsmechanik. In seinem ›Traité de mécanique céleste‹, dessen erster Band 1799 und letzter 1825 erschien, verarbeitete er alle wichtigen Beiträge und Ergebnisse, die seit ISAAC NEWTON zu dem Problem erbracht worden waren, die Position eines jeden Planeten zu einem beliebigen Zeitpunkt unter Berücksichtigung der gegenseitigen Störungen der Weltkörper anzugeben. Damals hatte man befürchtet, dass wegen der von den Astronomen festgestellten Beschleunigung der Mondbewegung eine Weltkatastrophe bevorstünde; LAPLACE konnte aber rechnerisch nachweisen, dass es sich dabei um periodische Störungen handele. Auch von den merklich sich verändernden Umlaufgeschwindigkeiten der Großplaneten Jupiter und Saturn drohe keine derartige Gefahr, weil die Bahnhalbmesser unveränderlich seien. Die Stabilität des Sonnensystems sei also gewährleistet. Vor der Veröffentlichung dieses mathematisch sehr anspruchsvollen Werkes hatte LAPLACE das astronomische Weltbild seiner Zeit für einen größeren Leserkreis in seinem Werk ›Exposition du système du monde‹ (1796) dargelegt. Als Anhang entwickelt er hier, inspiriert durch WILLIAM HERSCHELS Entdeckung zahlreicher als verschiedenen Entwicklungsstadien angehörig interpretierter Nebel, auch die berühmt gewordene Nebularhypothese über die Entstehung unseres Sonnensystems. Schon vierzig Jahre zuvor hatte IMMANUEL KANT ohne dieses Wissen ähnliche Gedanken geäußert, von denen LAPLACE aber wahrscheinlich keine Kenntnis erlangt hatte.

HEINRICH *WILHELM* MATTHIAS OLBERS
(* 11.10.1758 Arbergen, † 02.03.1840 Bremen)

WILHELM OLBERS war das achte von 16 Kindern eines Pfarrers in Arbergen, der 1760 an den Dom von Bremen versetzt wurde. Er beschäftigte sich schon während seiner Bremer Schulzeit, ab

1771 am ›Gymnasium illustre‹, als Autodidakt mit Mathematik und Astronomie, studierte von 1777 bis zur Promotion 1780 in Göttingen Medizin (und Mathematik) und ließ sich nach einem Jahr Krankenhausausbildung in Wien 1781 als vielbesuchter und hochangesehener praktischer Arzt in Bremen nieder. Neben dieser Tätigkeit beschäftigte er sich zeit seines Lebens des Nachts und, nachdem er 1820 aus gesundheitlichen Gründen die Praxis hatte aufgeben müssen, fast ausschließlich mit astronomischen Studien – zur Erholung von der anstrengenden Tagesarbeit, wie er zu sagen pflegte.

Bescheiden bezeichnete er als sein größtes Verdienst um die Astronomie, in FRIEDRICH WILHELM BESSEL ein Genie entdeckt und gefördert zu haben, doch haben und hatten ihn bereits seine eigenen Beobachtungen, Berechnungen und Entdeckungen zu dem anerkannten und häufig konsultierten Astronomen gemacht, bei dem die geistigen Fäden zumindest der deutschen Astronomie seiner Zeit zusammenliefen, wie die umfangreichen Briefwechsel bezeugen.

Schon während seiner Göttinger Studienjahre muss er, wie eine 1782 veröffentlichte Arbeit über den Kometen von 1779 zeigt, im Besitz jener einfachen Methoden gewesen sein, aus nur drei Beobachtungen die Bahn eines Kometen mit ausreichender Sicherheit berechnen zu können, die er dann später ausarbeitete und FRANZ XAVER VON ZACH zur Begutachtung überreichte, der sie 1797, durch Kometentafeln ergänzt, ohne sein Wissen drucken ließ. Diese ›Abhandlung über die leichteste und bequemste Methode, die Bahn eines Kometen zu berechnen‹, die 1820 ins Englische übersetzt und 1847 (1864) von FRANZ ENCKE neu herausgegeben wurde (Nachdruck Saarbrücken 2006), begründete OLBERS' internationalen Ruf als Astronom. Die Methode wurde noch das gesamte 19. Jahrhundert über mit Erfolg praktiziert. Obwohl OLBERS alle Gebiete der Astronomie seiner Zeit beherrschte, widmete er fortan sein Hauptinteresse der Kometenkunde. Am 1. Januar 1802 fand er als erster den genau ein Jahr zuvor von GIUSEPPE PIAZZI entdeckten, jedoch noch nicht sicher als solchen erkannten Planetoiden Ceres im Vertrauen auf die Methode von CARL FRIEDRICH GAUSS an dem von ihm vorherberechneten Ort wieder und entdeckte selbst am 28.03.1802 einen zweiten kleinen Planeten, die Pallas. Nachdem KARL LUDWIG HARDING (* 29.09.1765 Lauenburg, † 31.08.1834 Göttingen), der seit 1800 als

Vorgänger BESSELS Inspekteur an JOHANN HIERONYMUS SCHRÖ-
TERS Privatsternwarte in dem benachbarten Lilienthal war, bevor
er 1805 als Professor der Astronomie nach Göttingen berufen
wurde, beim Zusammentragen von Sternörtern 1804 mehr zufällig mit der Juno den dritten Planetoiden entdeckt hatte, erkannte
OLBERS, dass alle drei in einer bestimmten Himmelsgegend einander sehr nahe kommen, so dass in dieser Gegend am ehesten
die Hoffnung bestünde, weitere kleine Planeten zu finden, da sie
vermutlich alle den gleichen Ursprung, einen zerplatzten größeren Planeten, hätten. Am 29.03.1807 entdeckte er dann dort auch
die Vesta, die allerdings trotz eifrigen Suchens für fast 40 Jahre
der letzte neue Planetoid sein sollte. – 1820 warf OLBERS die als
›OLBERSches Paradoxon‹ berühmt gewordene Frage auf, warum
bei der unermesslichen Anzahl von homogen über den Himmel
verteilten Sternen der Nachthimmel dunkel ist.

CARL FRIEDRICH GAUSS

(* 30.04.1777 Braunschweig, † 23.02.1855 Göttingen)

Geboren als Sohn einfacher Leute, studierte CARL FRIEDRICH
GAUSS mit einem Stipendium des Herzogs CARL WILHELM VON
BRAUNSCHWEIG in Göttingen Mathematik und erwarb nach drei
Jahren an der damaligen Braunschweiger Landesuniversität
Helmstedt, wo er einen Beweis für den Fundamentalsatz der Al-
gebra als Dissertation eingereicht hatte, den Doktorgrad der Phi-
losophie – auf eine mündliche Prüfung und die übliche Dispu-
tation verzichtete die Fakultät. Nach dem Tod seines fürstlichen
Gönners folgte GAUSS im Jahre 1807 einem Ruf als Professor der
Astronomie und Direktor der Sternwarte nach Göttingen. Hier
wirkte er bis an sein Lebensende, wobei er die Vorlesungsver-
pflichtungen zunehmend als lästig empfand.
    Ebenso wie frühe Ergebnisse zur Algebra, zu elliptischen
Funktionen und zur Zahlentheorie veröffentlichte GAUSS auch
seine Methode der kleinsten Quadrate zum Ausgleich von Mess-
ungenauigkeiten zunächst nicht. Sein erstes bedeutendes Werk,
das grundlegend für die weitere Entwicklung der Zahlentheorie werden sollte, die auf Wunsch des Verlegers in lateinischer
Sprache publizierten ›Arithmetischen Untersuchungen‹, erschien

1801. Allgemein bekannt wurde der junge Mathematiker aber durch eine mathematische Arbeit zur Lösung eines astronomischen Problems, die äußerst schwierigen, nur mit ganz neuartigen Methoden zu bewältigenden Bahnberechnungen für den Planetoiden Ceres, der Anfang 1801 von Giuseppe Piazzi entdeckt worden, bald aber wieder verlorengegangen war. Das Wiederauffinden, das ein Jahr später Wilhelm Olbers im Vertrauen auf die mathematischen Fähigkeiten von Gauss an dem vorherberechneten Ort gelang, brachte ihm einen triumphalen Erfolg. In dem für lange Zeit maßgeblichen Lehrbuch über die ›Theorie der Bewegungen der Himmelskörper‹ stellte Gauss seine Verfahren 1809 dann ausführlich dar.

Ab 1816 nahm die ihm übertragene Vermessung des Königreiches Hannover viele Jahre seiner Schaffenszeit in Anspruch. Sie führte aber immerhin zur Erfindung des Heliotrops, eines mit Sonnenspiegeln ausgestatteten Messinstruments, und gab auch Anregungen zu theoretischen Arbeiten über Abbildungs- und allgemeine Flächentheorie. Auch die nicht-euklidische Geometrie, die Gauss schon früher – noch vor Johann Bolyai (* 15.12.1802 Klausenburg, † 17.01.1860 Vásárhely) und Nikolai Iwanowitsch Lobatschewski (* 20.11.1792 [a.St.] Nischnij-Nowgorod, † 12.02.1856 [a.St.] Kasan) – zu entwickeln begonnen hatte, beschäftigte ihn in dieser Zeit; allerdings ist er damit nie an die Öffentlichkeit getreten, wohl aus Furcht, bei den Zeitgenossen auf Unverständnis zu stoßen.

Mit der Berufung Wilhelm Eduard Webers (* 24.10.1804 Wittenberg, † 23.06.1891 Göttingen) nach Göttingen im Jahr 1831 setzte dann ein intensives gemeinsames Studium der magnetischen Erscheinungen ein, in dessen Verlauf sie das absolute physikalische Maßsystem erarbeiteten, das alle Maßeinheiten auf die Grundgrößen Länge, Zeit und Masse zurückführt, aber auch den ersten elektromagnetischen Telegraphen zwischen der Göttinger Sternwarte (Gauss) und dem Physikalischen Kabinett (Weber) zur schnelleren Übermittlung von Nachrichten einrichteten.

FRIEDRICH WILHELM BESSEL

(* 21.06.1784 [laut Kirchenbuch] Minden,
† 17.03.1846 Königsberg)

Vorzeitig hatte FRIEDRICH WILHELM BESSEL das Gymnasium seiner Heimatstadt verlassen und war zum Jahresbeginn 1799 als Lehrling in ein großes Bremer Übersee-Handelshaus eingetreten – Abneigung gegen den elementaren Lateinunterricht und mangelnde Förderung seiner rechnerischen Begabung hatten den Ausschlag für diesen Wechsel gegeben. Um später auch einmal als Kargadeur Frachtreisen begleiten zu können, begann er sich in nächtlichem Selbststudium Kenntnisse in Fremdsprachen, Waren- und Länderkunde und schließlich in Navigationskunde anzueignen und wurde so unbeabsichtigt zur Astronomie geführt, die ihn fortan in ihren Bann zog. Er bemühte sich mit selbstgebauten Instrumenten um exakte Zeit- und Ortsbestimmungen und versuchte Planeten- und Kometenbahnen zu berechnen. Schließlich machte er sich 1804 an die Neuberechnung der Bahn des HALLEYschen Kometen und wagte, die Resultate seinem großen Vorbild, dem weltweit anerkannten Bremer Amateurastronomen WILHELM OLBERS zu unterbreiten. Dieser erkannte sofort das rechnerische Genie des »jungen Astronomen von ganz ausgezeichneten Anlagen«, wie er in einem Empfehlungsschreiben an den Direktor der Sternwarte auf dem Seeberg bei Gotha FRANZ XAVER FREIHERR VON ZACH (* 04.06.1754 Pressburg, † 02.09.1832 Paris) schrieb, der 1810–1813 die Zeitschrift ›Monatliche Correspondenz zur Beförderung der Erd- und Himmelskunde‹ herausgab und hier die ihm angebotene Arbeit noch im selben Jahr erscheinen ließ. Aus der anfänglichen gegenseitigen Hochschätzung des ungleichaltrigen Paares wurde bald eine enge, lebenslange Freundschaft. OLBERS regte BESSEL zu Berechnungen weiterer Kometenbahnen an und verschaffte ihm im Frühjahr 1806 die Stelle des ›Inspekteurs‹ (Observators) am damals bestausgestatteten Observatorium, der Privatsternwarte des Braunschweig-Lüneburgschen Oberamtmannes JOHANN HIERONYMUS SCHRÖTER (* 30.08.1745 Erfurt, † 29.08.1816 Erfurt) in Lilienthal bei Bremen. BESSEL, der jetzt seine ganze Arbeitskraft der Astronomie widmen konnte, wurde dann bereits 1810 als Direktor der neugegründeten Sternwarte und Professor der Astronomie nach Königsberg berufen.

Hier entfaltete er eine reichhaltige astronomische und geodätische Tätigkeit, die vor allem der exakten Bestimmung von Gestirnsörtern diente, wozu er die von ihm selbst neu bestimmten konstanten Einflüsse von Präzession, Nutation, Aberration und atmosphärischer Refraktion sowie instrumentelle Fehlerquellen berücksichtigte: Seine ›Fundamenta astronomiae‹ (1818) bildeten die Grundlage für alle zukünftigen Fundamentalkataloge. Aus einem Vergleich mit den älteren Beobachtungsdaten von JAMES BRADLEY erhielt er daraufhin die ersten wirklich zuverlässigen Kenntnisse von Eigenbewegungen einzelner Fixsterne. 1844 schloss er aus periodischen Störungen solcher Eigenbewegungen beim Sirius erstmals auf ein Doppelsternsystem mit unsichtbarer Komponente, dessen Umlaufperiode aus den Störungen abzulesen war – 1862 konnte der amerikanische Instrumentenbauer und Astronom ALVAN CLARK (* 08.03.1804 Ashfield, Mass., † 19.08.1887 Cambridgeport, Vt., USA) den um mehr als 14 Größenklassen schwächeren ›Sirius B‹ identifizieren.

BESSELS bekannteste Leistung auf dem Gebiet der Positionsastronomie ist allerdings der erste veröffentlichte tatsächliche Nachweis der jährlichen Parallaxe eines Fixsterns mit Hilfe eines neuartigen Heliometers, einer Art Doppelmikrometer mit durchschnittenem Objektiv, dessen Hälften mittels Mikrometerschrauben gegeneinander verschoben werden können, aus der Werkstatt des genialen JOSEPH VON FRAUNHOFER (* 06.03.1787 Straubing [Bayern], † 07.06.1826 München; 1824 vom König von Bayern geadelt). Die 1837 mit diesem Hochleistungsgerät aufgenommenen, häufig wiederholten Beobachtungen und umfangreichen Berechnungen führten 1838 zu einem ersten Wert von gut 0"31 für den Stern 61 Cygni, der nach neuerlichen Beobachtungen von ihm noch verbessert werden konnte (das ergab eine Entfernung von etwa zehn Lichtjahren oder 9,5 x 1013 km; heutiger Parallaxenwert 0,294" / 11,2 Lichtjahre). Damit war nicht nur endlich die Richtigkeit des heliozentrischen Planetensystems des NICOLAUS COPERNICUS empirisch bestätigt, sondern auch dem linsenförmigen Universum WILLIAM HERSCHELS eine für damalige Zeiten unvorstellbar große Ausdehnung beschert worden (für den Sirius als einen der nächsten Fixsterne hatte sich eine Entfernung von etwa 8,5 Lichtjahren ergeben). Die Zeit war für die seit langem vergebens gesuchte trigonometrische Fixsternparallaxe offenbar aufgrund der instrumentellen Verbesserungen und exakten Bestimmung der die Beobachtungsergebnisse beeinflussenden astronomisch-geodätischen Konstanten gekommen. Schon 1832 hatte jedenfalls auch der schottische Astronom Thomas Henderson (* 28.12.1798 Dundee, † 23.11.1844 Edinburgh), damals zweiter Direktor der Sternwarte am Kap der Guten Hoffnung (1831–1833), danach der erste königliche Astronom für Schottland sowie Professor der Astronomie und Direktor der Sternwarte in Edinburgh, für den Stern α Centauri eine Parallaxe nachgewiesen, seine sehr genauen Messungen allerdings erst 1839 publiziert.

Aus Störungen in der Bahn des Uranus schloss Bessel weiterhin auf die Existenz eines noch unbekannten Planeten – des später entdeckten Neptun. Die exakten Gradmessungen, die er 1831 bis 1838 zusammen mit dem Geodäten Johann Jacob Baeyer (* 05.11.1794 Müggelsheim, † 11.09.1885 Berlin) in Ostpreußen durchführte, erlaubten ihm schließlich die auf lange Zeit genauesten Bestimmungen von Größe und Figur der Erde, ihrer Schwerkraft, sowie der Länge des Sekundenpendels. Daneben stellte er eine erste Theorie der Lotabweichungen auf. Bei Untersuchungen zur astronomischen Störungstheorie führte er die nach ihm benannten Bessel-Funktionen ein. Alle diese Bemühungen dienten dem Ideal astronomischer Genauigkeit, für das Bessel die Wege wies und die Grundlagen legte. Als Astronom war er Purist. Die Aufgabe der Astronomie bestünde allein in der exakten Berechnung von Gestirnsbewegungen mittels der auf den Gesetzen von Johannes Kepler und Isaac Newton basierenden Himmelsmechanik, die er erstmals auf stellare Objekte (Doppelsterne) ausdehnen konnte; exakte Positionsbestimmungen der Fixsterne dienten lediglich als empirische Grundlage. Als eine Art ›Papst der Astronomie‹ wachte er über die Einhaltung dieser strengen Methodik und Inhaltsbestimmung, so dass sich stellarstatistische, astrophysikalische und kosmogonische Methoden und Vorstellungen in Europa erst nach seinem Tod allmählich durchzusetzen vermochten. Dem Nachweis einer Bewegung der Sonne, den William Herschel ja nicht mit himmelsmechanischen Methoden erbracht oder daraus abgeleitet hatte, vermochte Bessel denn auch erst zuzustimmen, nachdem sein Schüler Friedrich Argelander ihn mit einer sehr großen Anzahl von entsprechen den, aus der Sonnenbewegung folgenden scheinbaren ›Eigenbewegungen‹ naher Fixsterne (sogenannte säkulare Parallaxe) 1837 hatte bestätigen können.

Johann *Franz* Encke

(* 23.09.1791 Hamburg, † 26.08.1865 Spandau)

Franz Encke studierte nach dem Besuch des Akademischen Gymnasiums Johanneum in seiner Geburtsstadt Hamburg ab 1811 bei Carl Friedrich Gauss in Göttingen Mathematik und Astronomie, unterbrochen 1812 durch die Ausübung eines Lehramtes in Kassel und 1813 durch die Teilnahme an dem Befreiungskrieg (1815 beendete er seine Militärzeit mit dem Offiziersexamen). Er trug schon früh Berechnungen zu Gauss' Veröffentlichungen bei und übernahm 1816 die ihm zwei Jahre zuvor angebotene Stelle als Observator (›Adjunkt‹) an der von Franz Xaver von Zach gegründeten Sternwarte auf dem Seeberg bei Gotha, deren Direktor er 1822 wurde (unter seinem Nachfolger wurde die einsam gelegene Sternwarte 1858 in die Stadt Gotha verlegt). Bereits 1818 wurde Encke, nachdem er einen Ruf nach Greifswald ausgeschlagen hatte, mit dem Professorentitel ausgezeichnet. 1825 folgte er einem Ruf als Astronom der Preußischen Akademie der Wissenschaften und Direktor der Sternwarte nach Berlin, wo 1832 bis 1835 unter seiner Leitung nach Plänen von Karl Friedrich Schinkel die neue Sternwarte errichtet wurde. 1844 wurde er auch Professor der Astronomie an der Universität Berlin, 1863 entpflichtet.

Encke widmete sich vor allem der Bahnberechnung von Planetoiden und Kometen unter Berücksichtigung der Störungen durch die großen Planeten. Aus den Venusdurchgängen von 1761 und 1769 berechnete er die Sonnenparallaxe neu (1822/1824). Weltweit bekannt war er geworden, als ihm im Januar 1819 die Berechnung der Bahn des am 26.11.1818 von Jean-Louis Pons (* 24.12.1761 Peyre, † 14.10.1831 Florenz) in Marseille entdeckten, später nach Encke benannten Kometen gelang. Sie hatte anfangs eine elliptische Umlaufbahn von nur etwa 3,5 Jahren ergeben, womit damals niemand gerechnet hatte. Seit Edmond Halley war zwar die geschlossene Ellipsenform einiger Bahnen von Kometen erkannt worden, doch hatten alle eine Umlaufzeit von 70 und mehr Jahren aufgewiesen. GAUSS hatte die kurze Notiz, mit der ENCKE ihm, WILHELM OLBERS und FRIEDRICH WILHELM BESSEL seine Vermutung über die Identität mehrerer Kometen mitgeteilt hatte, sofort drucken lassen. OLBERS und andere machten ihn auf weitere Kometen mit ähnlicher Bahn aufmerksam. Weitere Beobachtungen und Berechnungen führten ihn bald auf eine Umlaufzeit seines Kometen von 3,3 Jahren mit jeweiliger Verzögerung um 3 Stunden, die er anfangs auf ein widerstehendes Medium im Weltraum, den Äther, zurückführen wollte, dann aber durch Einflüsse der größeren Planeten verursacht ansah. Plötzlich eröffneten sich ihm so auch Erklärungsmöglichkeiten für die Störungen in den Bahnen von Planeten, denen dieser von GAUSS sogenannte Planet-Komet sich auf seiner Bahn jeweils stark genähert hatte. Die Kometenkunde war damit auf eine ganz neue Basis gestellt, und es ist verständlich, dass der Entdecker ihrer kurzperiodischen Bahnen sich fortan besonders mit ihnen und den Bahnen der – nach 1845 in unverhoffter Vielzahl entdeckten – Planetoiden beschäftigte. In Berlin gab er die unter seiner Leitung erstellten Sternkarten der Akademie heraus, die 1846 seinem damaligen Gehilfen JOHANN GOTTFRIED GALLE die Entdeckung des Neptun ermöglichten.

JOHN FREDERICK WILLIAM HERSCHEL

(* 07.03.1792 Slough, † 11.05.1871 Collingwood [Kent];
seit 1838 Baronet)

Dass WILLIAM HERSCHEL mit seinen Ideen der Zeit weit voraus war, zeigt besonders deutlich das Beispiel seines Sohnes JOHN HERSCHEL, eines zwar zu seiner Zeit hochangesehenen bedeutenden Astronomen, der aber auch gleichsam auf halbem Wege stehenblieb, beim bloßen Registrieren himmlischer Objekte, und damit genau die Aufgaben erfüllte, welche die Astronomie sich damals selbst stellte. JOHN HERSCHEL, der ursprünglich Geistlicher werden sollte, dann aber in Cambridge das Jurastudium aufnahm und sich bald der Mathematik und den Naturwissenschaften, besonders der Chemie, zuwandte, hatte schon als Student eine Reihe von akademischen Auszeichnungen erringen können, absolvierte 1813 das St. John's College als ›Senior Wrangler‹, errang den Smith-Preis und wurde als 21-jähriger Mitglied der Royal Society, erhielt 1816 den Magistergrad, trieb danach aber meist private Studien in Slough, wo er sich unter Anleitung seines alternden Vaters in der väterlichen Sternwarte immer mehr der Astronomie zuwandte.

HERSCHELS Hauptinteresse galt zunächst den Doppelsternen, von denen er eine große Anzahl neuer entdeckte. Zur Berechnung ihrer Bahnen erdachte er eine einfache Methode und berechnete selbst mehrere. Ab 1823 unterwarf er als Mitarbeiter seines Vaters die von diesem entdeckten Nebelflecken und Sternhaufen einer neuen Beobachtung. 1834 fuhr er eigens nach dem Kap der Guten Hoffnung, um bis 1838 mit einem nach dem Vorbild des Vaters selbst gebauten zwanzigfüßigen Reflektor erstmals auch den Südhimmel genau zu durchmustern und seines Vaters Kataloge der Nebel und der Doppelsterne entsprechend zu ergänzen. Er erschloss damit den Südhimmel der astronomischen Forschung und konnte vor allem die von seinem Vater festgestellte wachsende Häufigkeit der Nebel zum galaktischen Nordpol hin auch für den Südhimmel bestätigen. Damit schien entgegen den Annahmen von IMMANUEL KANT und PIERRE SIMON DE LAPLACE, für die die Milchstraße nur eine von unendlich vielen ›Welteninseln‹ (diesen Begriff prägte 1845 ALEXANDER VON HUMBOLDT) im unendlichen Ätherozean war, immer mehr zur Gewissheit geworden zu sein, dass alle sichtbaren Nebel zusammen mit der linsen- oder scheibenförmigen Milchstraße ein einziges zusammenhängendes sphärisches System bilden, das ›one-island-universe‹, das von der Scheibe der Milchstraße als Großkreis in zwei Hälften geteilt wird, zumal dann 1864 WILLIAM HUGGINS erstmals spektroskopisch einen Nebel als Gaswolke erweisen konnte. Nach der Rückkehr von der Kap-Expedition wurde JOHN HERSCHEL geadelt.

Über die Auswertung der Ergebnisse der Kap-Expedition berichtete er später in einer Zusammenfassung (›Results of Astronomical Observations Made ... at the Cape of Good Hope‹, London 1847); zuvor war er 1842 zum Lord-Rektor des Mareshal College gewählt worden, sodann 1848 zum Präsidenten der Royal Astronomical Society; von 1850 bis 1855 bekleidete er das Amt des Direktors der königlichen Münze. 1864 veröffentlichte er seinen großen, alle bis dahin (teils selbst) entdeckten Objekte umfassenden ›General Catalogue of Nebulae and Clusters of Stars‹, der die Grundlage des noch lange verwendeten ›New General Catalogue‹ (NGC) von John Louis Emile Dreyer (* 13.02.1852 Kopenhagen, † 14.09.1926 Oxford) aus dem Jahre 1890 bilden sollte. Weiterhin klassifizierte er das Saturnsystem und benannte dessen Monde, entdeckte, dass die Magellanschen Wolken aus einzelnen Sternen bestehen, und führte das Julianische Jahr für die astronomischen Rechnungen (wieder) ein. Für die Helligkeitsklassifizierung der Fixsterne schlug er eine fotometrische Reihung vor, wozu ihm als ›Einheit der Lichtmenge‹ die Helligkeit von α Centauri diente. – John Herschel gehörte auch zu den Pionieren der Stellarfotografie, worin seine frühen Interessen an der Chemie wieder durchbrachen. Er verwendete die Lichtempfindlichkeit bestimmter Eisensalze zu damals neuen fotografischen Verfahren, entwickelte auf der Basis kolloidalen Goldes ein Verfahren zum Belichten von Papierbildern und führte die Begriffe ›Negativ‹ und ›Positiv‹ in die Fotografie ein.

Friedrich Georg *Wilhelm* von (ab 1862) Struve

(* 15.04.1793 Altona [Holstein, Dänemark; heute zu Hamburg gehörig], † 23.11.1864 [n.St.] / 11.11.1864 [nach dem in Russland noch gültigen Julianischen Kalender a.St.] Sankt Petersburg)

Wilhelm Struve studierte von 1808 bis 1811 im damals zaristischen Dorpat (heute Tartu, Estland), wo sein ältester Bruder Gymnasiallehrer war, Philologie und später Astronomie. Nach seiner Promotion 1813 in Dorpat war er 1814–1821 hier als Mathematiklehrer tätig, ab 1813 auch als außerordentlicher Professor der Astronomie und Observator an der neuerrichteten Sternwarte in Dorpat. 1818 wurde er ordentlicher Professor an der dortigen Universität, und 1820 wurde ihm die Direktion der Sternwarte übertragen. Als Zar Nikolaus 1830 den Plan der Akademie in Sankt Petersburg aufgriff, eine eigene Sternwarte zu errichten, wurde Struve in die Gründungskommission berufen und 1834, nachdem er 1832 Mitglied der Akademie geworden war, zum Direktor der neuen Sternwarte ernannt. Im April 1839 konnte er das für damalige Verhältnisse riesige und im europäischen Vergleich bestausgerüstete russische Zentralinstitut in Pulkowo bei Sankt Petersburg beziehen, das gleichzeitig der Koordinierung der russischen Astronomie und Geodäsie dienen sollte. Die damit verbundenen Aufgaben, die Verwaltung des großen Instituts und die Ausbildung des Offiziersnachwuchses ließen ihm allerdings jetzt nur noch wenig Zeit für eigene Beobachtungen, die er meist von ihm geschulten tüchtigen Gehilfen überlassen musste. 1862 ließ er sich aus gesundheitlichen Gründen in den Ruhestand versetzen und wurde aus diesem Anlass zum wirklichen Staatsrat ernannt und geadelt. Die Leitung der Sternwarte übernahm bis 1869 sein Sohn OTTO WILHELM STRUVE. Auch in den folgenden Generationen findet sich unter den Nachkommen WILHELM STRUVES neben anderen Gelehrten und Naturforschern stets mindestens auch *ein* ausgezeichneter Astronom.

STRUVES Haupttätigkeit lag im Bereich der neuen Stellarastronomie, und hier widmete er sich neben der Verbesserung der Fundamentalkataloge und der von FRIEDRICH WILHELM BESSEL erstmals genauer bestimmten Konstanten von Präzession, Nutation und Aberration besonders der Beobachtung und Erfassung von Doppel- und Mehrfachsternen, wie sie erstmals von WILLIAM HERSCHEL entdeckt und in Katalogen erfasst worden waren. Seit 1824 mit einem neuen Hochleistungs-Refraktor mit 24,4 cm Öffnung von JOSEPH VON FRAUNHOFER ausgeführte systematische Durchmusterungen ließen ihn eine sehr große Zahl bis dahin unbekannter solcher Sterne entdecken (›Catalogus novus stellarum duplicium‹, 1827). Ihre 1824–1837 jeweils nach mehrmaliger Beobachtung exakt mikrometrisch bestimmten und später von ihm auf die Epoche 1830 reduzierten Örter von insgesamt 2714 Mehrfachsternen bildeten fortan die Grundlage für alle Doppelsternuntersuchungen (›Stellarum duplicium et multiplicium mensurae micrometricae‹, 1837). Seine Bemühungen um die Bestimmung von Fixsternparallaxen hatten dagegen vor BESSELS Nachweis nur einen Scheinerfolg; 1843 gelang ihm dann der Nachweis für den hellen Stern Wega.

Große Verdienste erwarb STRUVE sich durch die mit äußerster Sorgfalt nach eingehender Planung und Vorbereitung von ihm selbst oder unter seiner und seines Sohnes Leitung durchgeführten großen Gradmessungen: 1816–1819 jene von Livland, 1822–1852 mit Unterbrechungen die große russisch-skandinavische, die einen Meridianbogen von 25°20' umfasste (›Beschreibung der Breitengradmessung in den Ostsee-Provinzen Russlands‹, 1831). 1836/37 wurde unter seiner Leitung im Hinblick auf die Möglichkeit einer Kanal-Verbindung der Höhenunterschied zwischen Kaspischem und Schwarzem Meer bestimmt, 1843/44 der Längenunterschied zwischen den Sternwarten von Pulkowo und Altona sowie von Altona und Greenwich. STRUVE suchte mit diesen Triangulationen möglichst Anschluss an bereits ausgeführte Gradmessungen zu finden, die er alle schließlich durch Vermessung eines Parallelkreises über ganz Europa verbinden wollte. Doch auf der Rückfahrt von der ausgedehnten Reise, die der diplomatischen Vorbereitung dieses Unternehmens diente, befiel ihn 1858 eine Krankheit, von der er sich nie wieder ganz erholen konnte. Zur Ausführung gelangte die Messung erst nach seinem Tode unter der Leitung von JOHANN JACOB BAEYER, der schon 1831–1838 zusammen mit dem Astronomen FRIEDRICH WILHELM BESSEL in Ostpreußen Gradmessungen durchgeführt hatte, und seinem Sohn OTTO VON STRUVE.

FRIEDRICH WILHELM AUGUST ARGELANDER
(* 22.03.1799 Memel, † 17.02.1875 Bonn)

FRIEDRICH ARGELANDER begann 1817 in Königsberg mit einem Studium der Kameralwissenschaften, wurde jedoch schon bald durch die Vorlesungen FRIEDRICH WILHELM BESSELS für die Astronomie begeistert und 1820 von ihm als Gehilfe in der Sternwarte aufgenommen, um an der Aufstellung neuer Sternkataloge mitzuwirken. 1822 promovierte er mit einer kritischen Bearbeitung der Greenwicher Beobachtungen JOHN FLAMSTEEDS und habilitierte sich noch im selben Jahr mit einer Berechnung der Bahn des Kometen von 1811. 1823 vermittelte BESSEL ihm die frei gewordene Stelle eines Observators an der finnischen Universitätssternwarte Åbo (Turku), deren Leitung er übernahm. 1828 zum Professor für Astronomie ernannt, siedelte er 1832 nach Helsingfors (Helsinki) über, wohin nach dem Brand von 1826, der viele Universitätsgebäude mit Ausnahme der Sternwarte zerstört hatte, die gesamte Universität verlegt worden war. Der Bau der neuen Sternwarte, der sich bis 1832 hinzog, stand unter ARGELANDERS Leitung. 1837 wurde ihm noch einmal die Planung und

Einrichtung einer Sternwarte übertragen: Er hatte einen Ruf nach Bonn angenommen, wo ihm ein größeres Institut zugesichert wurde. Der Baubeginn verzögerte sich allerdings bis 1839, und erst Mitte 1844 konnte Argelander die ersten instrumentellen Beobachtungen an der neuen Sternwarte anstellen.

Er nutzte jedoch die instrumentenlose Zeit und erstellte in der Zwischenzeit ohne jedes optische Hilfsmittel den noch für lange Zeit maßgeblichen Atlas »der mit bloßem Auge sichtbaren Sterne nach ihren wahren, unmittelbar vom Himmel entnommenen Größen«, die ›Neue Uranometrie‹ (1843). Damit erfüllte er mit einer genial erdachten und gehandhabten Vergleichsmethode die an sich lange fällige Aufgabe, die Helligkeitsverhältnisse der Fixsterne für einen bestimmten Zeitraum nach möglichst einheitlichem Maßstab exakt zu bestimmen, und legte so die Grundlage für die Untersuchungen des Lichtwechsels der veränderlichen Sterne. Erst in der Folgezeit wurden dann dazu brauchbare fotometrische Instrumente, unter anderem von Karl Friedrich Zöllner, entwickelt. Argelander hatte bei diesen Untersuchungen 1842 festgestellt, dass die allgemein gebräuchliche Bezeichnung mit griechischen und lateinischen Buchstaben innerhalb eines Sternbildes, die Johann Bayer 1603 in seiner ›Uranometria‹ eingeführt hatte, keine alphabetische Reihung nach relativen Stern-Größen darstellt, vielmehr ohne Zwischenklassen nur innerhalb ganzer Helligkeitsklassen von Norden nach Süden willkürlich ordnet. Die Hoffnung, das seit William Herschel neu erschlossene Gebiet der veränderlichen Sterne durch 200 Jahre zurückliegende, abweichende Beobachtungen ergänzen zu können, erfüllte sich also nicht.

Schon in Åbo hatte Argelander sich neben dem Studium der veränderlichen auch dem der mit starker Eigenbewegung versehenen Sterne gewidmet, woraus bereits auf von Bessel geschaffenen Grundlagen eine seiner schönsten Arbeiten, ›Über die eigene Bewegung des Sonnensystems‹ (1837), entstand, die eine scharfsinnige Analyse der beobachteten Sternbewegungen darstellt und mit der Anwendung äußerst kritischer Auswertungsmethoden im Anschluss an eine ähnliche Arbeit von William Herschel, deren Ergebnisse Bessel bis dahin angezweifelt hatte, das Tor in eine neue Welt aufstieß. Argelander suchte zwar nach einem Zentralkörper des gesamten Sternsystems, ohne jedoch wie andere auch zu meinen, ihn bereits gefunden zu haben, und konnte nicht ahnen, dass die in der Richtung schon recht genau getroffene Sonnenbewegung nur eine lokale Strömung im Zuge der Bewegung der Sterne innerhalb des Milchstraßensystems ist; doch war der richtige Weg gewiesen. Er erkannte wie kein zweiter, dass für genauere Untersuchungen über eine Dynamik des Sternsystems noch die zugrundezulegenden Fakten fehlten; und diese für die folgenden Generationen zu erarbeiten, hat er in bewusster Bescheidung seine ganze Schaffenskraft gewidmet. Sein größtes und bedeutendstes Unternehmen hierzu war das als ›Bonner Durchmusterung‹ (1857–1863) bekannte und noch heute unentbehrliche Verzeichnis und Kartenwerk aller Sterne bis zur 9. Größe und vieler schwächerer, insgesamt 324 198, zwischen dem nördlichen Himmelspol und 2° südlicher Deklination. Deren Örter und Helligkeiten hatte er zusammen mit seinen beiden Schülern EDUARD SCHÖNFELD und ADALBERT KRÜGER von 1852 bis 1859 nach jeweils mindestens zweimaliger Beobachtung bestimmt.

SIR (seit 1872) *GEORGE* BIDDELL AIRY
(* 27.07.1801 Alnwick [Northumberland],
† 02.01.1892 Greenwich)

GEORGE AIRY, der von seinem begüterten Onkel gefördert und für die Physik interessiert wurde, begann nach dem Schulbesuch in Colchester 1819 in Cambridge Mathematik und Physik zu studieren, absolvierte 1823 das Trinity College, wie zehn Jahre zuvor JOHN HERSCHEL als ›Senior Wrangler‹, errang ebenfalls den Smith-Preis und wurde im folgenden Jahr Fellow an seinem College und Mathematikdozent. Ende 1826 erhielt er die Lucasian-Professur für Mathematik, Anfang 1828, nachdem seine Bewerbung um die vakante Stelle des königlichen Astronomen in Dublin abschlägig beschieden worden war, die Plumian-Professur für Astronomie und wurde Direktor des neuen Observatoriums in Cambridge. Die Beobachtungsmöglichkeiten waren hier jedoch recht beschränkt; die Errichtung eines großen ortsfesten Meridiankreises zog sich lange Zeit hin, regelmäßige Beobachtungen damit waren erst ab 1833 möglich. Im selben Jahr gewährte dann zwar der Graf von Northumberland die Mittel zur Anschaffung eines zwölfzölligen Linsenfernrohres, dessen Montierung nach AIRYS Plänen vorgenommen wurde, aber sie war noch nicht fertiggestellt, als er Mitte 1835 als königlicher Astronom nach Greenwich berufen wurde. Airy war langjähriger Präsident der Royal Astronomical Society, ab 1836 Mitglied der Royal Society und im Jahre 1872/73 deren Präsident.

Airy hatte in Cambridge eine bis dahin übersehene Störung in der Bewegung von Venus und Erde entdeckt und mit großem Arbeitsaufwand ihre Periode berechnet. Das dabei gezeigte Geschick und seine Beobachtungsgabe schienen ihn geeignet für die Aufgaben des königlichen Observatoriums von Greenwich zu machen; und unter seiner langjährigen Leitung (bis 1881) errang die Sternwarte auch ihre Weltgeltung – durch Airys exakte Beobachtungen und Berechnungen, nicht zuletzt aber aufgrund seiner Reorganisation des wissenschaftlichen Betriebes und der laufenden zweckmäßigen Modernisierung und Anpassung des Instrumentariums. Er sorgte für die Anschaffung und Aufstellung der besten Geräte herkömmlicher Art – hierzu befand er sich häufig auf Informationsreisen durch den Kontinent –, gründete 1838 in Greenwich ein magnetisches und ein meteorologisches Observatorium und führte 1848 die fotografische Registrierung ein, ließ seit 1854 die Zeit für die Meridiandurchgänge elektrisch bestimmen und seit 1874 nach der Methode von Norman Lockyer die Sonnenprotuberanzen aufzeichnen, während er die tägliche Aufnahme der Sonnenflecken bereits ein Jahr zuvor eingeführt hatte. Airy selbst widmete sich allerdings vorwiegend der damals so genannten physikalischen Astronomie, der Himmelsmechanik des Planetensystems. Bahnstörungen, ihre Ursachen und deren Bestimmung blieben weiterhin seine Arbeitsgebiete. In erster Linie sind zu nennen: genaue Planetenbeobachtungen, wichtige Beiträge zu den Mondtafeln und der Mondtheorie – wegen ihrer Bedeutung für die geographische Längenbestimmung, für die geeignete Chronometer noch fehlten, und die Gezeitentheorie Hauptaufgaben des königlichen Astronomen der Seemacht England –, Bestimmung der mittleren Dichte der Erde mit Hilfe von Pendelversuchen, die er von 1826 bis 1828 und 1854 in tiefen Bergwerksschächten durchführte, welche aber einen etwas zu großen Wert ergaben. Zu nennen sind weiterhin seine Gradmessung Valencia-Greenwich, die er unter sorgfältiger Berücksichtigung der Lotabweichungen vornahm (1862), ferner die Vorbereitungen und Auswertungen der englischen Expeditionen zur Beobachtung der totalen Sonnenfinsternisse der Jahre 1842 (Italien), 1851 (Schweden) und 1860 (Spanien) sowie jener zur Beobachtung der Venusdurchgänge von 1874 und 1882, welche zwar Grundlagen für bessere physikalische Konstanten des Sonnensystems erbrachten, aber wegen der Atmosphäre der Venus nicht zur dem Aufwand angemessenen Genauigkeit in der Bestimmung der Sonnenparallaxe führten. JOHANN GOTTFRIED GALLE hatte deshalb 1872 vorgeschlagen, Planetoiden für Parallaxenmessungen zu benutzen, was aber erst ein halbes Jahrhundert später möglich wurde. – AIRY entdeckte den Astigmatismus des menschlichen Auges – unter dem er selber litt – und entwickelte Linsen zu seiner Korrektur.

ANDREAS CHRISTIAN DOPPLER

(* 29.11.1803 Salzburg, † 17.03.1853 Venedig)

CHRISTIAN DOPPLER, der als Sohn eines Steinmetzmeisters in Salzburg eigentlich denselben Beruf erlernen sollte, wegen seiner schwächlichen Gesundheit aber von seinem Mathematikprofessor für ein Studium empfohlen wurde, besuchte von 1822 bis 1825 das Polytechnische Institut in Wien, danach das Lyzeum in Salzburg, wo er Mathematik und Physik studierte, und wurde 1829 Assistent und ›Öffentlicher Repetitor‹ der Höheren Mathematik bei dem Mathematiker JOSEPH HANTSCHL, wiederum am Wiener Institut. 1835 zum Professor der Mathematik an der ständischen Realschule in Prag ernannt, hielt er dort seit 1837 neben dem Schulunterricht Vorlesungen an der Technischen Lehranstalt, seit 1841 auch als Professor für Elementarmathematik und praktische Geometrie. 1847 wurde er zum k. k. Bergrat und Professor für Physik und Mechanik an der Berg- und Forstakademie in Schemnitz ernannt. 1849 ging er nach Wien zurück und übernahm die Professur für praktische Geometrie am Wiener Polytechnischen Institut, bevor er 1850 zum ordentlichen Professor der Experimentalphysik und Direktor des neu errichteten Physikalischen Instituts der Universität Wien ernannt wurde. Am Ziel seiner Wünsche angelangt, versagte ihm allerdings der frühe Tod auf einer Erholungsreise eine längere produktive Nutzung der ihm hier endlich gebotenen umfassenden Möglichkeiten für die experimentelle Arbeit.

Aus seinen geometrischen, optischen, elektrischen, akustischen und astronomischen Arbeiten ragen jene zum nach ihm benannten DOPPLERschen Prinzip heraus, das er in einer 1842 in den Abhandlungen der Böhmischen Gesellschaft der Wissenschaften erschienenen Arbeit aufstellte: ›Über das farbige Licht der Doppelsterne und einiger anderer Gestirne des Himmels‹. Es besagt, dass bei Annäherung oder Entfernung einer Schall- oder Lichtquelle die vom Empfänger wahrgenommene Frequenz sich erhöht beziehungsweise erniedrigt. Für die Akustik wurde die Richtigkeit bereits 1845 experimentell mittels ›schnell‹ fahrender Dampflokomotiven bestätigt – bei den heutigen Geschwindigkeiten der Verkehrsmittel kann jedermann den Effekt häufig wahrnehmen. Die Analogie vom Schall zum Licht machten aber, von Ausnahmen wie dem Prager Religionsphilosophen und Logiker BERNARD BOLZANO abgesehen, die Kollegen nicht mit, obgleich die Wellennatur des Lichtes als solche, welche die Analogie von Schall- und Lichtausbreitung (in Luft beziehungsweise im Äther) erst ermöglichte, seit den Arbeiten von AUGUSTIN-JEAN FRESNEL allgemein anerkannt war. DOPPLER, der seine falschen Folgerungen äußerst polemisch gegen jegliche Kritik zu verteidigen suchte und damit der Anerkennung seines Prinzips einen Bärendienst erwies, war allerdings von einer viel zu großen, im Verhältnis zur Lichtgeschwindigkeit aber immer noch viel zu geringen Geschwindigkeit der Annäherung beziehungsweise Entfernung ausgegangen und hatte die rote und blaue Färbung des generell weiß-gelben Lichtes bestimmter Sterne damit erklären wollen. Erst die Astronomen WILLIAM HUGGINS (1868) und KARL FRIEDRICH ZÖLLNER zeigten dann, dass das Prinzip sich in einer Verschiebung der Spektrallinien zum violetten (Annäherung) oder roten Spektrum (Entfernung) gegenüber dem Normalspektrum auswirkt, wie ERNST MACH bereits 1861 vorgeschlagen hatte, weil sich das Gesamtspektrum einschließlich der (im Normalspektrum) unsichtbaren Strahlung verschiebt. Hierauf beruht dann die von HERMANN CARL VOGEL nach genauen spektroskopischen Untersuchungen von Eigenbewegungen der Sterne begründete Methode der spektroskopischen Geschwindigkeitsmessung (1892).

Johann Gottfried Galle

(* 09.06.1812 Pabsthaus [bei Gräfenhainichen,
nahe Wittenberg], † 10.07.1910 Potsdam)

Johann Gottfried Galle wurde auf dem Pabsthaus bei Gräfenhainichen, wo der Vater eine gepachtete Teerschwelerei betrieb, geboren, besuchte 1818–1825 die Schule in dem Dorf Radis
und freundete sich hier mit dem gleichaltrigen Sohn des Pastors
an, der beide in Latein unterrichtete, so dass sie ab 1825 das Gymnasium in Wittenberg besuchen konnten. Hier wurde Galle in
Mathematik von einem Schüler Franz Enckes unterrichtet, der
ihm nach dem glänzenden Abitur auch ein Empfehlungsschreiben an seinen Lehrer mitgab, als Galle 1830 zum Studium der
Mathematik und Philosophie (Naturwissenschaften) an die Universität Berlin zog. Die gleich im ersten Semester gehörten Vorlesungen über sphärische Astronomie waren allerdings noch zu
hoch für ihn, so dass er sie 1831 nochmals hörte. Nach Erteilung
der Lehrbefähigung für Mathematik und Physik an Gymnasien
Anfang 1833 begann er sein Probejahr in Guben, wurde aber auf
Betreiben von Heinrich Wilhelm Dove (* 1803, † 1879), für dessen ›Berliner Astronomisches Jahrbuch‹ er bereits verschiedene
Beiträge geliefert hatte, schon im Herbst an ein Berliner Gymnasium versetzt und nach Ablauf des Probejahres als Oberlehrer
angestellt. Zum 1. April 1835 konnte er jedoch schon als Gehilfe
Enckes an die seit 1832 im Bau befindliche, Ende 1835 fertiggestellte neue Berliner Sternwarte wechseln.

Astronomische, meteorologische und erdmagnetische Beobachtungen gehörten hier zu seinen Aufgaben, ferner unterstützte
er Encke neben dem Tagesgeschäft bei dessen Doppelsterndis-
tanzmessungen sowie Beobachtungen von Sternbedeckungen
und Kometen, streng von seinem Lehrer angehalten, sich im
Sinne Friedrich Wilhelm Bessels auf das Messen zu beschrän-
ken, so dass er seine bereits 1838 gemachte Entdeckung des Flor-
Ringes unterhalb des innersten Saturnringes erst 1851, nachdem
Ähnliches in England beobachtet worden war, in den ›Astronomischen Nachrichten‹ publizierte. 1838 begannen Beobachtungen der Bewegungen Kleiner Planeten, vor allem Vesta, Astraea
und Pallas; für letztere berechnete er dann bis 1867 auch unter Be-

rücksichtigung der Störungen durch die großen Planeten, deren Massen dazu exakt zu bestimmen waren, die Jahresephemeriden für das Berliner Jahrbuch. Für seine Entdeckung der Kometen von 1840 und 1841 wurde er mit hohen in- und ausländischen Auszeichnungen bedacht und erhielt 1841 das Angebot einer Gehilfenstelle in Dorpat, blieb jedoch in Berlin, wo er 1844 auch zum Doktor der Philosophie promovierte. Aufgrund der Dissertation, die sich mit Ole Rømers wenigen erhaltenen Meridiandurchgängen beschäftigte, trat Galle dann mit dem fast gleichaltrigen Urbain Jean Joseph Le Verrier (* 11.03.1811 Saint-Lô [Normandie], † 23.09.1877 Paris) in Kontakt, der ebenfalls Merkurdurchgänge im Hinblick auf dessen Bahnstörungen verwendet hatte, inzwischen aber die Uranus-Bahn näher untersuchte und aus den seit Bessel bekannten Störungen durch einen noch unbekannten Planeten des letzteren Masse und Bahn erschlossen hatte. Er bat Galle, unter Berücksichtigung dieser Angaben mit den besseren Berliner Teleskopen (man hatte hier Paris inzwischen weit übertroffen) nach dem Planeten zu suchen, was aber erfolglos blieb. Erst als Galle die vorberechnete Himmelsgegend in den noch nicht publizierten, aber gerade in der Endredaktion befindlichen, unter Enckes Leitung erstellten Sternkarten der Akademie genau durchsah, fand er 1846 dann unter den neu vermessenen Sternen den von ihm nach Le Verrier, später aber nach alter Tradition ›Neptun‹ genannten Planeten, den er am Himmel schon nicht mehr an derselben Stelle fand – und wurde schlagartig weltweit bekannt.

Offenbar aufgrund einer Empfehlung Enckes fanden daraufhin 1848 Verhandlungen zur Nachfolge Bessels als Direktor der Sternwarte in Königsberg statt, die Galle jedoch mit Rücksicht auf dessen langjährigen Gehilfen abbrach. 1851 schließlich wurde er Direktor der Sternwarte und 1856 ordentlichen Professor für Astronomie in Breslau (habilitiert allerdings erst 1858, nachdem ihm ausnahmsweise erlaubt war, dazu die deutsche Sprache statt des Lateinischen zu benutzen). Hier musste Galle sich dann mit einem weitaus bescheideneren und veralteten Beobachtungsinstrumentarium in einem dazu ungeeigneten Turm mitten in der Stadt als ›Sternwarte‹ begnügen. Er beobachtete neben meteorologischen Erscheinungen so auch vornehmlich Kometen und Meteoriten. 1873 machte er nochmals auf sich aufmerksam mit dem in den ›Astronomischen Nachrichten‹ publizierten Vorschlag, an verschiedenen Orten gleichzeitig beobachtete Oppositionen von Kleinen Planeten zur Bestimmung der Sonnenparallaxe heranzuziehen, und es gelang ihm, für ein gemeinsames Unternehmen mit den Planetoiden Flora und Euridice Sternwarten auf der Nord- und Südhalbkugel zu gewinnen. Der errechnete Wert von π = 8",873 ließ sich 1898 nach dieser Methode mit dem gerade entdeckten, sehr erdnahen Eros noch präzisieren.

Pietro Angelo Secchi
(* 29.06.1818 Reggio nell'Emilia [Italien],
† 26.02.1878 Rom)

Angelo Secchi besuchte das von Jesuiten geleitete Gymnasium in Reggio, trat 1833 in den Jesuitenorden ein und setzte nach der Probezeit seine Studien der ›humaniora‹ am Collegium Romanum (der Gregoriana) in Rom fort. Hier widmete er sich in wachsendem Maße der Mathematik und Physik und wurde als Lehrer dieser Fächer eingesetzt, bevor er gemäß der Ordenssatzung 1844 sein Theologiestudium an der Gregoriana aufnahm. 1847 empfing er die Priesterweihe, musste jedoch 1848 auf dem Höhepunkt des Aufstandes gegen die päpstliche Regierung aus Rom fliehen und begab sich nach Stonyhurst, einem Kollegium in England, wo ihn der Ruf auf den Lehrstuhl für Mathematik an der Jesuitenuniversität von Georgetown bei Washington erreichte. Hier legte er sein theologisches Examen ab, kehrte aber schon Ende 1849, nachdem der Jesuitenhass in Europa sich etwas gelegt hatte, nach Stonyhurst zurück. 1850 wurde er auf Wunsch seines Lehrers dessen Nachfolger als Professor für Astronomie und Direktor der Sternwarte der Gregoriana, wo er bis an sein Lebensende wirkte.

Die unzureichenden Einrichtungen der alten Sternwarte machten exakte astronomische Beobachtungen allerdings unmöglich, und so sah sich der als Astronom noch völlig unbekannte Secchi gezwungen, sich vorwiegend der Physik und Topographie der Mitglieder unseres Sonnensystems zu widmen – seine erste Entdeckung war der innere Saturnring –, die auch später, als es ihm mit großzügiger Unterstützung Pius' IX. und anderer Ordensbrüder gelungen war, 1852/53 alte Pläne eines Neubaus der Sternwarte zu verwirklichen und geeignete Instrumente anzuschaffen, neben den Nebeln und Doppelsternen sein Hauptarbeitsgebiet blieben. Er widmete sich besonders der Physik der Sonne, deren gasförmigen Zustand er 1864 erkannte und zu deren Erforschung er auch erstmals 1853 die Fotografie verwendete (›Die Sonne‹, Braunschweig 1872). Seit 1852 beschäftigte er sich daneben mit den Spektren irdischer Körper und hatte bereits aus dem Vergleich mit den Farben (Temperatur) besonders der Doppelsterne, auf die 1843 CHRISTIAN DOPPLER die Aufmerksamkeit gelenkt hatte, Schlüsse auf die Sternmaterie gezogen, als ROBERT BUNSEN und GUSTAV KIRCHHOFF 1859 mit ihrer Spektralanalyse ganz neue Grundlagen schufen, deren sich SECCHI sofort bediente. Die Verbesserung des neuen römischen FRAUNHOFERschen Spektroskops zum SECCHIschen Heliospektroskop gab ihm bald die Möglichkeit, das Licht selbst von Sternen 9. Größe aufzulösen und deren Spektrum zu untersuchen. Seine Beobachtungen führten ihn zu einer ersten Klassifizierung der Fixsterne in vier Spektralklassen, die gleichzeitig eine absteigende Temperaturskala darstellten (›Le stelle‹, 1877). Diese erwiesen sich später zwar als unzureichend, doch zeigten sie den richtigen Weg und machten ihren Schöpfer zu einem der Begründer der Astrophysik. Die Möglichkeit einer Aussage über die Gleichheit der Stellarmaterie ließen in ihm den Gedanken von der Einheitlichkeit der Welt weiter reifen, dem er in seinem berühmten naturphilosophischen Werk über ›Die Einheit der Naturkräfte‹ (1864), weit über MICHAEL FARADAY hinausgehend, die Einheitlichkeit aller physikalischen Kräfte einschließlich der Schwerkraft entnahm, was sich jedoch später als übereilt erwies. Große Leistungen vollbrachte SECCHI auch in der Meteorologie; hier erforschte er besonders die Zusammenhänge zwischen Erdmagnetismus und Wettererscheinungen, wozu er 1858 wieder mit Unterstützung PIUS' IX. das erste magnetische Observatorium in Italien einrichtete. Ferner richtete er für die Schifffahrt einen meteorologischen Warndienst auf telegraphischer Basis ein.

Otto Wilhelm von Struve

(* 07.05.1819 Dorpat, † 16.04.1905 Karlsruhe)

Otto von Struve war schon während seines nach Absolvierung des Dorpater Gymnasiums 1834 dort aufgenommenen Studiums der Astronomie ab 1837 Gehilfe seines Vaters Wilhelm Struve an der von ihm geleiteten Sternwarte gewesen, bevor er nach seiner Promotion ab 1839 Adjunkt-Astronom am neuen russischen astronomischen Zentralinstitut der Akademie von Sankt Petersburg in Pulkowo wurde, deren Direktion seinem Vater übertragen worden war. Hier wurde Struve 1848 zweiter Direktor, nachdem er 1847 als beratender Astronom in den Generalstab der russischen Armee berufen worden war, welches Amt er daneben 15 Jahre lang ausübte; hiermit war die Leitung der geodätisch-astronomischen Arbeiten des Zarenreiches verbunden, so dass er die von seinem Vater eingeleiteten geodätischen Großunternehmen weiterführen konnte. 1856 wurde Struve auch außerordentlicher und 1861 ordentlicher Professor der Astronomie an der Sternwarte in Pulkowo sowie gleichzeitig Mitglied der Akademie der Wissenschaften in Sankt Petersburg. 1862 ließ sich sein Vater aus gesundheitlichen Gründen in den Ruhestand versetzen, und der Sohn trat seine Nachfolge im Amt des Direktors der Sternwarte in Pulkowo an, das er bis 1889 ausübte. 1867–1878 war er Präsident der von ihm mitbegründeten Astronomischen Gesellschaft. – 1887 wurde Struve auf Bitten der Akademie zum Wirklichen Geheimrat ernannt. Nach seiner Pensionierung im Alter von 71 Jahren wanderte er nach Deutschland aus und ließ sich in Karlsruhe nieder.

Otto von Struve widmete sich auch im Bereich der Stellarastronomie neben dem Studium der Bewegung des Sonnensystems besonders schon vom Vater geförderten Gebieten, vor allem den Doppelsternsystemen, von denen er 500 neue am nördlichen Himmel entdeckte (in den Katalogen mit OΣ bezeichnet, während die vom Vater entdeckten mit Σ indiziert sind) und die des Vaters neu vermaß. Er hatte ein Verfahren entwickelt, um sogenannte ›persönliche‹ Messfehler auszugleichen. Innerhalb des Sonnensystems untersuchte er den Saturn und dessen Ringsystem, entdeckte einen seiner inneren Trabanten, bestimmte die

Masse des Neptun, verfolgte die Bahn mehrerer Kometen und wies anlässlich einer Sonnenfinsternis 1851 nach, dass die Protuberanzen zum Sonnenkörper selbst gehören. Er bestimmte die Konstante der Präzession gegenüber der Messung von FRIEDRICH WILHELM BESSEL neu (0,016" größer, 1896 durch den wieder um 0,006" kleineren Wert von SIMON NEWCOMB ersetzt) sowie die trigonometrische Parallaxe mehrerer Fixsterne und untersuchte die Veränderlichkeit von Sternen im Gebiet des Orionnebels. – Die Begeisterung für die Astronomie vermochte er auch auf zwei seiner Söhne zu übertragen, die beide noch in Dorpat studierten und dort sowie in Pulkowo die Anfänge ihres wissenschaftlichen Lebens als Astronomen verbrachten: KARL HERMANN VON STRUVE (* 03.10.1854 Pulkowo bei Sankt Petersburg, † 12.08.1920 Bad Herrenalb [Schwarzwald]), der 1895 Professor und Leiter der Sternwarte in Königsberg sowie 1904 Direktor der Berliner, 1913 unter seiner Leitung nach Babelsberg verlegten Sternwarte wurde, und GUSTAV WILHELM *LUDWIG* VON STRUVE (* 01.11.1858 Pulkowo bei Sankt Petersburg, † 04.11.1920 Sewastopol), der ab 1894 Professor und Leiter der Sternwarte in Charkow (Ukraine) war; mit dessen Sohn OTTO VON STRUVE (* 12.08.1897 Charkow [heute Ukraine], † 06.04.1963 Berkeley [U.S.A.]) endete die große Astronomenfamilie der STRUVES.

SIR (ab 1897) WILLIAM HUGGINS
(* 07.02.1824 London, † 12.05.1910 London)

Der Begründer der Sternspektroskopie WILLIAM HUGGINS besuchte nur während der Jahre 1837 bis 1839 in London eine öffentliche Schule, wurde sonst aber von guten Privatlehrern unterrichtet. Er interessierte sich früh für naturwissenschaftliche Fragen, machte anfänglich mikroskopische Untersuchungen hauptsächlich zur Physiologie, trat 1852 der Royal Microscopical Society bei und scheint von hier aus die Anregung erhalten zu haben, sich auch einmal praktisch mit Vergrößerungen teleskopischer Art zu beschäftigen. 1854 trat er jedenfalls der Royal Astronomical Society bei – seit 1867 war er mit Ausnahme der Jahre 1876 bis 1878, als er ihr Präsident war, jeweils einer der Sekretäre dieser Gesellschaft – und begann schon im folgenden Jahr mit dem Bau einer kleinen Privatsternwarte an seinem Haus in Upper Tulse Hill, einem Vorort Londons. Seit 1856 beobachtete er hier, später gemeinsam mit seiner Frau MARGARET HUGGINS.

Nach topographischen Untersuchungen von Jupiter und Saturn gelang ihm in den Jahren 1863 und 1864 der Durchbruch zu einem der international angesehensten Astronomen: Sogleich nach der Veröffentlichung der KIRCHHOFF-BUNSENschen Deutung der FRAUNHOFERschen Linien im Spektrum des Sonnenlichtes, wodurch ein Einblick in den chemischen Aufbau der Sonne(noberfläche) möglich wurde, fasste er den Plan, die Spektralanalyse auch auf das Licht von Fixsternen anzuwenden. Er bat seinen Nachbarn in Tulse Hill, den Chemieprofessor am King's College WILLIAM ALLEN MILLER (* 17.12.1817 Ipswich [Suffolk], † 30.09.1870 Liverpool), ihm bei den Untersuchungen behilflich zu sein, konstruierte ein Sternspektroskop und konnte bereits 1863 zusammen mit MILLER die erste Arbeit über den chemischen Aufbau einiger heller Sterne veröffentlichen. HUGGINS merkte dann bald, dass es noch an exakten Grundlagen für eine vergleichende Zuordnung der Linien fehlte, und fertigte erst einmal einen Atlas mit den genauen Spektren einer großen Anzahl von chemischen Elementen an, der 1864 erschien. Jetzt konnte er feststellen: »Star differs from star in chemical constitution.« Noch im selben Jahr untersuchte er erstmals das Spektrum eines Nebels und konnte eindeutig nachweisen, dass es sich bei dem Objekt um eine Gaswolke handelte und nicht um einen nur aus technischen Gründen noch nicht auflösbaren Sternhaufen, wie seit der Mitte des 19. Jahrhundert überwiegend für alle ›Nebel‹ angenommen worden war. HUGGINS wurde daraufhin 1865 zum Mitglied der Royal Society gewählt (von 1900 bis 1905 war er ihr Präsident). Er untersuchte dann im Mai 1866 auch erstmals das Spektrum einer Nova, fand eine Reihe von breiten Wasserstofflinien und schloss daraus auf einen Ausbruch von Wasserstoffgas aus dem Inneren, mit Temperaturen, die höher als an der Sternoberfläche liegen. Noch im selben Jahr wandte er die neue Methode auch auf Kometen an, fand, dass ihr Spektrum ein anderes als das der Nebel war, und sah sie als glühende Kohlenstoffwolken an. Bereits in den Jahren 1862/1863 hatte HUGGINS versucht, die Sternspektren nach dem Vorgang CHRISTIAN DOPPLERS auf eine Farbverschiebung hin zu untersuchen; 1868 erkannte er dann am Spektrum des Sirius, dass der DOPPLER-Effekt sich nicht in einer wahrnehmbaren

Verfärbung des Lichtes, wie sein Entdecker angenommen hatte, sondern allein in einer Verschiebung der FRAUNHOFERschen Linien innerhalb des sichtbaren Spektrums zum Roten oder Violetten hin auswirkt, die Auskunft über eine Bewegung des Sterns auf den Beobachter auf der Erde zu oder von ihm fort gibt. Er hatte damit ein weiteres neues Verfahren zur Erforschung des Universums erschlossen und sich auch später intensiv mit der Bestimmung von Radialgeschwindigkeiten beschäftigt (›An Atlas of representative stallar spectra‹, London 1899). Ein Versuch, das Spektrum des Sirius auch fotografisch aufzunehmen, misslang allerdings. Hierin kam ihm im Jahre 1872 ein anderer Liebhaberastronom, der Nordamerikaner HENRY DRAPER (* 07.03.1837 Virginia, † 20.11.1882 New York), der seit 1860 Professor für Physiologie und analytische Chemie an der Universität von New York war, mit der Aufnahme des Wega-Spektrums zuvor. HUGGINS hatte erst 1875 ein dazu geeignetes Instrument, fotografierte dann aber ab 1882 auch bereits Spektren von Nebeln. 1908 setzte er sich nach erfolgreicher Beobachtungstätigkeit und der Veröffentlichung mehrerer Spektralkataloge zur Ruhe und vermachte das große Doppelteleskop, das ihm durch eine Stiftung 1870 von der Royal Society finanziert worden war, dem Cambridge University Observatory. Eine große Anzahl in- und ausländischer wissenschaftlicher Ehrungen hatte er inzwischen erhalten als der Mann, von dem die ersten und entscheidenden Impulse für die neue Astrophysik ausgegangen waren.

BENJAMIN APTHORP GOULD

(* 27.09.1824 Boston [Massachusetts, U.S.A.],
† 26.11.1896 Cambridge [Massachusetts]

Als ältestes von vier Kindern besuchte BENJAMIN APTHORP GOULD die Lateinschule in Boston, die sein Vater leitete, studierte dann am Harvard College in Cambridge zuerst klassische Sprachen, wurde aber rasch durch seine Lehrer auch für Mathematik und Physik interessiert. Nach dem Abschluss (1844) lehrte er kurze Zeit an seiner ehemaligen Schule, um jedoch bald zum weiteren Studium der Astronomie nach Deutschland zu gehen, für ein Jahr nach Berlin, dann zu CARL FRIEDRICH GAUSS nach Göttingen, bei dem er 1848 auch promovierte. Während der Zeit in Göttingen veröffentlichte er bereits um die zwanzig kleinere Arbeiten aus dem Arbeitsgebiet von GAUSS zu Beobachtungen und Bewegungen von Kometen und Kleinen Planeten. Deprimierend fiel nach seiner Rückkehr der Vergleich der Arbeitsbedingungen am Göttinger Observatorium und in Deutschland mit dem niedrigen Stand der experimentell-beobachtenden Naturwissenschaften in ganz Nordamerika aus; das sollte sich im Laufe des folgenden halben Jahrhunderts nicht zuletzt durch seinen Einsatz ins Gegenteil verkehren. Er verzichtete jedenfalls auf das Angebot einer Anstellung in Göttingen zugunsten einer Förderung der Astronomie in seinem Geburtsland. Als erstes gründete er das erstmals 1849 erschienene ›Astronomical Journal‹, das er bis zum Ausbruch des Bürgerkrieges zwölf Jahre unter den schwierigsten Bedingungen auch selber herausgab. 1850–1867 leitete er das Longitude Department des US Coast Survey – das Erstellen exakter Sternkarten und -tafeln war auch in dem jungen Staatengebilde für die Navigation auf See von grundlegender Bedeutung. Ihm wurde auch rasch die mögliche Rolle des Einsatzes telegraphischer Verbindungen für die Längenbestimmung klar; und 1866 nutzte er das transatlantische Kabel zur Bestimmung der Längendifferenz von Greenwich und Washington, um die europäischen Sternkarten auch für Amerika nutzen zu können (›The transatlantic longitude as determined by the Coast Survey expedition of 1866‹, 1869). Als dann das Dudley-Observatorium in Albany (New York) in die Planung ging, trug man ihm schon 1852 die spätere Direktion an. 1855 wurde er in das Beratungskomitee berufen und setzte sich darin vor allem für eine dem wissenschaftlichen Standard entsprechende Ausstattung ein, wozu er sich auf eine Informationsreise nochmals nach Europa begab. 1857 siedelte die Redaktion des ›Astronomical Journal‹ nach Albany über, Anfang des folgenden Jahres auch GOULD selbst, um die Leitung des Observatoriums zu übernehmen – und es begann eine hässliche Auseinandersetzung mit den Kuratoren, die mehr an eine Art öffentlicher Volkssternwarte gedacht hatten und GOULD und das Komitee für inkompetent erklärten und öffentlich so unter Druck setzten, dass er schon Anfang 1859 sein Vorhaben aufgab und nach Cambridge zurückkehrte, wo er das Geschäft seines verstorbenen Vaters weiterführte. Jetzt entstand für das Längen-Department des Coast Survey eine Arbeit zur Bedeutung der

Zirkumpolarsterne für die Navigation, deren Örter und Eigenbewegungen er erstmals durch eine Zusammenschau sämtlicher bis dahin gemachter Beobachtungen bestimmte (1862), zwischen 1864 und 1867 machte er an der sich eigens dazu eingerichteten Privatsternwarte in Cambridge, unterstützt von seiner Frau, ergänzende Meridianbeobachtungen kleiner Sterne um den nördlichen Himmelspol. Hierzu führte er in Zusammenarbeit mit dem Pionier der Astrofotografie LEWIS MORRIS RUTHERFURD (* 1816, † 1892) 1866 die fotografische Astrometrie ein, vorerst speziell auf die offenen Sternhaufen Plejaden und Praesepe angewendet, später in Argentinien generell.

Bereits um 1865 fasste GOULD den Entschluss zu einer Reise nach Südamerika, um die Möglichkeiten einer Erschließung auch des Südhimmels für die Navigation zu erkunden. 1868 wurde er vom argentinischen Präsidenten mit der Errichtung des ›Observatorio Astronómico de Córdoba‹ beauftragt und 1870 zu dessen Direktor bestellt. Da die Lieferung des Instrumentariums aus Europa und Nordamerika sich noch Jahre hinzog, erstellte er vorerst zusammen mit vier Gehilfen aus Beobachtungen mit Feldstechern einen Katalog sämtlicher mit bloßem Auge sichtbaren Sterne der Südhemisphäre (›Uranometria Argentina‹, 1879); eine daraus ersichtliche markante Gürtelzone mit vielen hellen Sternen wurde später ›GOULDscher Gürtel‹ genannt. Die Vermessung und Reduzierung der 1872–1877 durchgeführten fotometrischen Erfassung des Südhimmels nahm dann noch lange Zeit in Anspruch: 1884 erschien der ›Catalógo de las zonas estelares‹ mit den Örtern von 73160 Sternen zwischen 23° und 80° südlicher Breite; ein wiederholte Beobachtungen berücksichtigender ›Catalógo General‹ 1886. Da für astronomische Beobachtungen generell, vor allem aber für die Vorbereitung und Durchführung längere Zeit zu belichtender astrofotografischer Aufnahmen eine Vorhersage der Witterung unumgänglich ist, hatte GOULD sich gemeinsam mit argentinischen Kollegen sogleich auch erfolgreich für die Gründung des Argentinischen Wetterdienstes eingesetzt, des ersten auf dem amerikanischen Südkontinent. – 1885 kehrte GOULD nach Cambridge zurück und widmete sich fortan der Auswertung von den etwa 1400 mitgebrachten fotografischen Aufnahmen von Nebeln und Sternhaufen des Südhimmels. Es gelang ihm auch, das Erscheinen des ›Astronomical Journal‹ erneut aufzunehmen, das er dann bis zu seinem Tode wieder herausgab.

Johann Karl *Friedrich* Zöllner
(* 08.11.1834 Berlin, † 25.04.1882 Leipzig)

Der Sohn eines Berliner Textil-Fabrikanten Friedrich Zöllner ging wegen des langen Schulweges erst mit 13 Jahren an das Köllnische Realgymnasium, das er mit dem Primazeugnis verließ, um nach dem Tode des Vaters 1853 den väterlichen Betrieb weiterzuführen, was aber nicht seinen Interessen entsprach. Er ging zurück an die Schule, machte 1855 sein naturwissenschaftliches Abitur (das er nach einem halben Jahr extern um die sprachlichen Fächer erweiterte) und begann das vom Vater erlaubte Studium der Naturwissenschaften an der Berliner Universität, das er im Winter 1857/58 in Basel bei dem jungen Professor Gustav Heinrich Wiedemann (* 1826, † 1899) fortsetzte, den er in Berlin kennengelernt hatte und der seinen Ideen gegenüber aufgeschlossener war als die älteren Berliner Professoren und seine fotometrischen Arbeiten unterstützte. In Basel promovierte er 1859 auch mit einer Arbeit zu fotometrischen Untersuchungen zum Doktor der Philosophie. Ab 1862 setzte er als ›Hilfsarbeiter‹ an der Sternwarte in Leipzig diese astrophysikalischen Untersuchungen fort und habilitierte sich hier 1865 an der Universität. 1866 wurde er zur Abwendung eines auswärtigen Rufes zum außerordentlichen Professor ernannt, welche Stellung 1872 nach mehrmaliger Aufbesserung seiner Besoldung und der Sternwartenausstattung aufgrund von dadurch abgewendeten Berufungen (unter anderem nach Pulkowo und Erlangen, zuletzt nach Straßburg, wo ihm ein eigenes astrophysikalisches Institut in Aussicht gestellt wurde) in die eines ordentlichen Professors der ›physikalischen Astronomie‹ (das ist Astrophysik) umgewandelt wurde, so dass in Leipzig erstmals zwei ordentliche Professuren der Astronomie bestanden, was der Astrophysik als neuer, wesentlich von Zöllner selbst geprägter eigenständiger Disziplin einen gewaltigen Schub verlieh.

Wie war es dazu gekommen? Bereits in seiner Schulzeit beschäftigte Zöllner sich mit der Fotometrie, die sich dann schon während der Berliner Studienjahre als sein späteres Hauptarbeitsgebiet abzeichnete. Für die chemische Seite stellte ihm sein ehemaliger Chemielehrer das Schullaboratorium zur Verfügung.

Er hatte sich ein visuelles Fotometer konstruiert, das die Intensität einer auszumessenden Lichtquelle mit einer gegebenen Lichtquelle verglich, wobei der Abgleich später nach in Basel durchgeführten Versuchen durch Polarisation und nachfolgende graduelle Auslöschung des Lichtes der bekannten Quelle erfolgte. Die vorerst auf die Apparatur im Labor beschränkten fotometrischen Untersuchungen dehnte ZÖLLNER aufgrund einer 1857 wiederholten Preisfrage der Wiener Akademie von 1854 auf astronomische Beobachtungen aus. Er machte sich große Hoffnungen, den Preis zu gewinnen, wusste er doch von niemandem, der sonst zur Lösung des Problems geeignet und fähig gewesen wäre. Nachdem sich die Absicht, dazu an die gut ausgestattete Königsberger Sternwarte zu gehen, zerschlagen hatte, richtete er sich auf dem Gelände des ehemaligen väterlichen Betriebs ein kleines Privatobservatorium mit kleinem Fernrohr für die fotometrischen Beobachtungen an astronomischen Objekten ein; denn die Preisfrage verlangte, »möglichst zahlreiche und genaue photometrische Bestimmungen von Fixsternen in solcher Anordnung und Ausdehnung zu liefern, daß der heutigen Sternkunde dadurch ein bedeutender Fortschritt erwächst«. Eine erste Arbeit zur Fotometrie war bereits 1857 in ›Poggendorffs Annalen‹ (deren Herausgeber er in Berlin im elterlichen Hause kennengelernt hatte) erschienen. Jetzt führte er von Dezember 1859 bis Dezember 1860 insgesamt 2212 fotometrische Einzelbeobachtungen an 226 Objekten durch, deren relative Helligkeiten er bis auf 1% genau bestimmen konnte. Trotz der gemäß der Anforderung der Preisfrage doch geringen Anzahl war ZÖLLNER recht zuversichtlich; um so größer war die Enttäuschung, als er bei der für den 31. Mai 1861 anberaumten Preisverleihung – die Zwischenzeit hatte er zu wissenschaftlichen Reisen vor allem nach Frankreich und England genutzt – erfuhr, dass seine Arbeit »als eine interessante Reihe von Vorversuchen mit neuen Vorrichtungen« charakterisiert wurde, die jedoch »den Hauptpunkten der Preisfrage zu wenig [entspreche], um als genügend gelten zu können«; immerhin hätte er neun Jahre Zeit gehabt, aber nur in einem Jahr Beobachtungen angestellt. ZÖLLNER forderte daraufhin das Manuskript zurück; es erschien unverändert Ende des Jahres bei einem Berliner Verlag unter dem Titel ›Grundzüge einer allgemeinen Photometrie des Himmels‹, und diese Veröffentlichung erfuhr eine weit günstigere Beurteilung durch eine Rezension in den renommierten ›Astronomischen Nachrichten‹. Das Werk und ihr Verfasser wurden mit einem Schlage bekannt, und Franz Encke ließ sich das darin genau beschriebene Fotometer in Berlin im Kreise einer Schar bedeutender Astronomen der Zeit vorführen, um am Ende den ebenfalls anwesenden Wiener Astronomen Carl von Littrow (* 1811, † 1877) zu fragen: »Nun sagen Sie mal, lieber Kollege, warum haben Sie eigentlich dem Dr. Zöllner nicht den Preis zuerkannt?« Als Zöllner am Tage danach mit dem Direktor der Leipziger Sternwarte Carl Christian Bruhns (* 22.11.1830 Plön [Holstein], † 25.07.1881 Leipzig) zusammentraf, überbrachte dieser ihm auch die Anfrage Littrows, ob er nicht mit einer größeren Anzahl von Helligkeitsbestimmungen die Arbeit erneut einreichen wolle, was Zöllner aber mit einem ironischen Schreiben ablehnte; in der größeren Quantität sehe er nicht den Fortschritt. Bruhns überbrachte ihm aber gleichzeitig die Einladung, seine fotometrischen Forschungen in Leipzig an der Sternwarte fortzusetzen, und die nahm er freudig an – und hatte so doch noch sein mit der Beteiligung an der Preisfrage verbundenes eigentliches Ziel, als vollwertiges Mitglied in die Scientific Community aufgenommen zu werden, erreicht. Er habilitierte sich 1865 mit der Schrift ›Theorie der relativen Lichtstärke der Mondphasen‹, einem Teil aus einer umfangreicheren Untersuchung, die Ende des Jahres erschien (›Photometrische Untersuchungen mit besonderer Rücksicht auf die physische Beschaffenheit der Himmelskörper‹). Hierin betonte er, dass inzwischen alle Elemente zur Begründung eines neuen Zweiges der Astronomie herausgebildet wären, und schlug dafür den Namen ›Astrophysik‹ vor. Damit stellte er dem klassischen Programm der Positionsastronomie Friedrich Wilhelm Bessels selbstbewusst ein neues Arbeitsfeld als wesentliche Ergänzung entgegen; die Astrophysik sei »das notwendige Resultat einer allgemeineren Entwicklung, welche beim stetigen Fortschritt der Wissenschaften bereits auch auf andern Gebieten ähnliche Verschmelzungen ursprünglich getrennter Disziplinen zu einer höheren und allgemeineren Einheit herbeigeführt hat«.

Mit seinen Helligkeitsmessungen an Mond, Sonne und Planeten sowie an Fixsternen und daraus abgeleiteten Vorstellungen vom physischen Aufbau der untersuchten Himmelskörper leitete er jedenfalls, wenn die ersten Ergebnisse auch relativiert oder korrigiert werden mussten, die Ausdifferenzierung einer klar von der Positionsastronomie abgegrenzten und quantitativ arbeitenden, interdisziplinär orientierten Astrophysik ein, insbesondere auch durch die (zunächst recht grobe, Einzelfarben betreffende) Erfassung der spektralen Verteilung der Intensität der astronomischen Lichtquellen. Später versuchte Zöllner im Anschluss an William Huggins, mit seinem ›Reversionsspektroskop‹ durch visuellen Vergleich vollständiger irdischer und astronomischer Spektren auch das im Anschluss an Christian Dopplers Idee von Hippolyte Fizeau und Ernst Mach angeregte Messverfahren für die Radialgeschwindigkeit von Gestirnen in die Astrophysik einzuführen, das dann sein Schüler Hermann Carl Vogel gemeinsam mit Julius Scheiner weiter ausbaute. Zöllners astrophysikalische Arbeiten zeigen jedoch bereits eine beachtliche Breite. So versuchte er, Zusammenhänge zwischen den Spektren des Nordlichts und den Spektren irdischer Substanzen zu finden. Die von der Sonne abgekehrten Schweife von Kometen erklärte er als Abstoßung der Kometenatmosphäre durch die Sonne (›Die Natur der Cometen‹, 1870, mit einer historischen Aufarbeitung der Kometenforschung und einer kritischen Erkenntnistheorie). Auch Sonnenflecken und die Sonnenprotuberanzen gehörten zu den Gegenständen seiner astrophysikalischen Untersuchungen. – Daneben befasste Zöllner sich mit den Prinzipien der Mechanik, vor allem mit dem Energieprinzip und dem von ihm favorisierten elektrodynamischen Grundgesetz von Wilhelm Weber; auch darin spielte das Energieprinzip (und seine mögliche Verletzung) eine wichtige Rolle.

Spätere spiritistische Betätigungen, tendenziöse erkenntnistheoretische Betrachtungen sowie scharfe Kritik am deutschen Hochschulwesen, insbesondere am Stil wissenschaftlicher Publikationen und an einer vermeintlichen jüdischen Unterwanderung, mündeten in überaus polemische Schriften. Dies führte sogar zu Gerüchten über eine beginnende geistige Erkrankung und zur Aufnahme von disziplinarrechtlichen Voruntersuchungen und zu einer formellen Strafanzeige. »Jedenfalls blieb das Lebenswerk eines der Pioniere der Astrophysik noch lange von den persönlichen Verwicklungen des streitbaren Charakters überschattet« (Walter Kaiser).

GIOVANNI VIRGINIO SCHIAPARELLI

(* 14.03.1835 Savigliano [Piemont (Italien)],
† 04.07.1910 Mailand)

GIOVANNI VIRGINIO SCHIAPARELLI besuchte von 1841 bis 1850
das Gymnasium seiner Heimatstadt und studierte anschließend
in Turin Mathematik, wo er 1854 auch promovierte. Danach
erwarb er sich seinen Lebensunterhalt mit Privatunterricht in
Mathematik, bevor er im November 1856 Lehrer für Elementarmathematik an einem Turiner Gymnasium wurde. Doch schon
im Februar des folgenden Jahres begab er sich nach Berlin, um
Naturwissenschaften und speziell Astronomie bei FRANZ ENCKE
zu studieren. Im April 1859 wurde er durch dessen Vermittlung
Gehilfe von OTTO VON STRUVE und Observator an der Sternwarte
von Pulkowo, kehrte aber bereits im nächsten Jahr nach Italien
zurück, einem Ruf nach Mailand folgend, wo er zweiter Astronom und 1862 Direktor der Brera-Sternwarte wurde. Diese Stellung hatte er bis zu seiner Entpflichtung (1900) inne. Daneben
lehrte SCHIAPARELLI an der höheren technischen Lehranstalt in
Mailand von 1863 bis 1868 Geodäsie und von 1871 bis 1875 sphärische Astronomie, welches Fach er neben Himmelsmechanik im
folgenden Jahr auch an der Universität von Pavia vertrat. 1889
wurde SCHIAPARELLI Senator des Königreiches Italien.

Schon seine erste Entdeckung von 1861 – die des Planetoiden
Hesperia – wies ihn als ausgezeichneten Beobachter aus. Er beschäftigte sich neben Doppelsternbeobachtungen vorwiegend
mit den inneren Planeten, wurde aber allgemein bekannt zuerst
durch seine Entdeckung, dass bestimmte Sternschnuppenschwär-
me (Perseiden, Leoniden) mit Auflösungsprodukten von Kometen (I 1866, III 1862) identisch sind. Er hatte darüber sogleich AN-
GELO SECCHI in Rom berichtet, und dieser publizierte die Briefe
in seinem ›Meteorologischen Bulletin‹ von 1866 und 1867, noch
bevor SCHIAPARELLIS ›Entwurf einer astronomischen Theorie
der Sternschnuppen‹ (1867, deutsch 1871) erschienen war. Seine
Annahme, dass neben dem Mond auch Venus und Merkur eine
gebundene Rotationszeit besäßen, trifft allerdings nicht zu, und
auch die von ihm 1877 vermeintlich entdeckten und zeitweilig
als Bauwerke intelligenter Wesen gedeuteten ›Marskanäle‹ (die-

sen Ausdruck prägte ANGELO SECCHI), feine, geradlinig verlaufende dunkle Linien zwischen verschiedenflächigen Details der Marsoberfläche, beruhten auf optischer Täuschung, da sie mit wachsendem Auflösungsvermögen der Fernrohre immer undeutlicher wurden und in fotografischen Aufnahmen ganz fehlten. Allerdings wurde SCHIAPARELLI durch diese ›Entdeckung‹ und ihre Deutung der in breiten Kreisen bekannteste Astronom seiner Zeit, und er begründete durch seine umfassenden Untersuchungen die Marstopographie. Wir verdanken ihm daneben eine Reihe ausgezeichneter historischer Arbeiten über die antike Astronomie.

SIR (ab 1897) JOSEPH *NORMAN* LOCKYER
(* 17.05.1836 Rugby [Warwickshire (England)],
† 16.08.1920 Salcombe Regis [Devonshire])

NORMAN LOCKYER wurde an Privatschulen erzogen, war seit 1857 Angestellter des britischen Kriegsministeriums und beschäftigte sich erst seit Beginn der 1860er Jahre in seinen Mußestunden mit astronomischen Beobachtungen. 1862 erschien eine erste wissenschaftliche Arbeit von ihm, die über seine Untersuchungen zur Marstopographie berichtete, im selben Jahr wurde er Mitglied der Royal Astronomical Society und begann dann bald mit spektroskopischen Beobachtungen der Sonne und – im Anschluss an WILLIAM HUGGINS – der Sterne. 1870 wurde LOCKYER aufgrund seiner wissenschaftlichen Leistungen Sekretär der ›Royal Commission on Scientific Instruction and the Advancement of Science‹ und 1871 Assistant Commissioner; in dieser Eigenschaft leitete er die englischen Sonnenfinsternisexpeditionen von 1870, 1872 und 1882 nach Sizilien, Indien und Afrika – bis 1905 folgten fünf weitere solche Expeditionen, deren Leitung in seinen Händen lag. 1881 wurde er zum Professor für Astronomie am Royal College of Science (das später dem Imperial College angegliedert wurde) ernannt, wo ihm 1885 ein Sonnenobservatorium nahe seinem Wohnsitz (Wimbledon) in South Kensington errichtet wurde, dessen Direktor er bis 1902 war. Nach der Ernennung zum Professor der Astronomie an der Universität Exeter gründete er 1912 das eigene Hill-Observatorium am neuen Wohnsitz im nahen

Salcombe, das nach seinem Tode zeitweilig zur Universität Exeter gehörte und heute als öffentliches Observatorium dient. Seit 1869 Mitglied der Royal Society, war er 1892/93 ihr Vizepräsident. – Um der Spezialisierung innerhalb der Naturwissenschaften entgegenzuwirken, gründete LOCKYER 1869 als allen naturwissenschaftlichen Disziplinen offenes, der gegenseitigen Unterrichtung dienendes Periodikum die inzwischen angesehenste naturwissenschaftliche Zeitschrift ›Nature‹, deren Herausgeber er fast fünfzig Jahre blieb. Daneben gilt er aufgrund seiner Untersuchungen der möglicherweise astronomisch-kalendarischen Zwecke und Nutzungen von vorgeschichtlichen Monumenten (wie Stonehenge) als ›Vater der Archaeoastronomie‹.

Während der von ihm beobachteten Sonnenfinsternisse wandte LOCKYER von Anfang an die neuen astrophysikalischen Methoden der Spektroskopie und BUNSEN-KIRCHHOFFschen Spektralanalyse an. Er hatte sich dafür schon durch spektroskopische Untersuchungen der Sonnenflecken (1866), um neben der der Sonnenoberfläche auch deren Temperatur zu bestimmen, und die Messung der Verschiebung der Spektrallinien gegenüber dem Normalspektrum nach dem DOPPLER-Effekt an beiden äquatorialen Rändern ausgewiesen, um aus den Radialgeschwindigkeiten die Rotationsgeschwindigkeit der Sonne zu erhalten (1869). Bei den Sonnenfinsternissen wurden dann natürlich insbesondere auch die Protuberanzen und Fackeln (Flares) einbezogen – für letztere versuchte er ebenfalls die Ausbruchgeschwindigkeit nach dem DOPPLER-Prinzip zu ermitteln. Bei den Protuberanzen war ihm zeitgleich mit dem französischen Astrophysiker PIERRE JULES CÉSAR JANSSEN (* 22.02.1824 Paris, † 23.12.1907 Meudon [Frankreich]) schon bei der Finsternis von 1868 in Indien aufgefallen, dass die weitaus stärkste Strahlung im Bereich der dunklen Absorptionslinien des Wasserstoffs erfolgte. Beide entwickelten daraus ein Verfahren, die Sonnenaktivitäten auch außerhalb von totalen Finsternissen spektroskopisch beobachten zu können – sie wurden dafür auch gemeinsam von der Pariser ›Académie des sciences‹ geehrt. LOCKYER konstruierte für solche Beobachtungen dann auch ein spezielles Spektrohelioskop.

Größeren Kreisen wurde LOCKYER bekannt, als ihm die richtige Deutung einer auffallenden gelben Spektrallinie, die er während der Sonnenfinsternis von 1868 im Spektrum einer Protuberanz entdeckt hatte, als einem noch unbekannten Element zugehörige

Strahlung gelang. Nach dem Bekanntwerden der BUNSEN-KIRCH-HOFFschen Spektralanalyse waren ja schon 1860 die ersten bis dahin unbekannten Elemente auf der Erde entdeckt worden; jetzt führten nicht die Absorptionslinien, sondern die Strahlung einer bestimmten Wellenlänge selbst auf ein Element, das LOCKYER nach dem griechischen Wort für Sonne (*Helios*) ›Helium‹ nannte. Der Nachweis dieses Elementes als ein Edelgas in der irdischen Lufthülle gelang erst 1895 dem Londoner Chemiker WILLIAM RAMSAY (* 1852 Glasgow, † 1916 Haslemere [Sussex]).

GEORG FRIEDRICH JULIUS *ARTHUR* VON (seit 1912) AUWERS
(* 12.09.1838 Göttingen, † 24.01.1915 Berlin)

Der früh verwaiste ARTHUR AUWERS, Sohn eines ehemaligen Rittmeisters und damaligen Stallmeisters der Universität, besuchte die Grundschule und ersten Jahre des Gymnasiums in Göttingen, bevor ihn sein Vormund an das berühmte Gymnasium in Schulpforta (Thüringen) schickte, wo er 1857 sein Abitur machte. Im selben Jahr begann er ein Studium der Astronomie in Göttingen, das er ab 1859 als Assistent von FRIEDRICH WILHELM BESSEL in Königsberg fortsetzte. Hier hat er hauptsächlich am Heliometer gearbeitet und 1862 mit Untersuchungen über die Eigenbewegungen des von BESSEL erschlossenen Doppelsterns Prokyon auch promoviert. Danach war er als Observator an der Sternwarte Gotha tätig, bevor er 1866 als Astronom in die Königlich Preußische Akademie der Wissenschaften in Berlin gewählt wurde, deren Physikalisch-Mathematischer Klasse er ab 1878 als ständiger Sekretär vorstand. 1912 wurde ihm in Anerkennung seiner wissenschaftlichen und organisatorischen Leistungen der erbliche Adel verliehen.

Schon als Schüler war ihm bei der Prüfung der Örter in WILLIAM HERSCHELS Nebelkatalogen die Ungenauigkeit der Ortsangaben aufgefallen, und es reifte bereits damals sein Entschluss, der seine ganze Lebensarbeit bestimmen sollte, vorhandene Ortsbestimmungen am Himmel durch möglichst eingehende Bearbeitung nutzbar zu machen; und das hat ihn dann wohl auch bewogen, sein Studium in Königsberg bei BESSEL fortzusetzen, der mit seinen ›Fundamenta astronomiae‹ den Anfang dazu gemacht hatte. Aus der BESSELschen Schule stammend, widmete auch AUWERS sich ausschließlich der Positionsastronomie und hier besonders dem Studium der Eigenbewegungen von Fixsternen und Doppelsternen sowie als vornehmliche Akademie-Aufgabe dem Erstellen von allgemeinen Sternkatalogen und neuen Fundamentalkatalogen, deren Exaktheit die Grundlagen für ein genaueres Studium des Sternsystems bildete. Seine erste Arbeit zu den Fundamenten stammte bereits aus dem Jahre 1865 (›Fundamentalsystem der Deklination‹); Mitstreiter auf diesem Gebiet unter seinen etwa gleichaltrigen Zeitgenossen waren vor allem SIMON NEWCOMB (* 12.03.1835 Wallace [Neuschottland, Kanada], † 11.07.1909 Washington, D.C. [U.S.A.]) ehemals am Naval Observatory in Washington, D.C., und ab 1877 als Direktor des dortigen American Nautical Almanac Office, LEWIS BOSS (* 26.10.1846 Providence [Rhode Island], † 05.10.1912 Albany [New York]) am Dudley Observatory und der spätere (1879–1907) königliche Astronom und Direktor der Sternwarte am Kap der Guten Hoffnung Sir DAVID GILL (* 12.06.1843 Aberdeen [Schottland], † 24.01.1914 London), der 1882 die fotografische Messung von Sternörtern eingeführt hatte und mit dem AUWERS eng befreundet war. Auch für AUWERS bildeten neben den BESSELschen und anderen hauptsächlich die vorzüglichen Beobachtungen von JAMES BRADLEY, die er neu bearbeitet und reduziert herausgab (3 Bände, Leipzig 1912–1914), das historische Vergleichsmaterial für die Eigenbewegungen. Unter seiner Leitung stand nach dem Tode von FRIEDRICH ARGELANDER das Zonenunternehmen der Astronomischen Gesellschaft, an dem sich weltweit 13 Sternwarten (neben anderen auch das Dudley Observatory von LEWIS BOSS und die Kap-Sternwarte mit DAVID GILL) für jeweils eine bestimmte Zone beteiligten. AUWERS schuf hierzu ständig verbesserte und ergänzte Fundamentalkataloge und trug selbst zwischen 1896 und 1904 Ortsbestimmungen von Sternen in der Zone zwischen 14°50' und 20°10' nördlicher Deklination, bezogen auf das Jahr 1855, bei. 1910 rief er das als ›Geschichte des Fixsternhimmels‹ bekannte Unternehmen der Preußischen Akademie ins Leben, das möglichst vollständig die Beobachtungen von 1753 (BRADLEY) bis 1900 umfassen sollte. Einen großen Teil seiner Arbeitskraft widmete er allerdings der Vorbereitung, Durchführung und Auswertung der von ihm geleiteten deutschen Expeditionen zur Beobachtung der beiden Venusdurchgänge des 19. Jahrhunderts: 1874 in Luxor und 1882 in Punta-Arenas (von englischer Seite von GEORGE AIRY durchgeführt). Sie dienten vornehmlich der genauen Bestimmung von Sonnenparallaxe (-entfernung) und -durchmesser; allerdings blieben die Ergebnisse wegen der noch unzureichenden fotografischen Ausstattung höchst unbefriedigend. Als geeigneter stellten sich auch nach einem Vorschlag von JOHANN GOTTFRIED GALLE Heliometerbeobachtungen von Durchgängen kleiner Planeten heraus, wie sie AUWERS 1889 auch gemeinsam mit seinem Freund DAVID GILL mit Positionsbestimmungen des Planetoiden Victoria an der Sternwarte am Kap der Guten Hoffnung durchführte. Ergänzende Beobachtungsreihen ermöglichten ihm damals auch den Nachweis, dass die Sonne trotz ihrer Rotation keine Abplattung aufweist.

HERMANN CARL VOGEL
(* 03.04.1842 Leipzig, † 13.08.1907 Potsdam)

Bis 1860 besuchte HARMANN CARL VOGEL die unter der Leitung seines Vaters stehende Bürger- und Realschule in Leipzig und begann dann mit dem Studium am Polytechnikum in Dresden. Nachdem seine Eltern gestorben waren und er sich seinen Lebensunterhalt selbst verdienen musste, nahm 1863 eine ältere Schwester ihn in Leipzig auf, wo er sein Studium der Mathematik, Physik und Astronomie fortsetzen konnte und 1865 zweiter Assistent von CARL CHRISTIAN BRUHNS an der Sternwarte wurde. Er widmete sich hier speziell der Positionsbestimmung von Nebeln und Sternhaufen, worüber er auch 1870 in Jena promovierte. Noch im selben Jahr ging VOGEL auf Empfehlung seines Leipziger Lehrers BRUHNS nach Bothkamp bei Kiel und übernahm die Leitung der dort errichteten Privatsternwarte des Kammerherrn VON BÜLOW. Er hatte das Glück, das Instrumentarium hier nach eigenen Wünschen ergänzen zu dürfen, und richtete sich die Sternwarte speziell zur Durchführung spektroskopischer Untersuchungen, wie sie gerade damals langsam aufkamen, ein. Durch VOGELs Bothkamper Arbeiten wurde nicht nur die kleine Sternwarte schnell weltweit bekannt, sondern auch ihr Leiter selbst, so dass er 1874 am geeignetsten erschien, als Observator am neuen

Astrophysikalischen Observatorium zu wirken, dessen Errichtung bei Potsdam beschlossen worden war. Vogel erhielt gleichzeitig den Auftrag, an der Planung der instrumentellen Ausstattung mitzuwirken, und unternahm 1875 zur Ergänzung der selbst gewonnenen Erfahrungen eine Informationsreise zu den englischen Sternwarten, die ihn unter anderem mit George Airy und William Huggins zusammenführte. Während der ersten Baujahre wohnte Vogel noch in Berlin, richtete sich an der dortigen Sternwarte ein kleines Laboratorium ein und konnte auch den Refraktor benutzen. Er untersuchte hier hauptsächlich die Sonnenatmosphäre und die Ursachen für die Helligkeitsverteilung auf der Sonnenscheibe. 1877 siedelte er nach Potsdam über und begann jetzt, sich in Fortsetzung der Bothkamper Untersuchungen intensiv mit Fixsternspektralanalysen zu beschäftigen, für die er die instrumentellen Voraussetzungen laufend vervollkommnen und ergänzen konnte, so dass das Potsdamer Observatorium in Europa stets führend blieb. Die Leitung des Observatoriums, die ihm 1882 übertragen wurde, und die Sorge für den instrumentellen Ausbau ließen ihm dann allerdings nicht mehr die Zeit zu umfassenden eigenen Beobachtungen. 1892 wurde er zum Mitglied der Preußischen Akademie gewählt, nachdem schon mehrere ausländische Akademien ihn als Mitglied aufgenommen hatten.

In Bothkamp führte Vogel visuelle Beobachtungen der Spektren von Sonne, Planeten, Kometen, Nebeln, Fixsternen und Nordlichtern durch und versuchte auch bereits im Anschluss an Huggins, nach dem Dopplerschen Prinzip Radialgeschwindigkeiten einiger der hellsten Fixsterne spektroskopisch zu ermitteln (1871 wies er so noch in Bothkamp die Sonnenrotation nach, 1888 gelang ihm die erste Bestimmung der Radialgeschwindigkeit eines Sterns). Für diese Untersuchungen sollte ihm mit der Konstruktion des ersten Sternspektrographen auf fotografischer Basis, der die gesamte junge Astrophysik auf neue Grundlagen stellte, 1888 der entscheidende Durchbruch gelingen. Und das genaue Messen von Radialgeschwindigkeiten der Sterne mittels eigens entwickelter Methodik blieb dann auch eines seiner und seiner Potsdamer Mitarbeiter Hauptarbeitsgebiete. Daneben unternahm er eine erste Durchmusterung von über 4000 Sternen der Zone zwischen −1° und +20° Deklination, teilte sie in Spektraltypen ein, die eine Modifikation jener von Angelo Secchi darstellten und später durch die Harvard-Klassifikation EDWARD CHARLES PICKERINGS ersetzt wurden, setzte dieses Unternehmen aber nicht fort, als sich der erhoffte Zusammenhang zwischen Sternfarbe und -spektrum nicht ergab. – Die wohl folgenreichste Entdeckung gelang ihm mit Hilfe des neuen Spektrographen, nämlich der Nachweis, dass der veränderliche Stern Algol ein sogenannter Bedeckungsveränderlicher Stern ist. Genaue Messungen an den Spektralaufnahmen, die er in den Jahren 1888 bis 1891 zusammen mit JULIUS SCHEINER (* 25.11.1858 Köln, † 20.12.1913 Potsdam) gewonnen hatte, der 1887 nach Potsdam gekommen war und 1894 auch Professor in Berlin wurde, hatten die Vermutung einer mit dem Lichtwechsel periodisch zusammenhängenden Spektrallinienverschiebung bestätigen können, womit erstmals der Nachweis eines visuell nicht auflösbaren Doppelsterns geglückt war. Das Studium der Veränderlichen war damit in ein neues Stadium getreten.

EDWARD CHARLES PICKERING

(* 19.07.1846 Boston, † 03.02.1919 Cambridge [Mass., USA])

EDWARD PICKERING studierte an der zur Harvard University gehörenden Lawrence Scientific School, wo er 1865 auch seinen ›Bachelor of science‹ machte und dann sofort als Mathematiklehrer eingesetzt wurde. 1876 wurde er ›Assistant Instructor‹ für Physik am Massachusetts Institute of Technology in Boston und führte hier die experimentelle Arbeitsmethode in den Physikunterricht ein, die dann zu einer allgemeinen Einrichtung an amerikanischen Hochschulen wurde. Sein Können als Mathematiker und vor allem als Physiker veranlasste 1877 den Präsidenten der Harvard University, PICKERING zum Direktor des Harvard College-Observatoriums zu ernennen; denn er hatte erkannt, dass die Astronomie sich in immer stärkerem Maße zur Astrophysik wandelte. PICKERING leitete die Sternwarte dann fast 42 Jahre lang und wurde nicht nur zu einem der Mitbegründer der modernen Astrophysik, sondern er machte auch diese Sternwarte zu einer der bedeutendsten auf der gesamten Welt. 1891 errichtete er gemeinsam mit seinem Bruder WILLIAM HENRY PICKERING eine

Tochter-Sternwarte in Arequipa (Peru), um auch den südlichen Sternenhimmel in die Untersuchungen einbeziehen zu können.

EDWARD PICKERING selbst bezeichnete sich als »a collector of astronomical facts«, trifft seine Tätigkeit damit aber nur, wenn man darunter ein systematisches Erfassen versteht; auch in der Quantität der Ergebnisse übertraf er alles Vorangegangene. Sein Hauptinteresse galt in Wiederaufnahme und Weiterführung der Arbeiten von FRIEDRICH ARGELANDER der Messung der Leuchtkraft der Sterne, jetzt einschließlich ihrer Klassifikation, und so wurden fast nur vier Arbeitsgebiete von ihm und seinen Mitarbeitern am Observatorium verfolgt, zum einen die Fotometrie, wofür er neue instrumentelle Verfahren ersann (so verglich er die Leuchtspuren der Sterne auf nicht nachgeführten Platten), sodann die Ausarbeitung einer Skala fotografischer Größenklassen, die Klassifikation der Veränderlichen – er hat 1889 nach dem Vorgang HERMANN CARL VOGELs ebenfalls einen ersten spektroskopischen Doppelstern (Mizar) entdeckt – und das System einer Klassifikation der Sternspektren, woran er ab 1885 arbeitete. Mit ihm zog die ›Big Science‹-Kultur in die Astronomie ein, und er hatte ein großes Geschick, immer wieder Mittel für instrumentelle und personelle Ausstattungen seines Instituts einzuwerben. Zu seinen zahlreichen Mitarbeitern gehörten auch mehrere Frauen, die von den Kollegen zwar despektierlich als ›Pickerings Harem‹ bezeichnet wurden, aber wichtige Beiträge zur neuen Astrophysik erbrachten – unter den amerikanischen Astronominnen dieser Zeit ragten vor allem ANNIE JUMP CANNON (* 11.12.1863 Dover [Del.], † 13.04.1941 Cambridge [Mass.]) und HENRIETTE LEAVITT heraus. Der spätere Direktor der Kopenhagener Sternwarte SWANTE ELIS STRÖMGREN (* 1870, †1947) berichtete aus Anlass des Todes von PICKERING über seine schon fast als Gigantomanie zu bezeichnende Sucht nach »großen Zahlen«: Würden anderswo die Spektren von Fixsternen mühsam einzeln untersucht, so hätte PICKERING Methoden entwickelt, in kurzer Zeit mit seinen Mitarbeitern einige hundert Sterne zu klassifizieren; und während anderenorts die Entdeckung interessanter Himmelsobjekte meist dem Zufall überlassen bliebe, habe er Instrumente entwickelt und bauen lassen, die völlig automatisch Nacht für Nacht den gesamten sichtbaren Himmel fotografierten, so dass man später auf den Platten nachsehen könnte, wie der Himmel zum Zeitpunkt der Aufnahmen ausgesehen habe, und man aus einem Vergleich dieser Platten (zu denen sich dann auch die von der Sternwarte in Arequipa gesellten) ohne weiteres entnehmen könnte, was sich verändert habe. An der Innenseite der Türen zu den Abteilungen wären jeweils die Erfolge (auch zum Ansporn der Mitarbeiter) vermerkt, so befände sich an der Tür der Gruppe für Veränderliche Sterne ein Blatt mit zwei Kurven. Die eine summiere die Anzahl der an allen anderen Sternwarten zusammen entdeckten und bearbeiteten auf, die andere die am Harvard-Institut aufgefundenen und spektrographisch aufgenommenen und untersuchten; und die Schere zwischen beiden wäre schon früh auseinander gegangen und öffnete sich immer weiter.

PICKERING hatte nach fotografischen Aufnahmen ein verfeinertes System der Klassifizierung der Fixsterne nach Spektrallinienkriterien entwickelt. Seine Klassifizierung hatte sich ursprünglich zwar an die von ANGELO SECCHI und VOGEL vorgenommene Klassifikation in vier Spektraltypen angelehnt; doch hat sie diese dann verdrängt, nachdem seine Mitarbeiterin ANNIE CANNON die Daten einer Neuordnung unterzogen hatte. Sie beließ zwar die Bezeichnungen PICKERINGS mit lateinischen Großbuchstaben, ordnete die Gruppen aber streng nach absteigender Temperatur an, für deren Abschätzung sie neue Kriterien entwickelte. Diese sogenannte Harvard-Klassifikation steht neben den theoretischen Arbeiten zur fotografischen Fotometrie von KARL SCHWARZSCHILD am Beginn des zweiten Abschnittes der Astrophysik, der sich gut mit den Worten charakterisieren lässt, mit denen MAX PLANCK 1913 SCHWARZSCHILDS Antrittsrede nach der Wahl in die Preußische Akademie der Wissenschaften erwiderte, dass nämlich Astronomie und Astrophysik sich nicht genügend vielseitig fortentwickeln könnten, »wenn man nicht ihre Beziehungen zur allgemeinen Physik und Chemie derart pflegt und fördert, dass sie mit jenen zu einem einzigartigen Ganzen zusammenwächst«. PICKERINGS ›Henry Draper Memorial Catalogue‹ mit 225 300 nach den neuen Spektraltypen geordneten Sternen – fast alle bis zu 9,5. Größe und einige tausend schwächere – erschien allerdings erst 1924 (die Mittel für die Bearbeitung hatte DRAPERS Witwe zur Verfügung gestellt). Unter PICKERINGS Leitung entstand auch mittels des von ihm entwickelten Meridianfotometers der 1884 erschienene erste größere Helligkeitskatalog von 4260 Sternen (›Harvard Photometry‹), der später zur ›Revised Harvard Photometry‹ mit über 50 000 Sternen erweitert wurde. Das in beiden

Werken enthaltene gewaltige Beobachtungsmaterial an visuellen und fotografisch gewonnenen Sternhelligkeiten und -spektren bildet immer noch eine Grundlage für die Stellarstatistik und das Studium der Veränderlichen Sterne. 1903 hat Pickering dann auch einen ersten fotografischen Sternatlas (›Photographic Map of the Entire Sky‹) veröffentlicht, der auf 55 Karten alle Sterne des Nord- und Südhimmels bis zur Größenklasse 12^m enthält – ihm und seinen Mitarbeitern standen natürlich noch viel mehr Daten zur Verfügung.

Seth Carlo Chandler
(* 17.09.1846 Boston, † 31.12.1913 Wellesley [Massachusetts, USA])

Seth Carlo Chandler studierte an der Harvard University in Cambridge (Massachusetts) und wurde nach dem Studienabschluss 1861 Privatassistent an der dortigen Sternwarte. Von 1864 bis 1870 ging er an das United States Coast Survey, danach an eine New Yorker, 1877 an eine Bostoner Versicherungsgesellschaft als Mathematiker, bevor er 1881 nach Cambridge zurückkehrte und seine astronomische Tätigkeit am Harvard Observatory von neuem aufnahm. 1885 gab er diese Stellung jedoch wieder auf und beschäftigte sich fortan auf privater Basis mit theoretischer Astronomie, wurde Herausgeber des ›Astronomical Journal‹ und zog sich als kranker Mann 1904 nach Wellesley zurück.

Chandler hatte sich anfangs vorwiegend mit Kometenbahnen beschäftigt, wurde bald jedoch einer der führenden Astronomen auf dem neu erschlossenen Gebiet der Veränderlichen Sterne. Seine 1888 aufgestellte Formel für deren Lichtwechsel wurde erst nach einigen Jahrzehnten als nicht mehr mit den (inzwischen neu entdeckten) Erscheinungen übereinstimmend verworfen. Zweifellos seine größte Leistung ist allerdings die Bestimmung der nach ihm benannten Periode der Polhöhenschwankungen, das ist die Verlagerung des Poles der Rotationsachse der Erde um etwa 10 m von seiner mittleren Lage, was eine entsprechende Schwankung der geographischen Breite zur Folge hat. Diese Erscheinung hatte bereits Friedrich Wilhelm Bessel 1844 entdeckt und Karl Friedrich Küstner (* 22.08.1856 Görlitz, † 16.10.1938

Mehlem [bei Bonn]) 1888 aufgrund jahrelanger Beobachtungen wiederentdeckt, die er in Hamburg und Berlin, wo er seit 1882 beziehungsweise 1884 Observator gewesen war, gemacht hatte – KÜSTNER wurde daraufhin 1891 auf den Lehrstuhl für Astronomie in Bonn berufen. Die exakte Bestimmung dieser deshalb ›CHANDLERsche Periode‹ genannten Bewegung (14 und 12 Monate, sich überlagernd, heute präzisiert zu 442 und 412 Tagen) war die Frucht langjähriger Berechnungen, die ihren Urheber als ausgezeichneten Mathematiker ausweisen – wie auch seine neuen Bestimmungen der Aberrationskonstante und die Berechnungen von Eigenbewegungen, denen er sich daneben hauptsächlich widmete. Seine erste Arbeit über die Polhöhenschwankungen war 1891 erschienen und hatte ihm sogleich die Würde eines Ehrendoktors der Universität Paris eingetragen.

HUGO VON SEELIGER
(* 23.09.1849 Biała, † 02.12.1924 München)

HUGO VON SEELIGER entstammte einer wohlhabenden und angesehenen Familie im damals österreichisch-schlesischen, heute polnischen und mit Bielitz vereinigten Biała am Fuße der Karpaten. Er besuchte das Gymnasium in Teschen und studierte nach dem 1867 abgelegten Abitur in Heidelberg und Leipzig. Obwohl er von 1871 bis 1873 Assistent von CARL CHRISTIAN BRUHNS in Leipzig war und bei ihm auch 1872 mit einer astronomischen Arbeit promovierte, sah er sich selbst als Schüler des theoretischen Physikers CARL GOTTFRIED NEUMANN (* 07.05.1832 Königsberg, † 27.03.1925 Leipzig) aus dem Königsberger mathematisch-physikalischen Seminar seines Vaters FRANZ ERNST NEUMANN (* 1798, † 1895) und des Mathematikers CARL GUSTAV JACOB JACOBI (* 1804, † 1851) an. Er war und blieb auch ein ausgesprochener Theoretiker, obgleich er in den Jahren von 1873 bis 1878, als er unter FRIEDRICH ARGELANDER in Bonn Observator war, auch der praktischen Astronomie seinen Zoll entrichtete, indem er tatkräftig an dem Zonenunternehmen der Astronomischen Gesellschaft mitwirkte. Ihm war sogar 1874 die Leitung der Venusexpedition des Deutschen Reiches nach den Aucklandinseln übertragen worden. Er habilitierte sich dann 1877 mit einer Arbeit über die ›Theorie des Heliometers‹ in Bonn, ließ sich aber bald danach, da er ja von Haus aus finanziell unabhängig von einer festen Anstellung war, als Privatgelehrter in Leipzig nieder und konnte hier auf eine Berufung warten. Eine solche erfolgte zuerst an die Sternwarte Gotha, deren Direktor er im Jahre 1881/82 war, bevor ihm dann als Konservator (1886 Direktor) die Leitung der Sternwarte von München-Bogenhausen und der astronomische Lehrstuhl an der Universität übertragen wurden. Inzwischen zu einem anerkannten Astrophysiker geworden, blieb er München sein Leben über treu und schlug 1883 einen Ruf nach Prag ebenso aus wie später einen solchen nach Straßburg (1886), Kiel (1896) und Wien (1908) und widerstand 1908 sogar dem Angebot, als Leiter eines reinen Forschungsinstitutes an das Astrophysikalische Observatorium nach Potsdam zu gehen, so dass hier der Weg frei wurde für seinen Schüler KARL SCHWARZSCHILD. 1919 übernahm er dann trotz eines Herzleidens noch die ehrenvolle Bürde des Präsidenten der Bayerischen Akademie der Wissenschaften. Seine Stellung unter den deutschen Astronomen seiner Zeit kennzeichnet treffend das Vierteljahrhundert, das er von 1896 bis 1921 Vorsitzender der Astronomischen Gesellschaft war.

Vier Arbeitsgebiete waren es, die SEELIGER hauptsächlich beschäftigten. Schon während seiner Leipziger Studienzeit bei FRIEDRICH ZÖLLNER liegen die Anregungen und Anfänge zu seinen fotometrischen Untersuchungen, die zwar im wesentlichen auf das Planetensystem beschränkt blieben – er konnte so die schon von GIOVANNI DOMENICO CASSINI vermutete Staubstruktur der Saturnringe nachweisen –, aber auch seiner Theorie der Nova-Entstehung zugrundeliegen, wonach ein in eine interstellare Staubwolke eindringender Stern wie eine Sternschnuppe beim Bremsvorgang seine Bewegungsenergie in Wärme umsetzen, stark erglühen und den umgebenden Nebel mit aufhellen soll. Die Theorie wurde von ihm zwar weiter ausgebaut und den Phänomenen besser angepasst, hat sich aber bald nach seinem Tode als verfehlt erwiesen. Weiterhin widmete er sich der Erforschung des Zodiakallichtes, das er zutreffend erklärte, und der Himmelsmechanik von Mehrfachsystemen, worin er besonders am Vierfachsystem ζ im Sternbild Krebs sein mathematisches Geschick unter Beweis stellen konnte. Dagegen müssen seine Versuche, nach dem Beispiel der Sterneichungen von WILLIAM HERSCHEL unter Berücksichtigung anderer physikalischer Größen Aussagen über den geometrischen Aufbau des gesamten Sternsystems (als das immer noch unsere Milchstraße angesehen wurde) zu machen, ebenso wie die gleichen Bestrebungen JAKOBUS CORNELIUS KAPTEYNS als gescheitert angesehen werden; denn erst 1918 waren durch die Entdeckung der Perioden-Leuchtkraft-Beziehung für die Cepheiden und ihre Anwendung zur fotometrischen Entfernungsbestimmung durch HARLOW SHAPLEY erste absolute Entfernungsbestimmungen möglich geworden. SEELIGER hatte 1911 die Form einer abgeflachten Linse mit Radien von 16 000 beziehungsweise 10 000 Lichtjahren für die Milchstraße errechnet und den Ort der Sonne noch wie WILLIAM HERSCHEL nahe dem Zentrum angesetzt. Es gelang ihm zwar, die Endlichkeit dieses Systems gegen entgegengesetzte Auffassungen noch zu behaupten, doch ging die Entwicklung schon zu seinen Lebzeiten über diese Ergebnisse hinweg.

JAKOBUS CORNELIUS KAPTEYN
(* 19.01.1851 Barneveld [Niederlande],
† 18.06.1922 Amsterdam)

Von 1869 bis 1875 studierte JAKOBUS CORNELIUS KAPTEYN in Utrecht Mathematik und Meteorologie, wurde nach der Promotion Observator an der Sternwarte in Leiden und 1878 Professor für Astronomie an dem neuerrichteten Lehrstuhl in Groningen. Sein Wunsch nach einer eigenen Sternwarte ist jedoch nie in Erfüllung gegangen. Nachdem das für die aufkommende neue Beobachtungsmethode dem Land bewilligte fotografische Teleskop Leiden zugesprochen worden war, zerschlugen sich diesbezügliche Pläne für Groningen endgültig. Für KAPTEYN ergab sich so das Problem, wie ein Astronom ohne Sternwarte Astronom bleiben kann. Ihm standen anfangs nicht einmal eigene Institutsräume zur Verfügung; denn erst 1896 wurde das sogenannte Astronomische Laboratorium in einem ungenutzten kleinen Wohnhaus eröffnet und 1903 in das alte Mineralogische Laboratorium verlegt. Seit 1913 stand ihm dann endlich mit dem freigewordenen Gebäude des Physiologischen Laboratoriums ausreichender Raum zur Verfügung. Beobachten konnte KAPTEYN, der, wie seine visuellen Parallaxenbestimmungen zeigen, ein ausgezeichneter Beobachter war, nur während der vorlesungsfreien Zeit in Leiden; später verbrachte er viele Sommer zum Beobachten in den U.S.A., wo er von 1908 bis zum Ersten Weltkrieg ›Research Associate‹ am Mount Wilson-Observatorium war. Nach der Emeritierung im September 1921 wurde ihm die gern ergriffene Gelegenheit geboten, als stellvertretender Adjunktdirektor in die Sternwarte Leiden einzutreten.

KAPTEYN machte aus der Not eine für die Wissenschaft mehr als den Verlust ausgleichende Tugend und widmete sich vorwiegend der theoretischen Astronomie, insbesondere der Erforschung des Aufbaues unseres Milchstraßensystems und der Bewegungen darin. Die wesentlichen Anstöße zu dieser nach WILLIAM HERSCHEL erneuerten Disziplin, der Stellarstatistik, gingen denn auch aus dem Groninger ›Laboratorium‹ hervor, und zwar nicht nur durch die Ausarbeitung einer Methodik und die Koordinierung der teils selbst angeregten Beobachtungstätigkeit und der theoretischen Auswertung, sondern auch durch eigene Forschungen an dem ihm überlassenen, teilweise nach eigenen Wünschen aufgenommenen Plattenmaterial und erste wegweisende Ergebnisse. Es war ja im wesentlichen die Himmelsfotografie gewesen, die der von HERSCHEL erdachten Methode der Sterneichungen neue Impulse gab und ihr gleichzeitig trotz der geforderten Genauigkeit und Differenzierung nach Spektralklassen, Entfernungen usw. rasch die Bildung schon auf relativ breiter Basis stehender Theorien ermöglichte. Neben der Entdeckung, dass die Eigenbewegungen der – wie wir heute wissen: nächsten – Fixsterne nicht ungeordnet, sondern wesentlich in zwei einander entgegengesetzten ›Sternströmen‹ parallel zur Milchstraßenebene erfolgen, waren die Theorien KAPTEYNs ebenso wie jene seines bedeutendsten Mitstreiters HUGO VON SEELIGER auch bald überholt. Die angeblichen ›Sternströme‹ (1905) wurden durch Untersuchungen unter anderem von KARL SCHWARZSCHILD, HARLOW SHAPLEY, ARTHUR EDDINGTON und dem schwedischen Astronomen und Direktor (ab 1927) der Stockholmer Sternwarte BERTIL LINDBLAD (* 26.11.1895 Örebro, † 25.06.1965 Stockholm) als scheinbare Effekte infolge der Rotation unseres Milchstraßensystems, seines Aufbaus und der peripheren Lage unseres Sonnensystems erkannt, und 1927 wurde von dem niederländischen Astronomen JAN OORT spektroskopisch die differentielle Rotation der Milchstraße bestätigt. KAPTEYNs verschiedene Hypothesen über die Sternverteilung legen selbst schon Zeugnis ab für den mit dem Anwachsen des vermessenen Materials rasch erfolgenden Wandel der Vorstellungen; und dass sie später durch bessere ersetzt werden mussten, war dem Mitbegründer dieser neuen Wissenschaft durchaus bewusst. Geht doch auf ihn der Vorschlag zurück, sogenannte ›selected areas‹, 200 gleichmäßig über den ganzen Himmel verteilte, etwa 1° × 1° große Felder und zusätzlich 46 aus interessanten Gegenden der Milchstraße, nach den verschiedensten Gesichtspunkten statistisch zu erfassen, um ein besseres Bild der Milchstraße (und damit des Universums) zu erhalten. Er selbst gab ihr die Gestalt einer flachen, von 1,2 Milliarden Sternen erfüllten Linse, deren größte Ausdehnung von 16 300 Lichtjahren das Fünffache ihrer Dicke betrage. (Das bei seinem Tode nur zu einem geringen Teil durchgeführte Programm ist inzwischen lange abgeschlossen.)

Henri Alexandre Deslandres
(* 24.07.1853 Paris, † 15.01.1948 Paris)

Henri Deslandres entstammt einer typischen bürgerlichen Familie der Mitte des 19. Jahrhunderts in Frankreich. Er studierte an der École Polytechnique und trat dann nach dem Erlebnis des deutsch-französischen Krieges von 1870/71 1874 in die Armee ein und errang den Rang eines Captain im Ingenieur-Korps. Mit der dabei gewachsenen Begeisterung für die Physik verließ er 1881 die Armee, um sich intensiv diesem Gebiet widmen zu können – soldatische Haltung und soldatisches, auf die Praxis ausgerichtetes Denken sollten auch sein folgendes wissenschaftliches Leben bestimmen. Er arbeitete zunächst an den physikalischen Instituten der École Polytechnique und der Sorbonne, wo er sich bei Marie Alfred Cornu (* 1841, † 1902) speziell mit der Spektroskopie im ultravioletten Bereich beschäftigte und 1888 auch mit der Arbeit ›Spectres de bandes ultra-violets des métalloïdes avec une faible dispersion‹ promovierte; seine darin parallel zu Johann Jakob Balmer (* 1825, † 1898) entwickelten numerischen Terme in den Spektrallinien des Wasserstoffs (›Balmer-Serie‹) sollten mit zur Entwicklung der Quantenmechanik führen, die er selber allerdings als ›modernistisch‹ nicht mehr bearbeitete. Mit diesen Vorkenntnissen trat er vielmehr 1889 in das Pariser astronomische Observatorium ein, dessen damaliger Leiter Admiral AMÉDÉE ERNEST MOUCHEZ hier mit ihm die neue Astrophysik etablieren wollte, nachdem während der Direktion von URBAIN JEAN JOSEPH LE VERRIER fast ausschließlich Himmelsmechanik und Positionsastronomie betrieben worden war. 1897 ging DESLANDRES wegen der spezielleren Ausstattung als zweiter Mitarbeiter zu JULES JANSSEN an das für diesen errichtete astrophysikalische Observatorium in Meudon, dessen Leitung er nach JANSSENS Tod 1908 übernahm, unterbrochen nur durch die Jahre des Weltkriegs, nach dessen Beginn er sich sogleich wieder zur Armee gemeldet hatte. 1926 wurden die beiden Institutionen in Paris und Meudon unter seiner Leitung zusammengelegt. 1929 trat DESLANDRES in den Ruhestand, ohne jedoch die wissenschaftliche Arbeit einzustellen. Er war 1902 in die Pariser Académie des sciences gewählt worden, deren Präsident er 1920 war.

Innerhalb der in Paris von ihm erwarteten spektroskopischen Arbeiten widmete DESLANDRES sich zuerst den Spektren von Fixsternen und Planeten, später auch der Sonne, und konstruierte für den gerade fertiggestellten 120 cm-Spiegel einen Spektrographen (in Meudon verband er einen solchen mit dem großen Refraktor von 83 cm Öffnung), mit dem er durch Messungen von Radialgeschwindigkeiten nach dem DOPPLER-FIZEAU-Effekt nachweisen konnte, dass der Saturnring, dessen Rotationsgesetz er ableitete (1895), aus unabhängigen Partikeln besteht und dass der Uranus wie seine Monde in der allen übrigen Planeten entgegengesetzten Richtung rotiert. Im Frühjahr 1894 vollendete er parallel zu und unabhängig von GEORGE ELLERY HALE einen Spektroheliographen, der ermöglichte, die Sonne in fast monochromatischem Licht zu fotografieren, wobei jeweils ein schmales Spektralband mit Hilfe eines Dispersionsspektrographen ausgewählt werden konnte. Bei der Wahl einer Strahlung, in der die Sonnenoberfläche (ihre Photosphäre) sehr dunkel erscheint, wurde so plötzlich die äußere Schicht, die Chromosphäre, die sonst nur bei totalen Sonnenfinsternissen als rötlicher Schimmer (daher der Name) erscheint, und die Korona ›sichtbar‹, die während einer Finsternis als äußere Randerscheinungen (Sonnenflecken, Protuberanzen, Fackeln, flächige Flares) auftritt. DESLANDRES entwickelte sehr nützliche Variationsmöglichkeiten des Instrumentes und trug viele neue Erkenntnisse zur Sonnenphysik bei. Wie HALE glaubte er, dass die Sonnenaktivitäten elektromagnetisch verursacht würden, und nahm darüber hinaus sogar an, dass die Sonne dabei auch Radiowellen ausstrahlt. Der von CHARLES NORDMAN bei DESLANDRES 1902 angestellte Versuch einer Bestätigung der Radiostrahlung einer Fleckengruppe schlug jedoch fehl. – Erst im Februar 1942 wurde während der Entwicklung des britischen Radar heftige solare Radiostrahlung beobachtet, die dann 1946 JAMES STANLEY HEY in Verbindung mit einer gleichzeitig am Meudon-Observatorium registrierten starken Sonnentätigkeit brachte. Aus den militärischen Radar-Anlagen entstanden daraufhin in Cambridge (MARTIN RYLE) und Manchester (BERNHARD LOVELL) die ersten Einrichtungen zum Empfang kosmischer Radiostrahlung, die den Anfang der modernen Radioastronomie darstellen.

JAMES EDWARD KEELER

(* 10.09.1857 La Salle [Illinois (U.S.A.)],
† 12.08.1900 San Francisco)

JAMES EDWARD KEELER war wie EDWARD EMERSON BARNARD ein typischer Vertreter der nordamerikanischen Aufbruchphase der Astronomie und Astrophysik. Er war nur bis 1869 in eine Schule gegangen, bevor die Familie in den kleinen Ort Mayport östlich von Jacksonville (Florida) zog, und hatte sich hier in der Folgezeit autodidaktisch fortgebildet; als er nach seinem kurzen Leben 1900 in San Francisco unerwartet starb, war er der führende Astrophysiker der U.S.A.

Mit 18 Jahren besorgte KEELER sich zwei Linsen und bastelte daraus ein Fernrohr. Es bildete den Anfang der Ausstattung seiner stolz ›Mayport Astronomical Observatory‹ genannten kleinen Privatsternwarte, die später ein Quadrant, ein Chronometer und ein Meridiankreis ergänzten, alles selbst gebaut (das handwerkliche Geschick kam ihm auch später bei der Konstruktion und Einrichtung spezieller Apparaturen sehr zugute). Durch die Berichte aus diesem Observatorium wurde ein Gönner auf ihn aufmerksam und ermöglichte dem Zwanzigjährigen ein Studium an der neu eröffneten Johns Hopkins University in Baltimore, wo er Assistent des Physikers CHARLES SHELDON HASTINGS wurde, den er im Juli 1878 auf die Sonnenfinsternis-Expedition des US

Naval Observatory nach Central City begleitete. 1881 erwarb er
seinen Bachelor of Arts, ging danach als Assistent zu SAMUEL
PIERPONT LANGLEY (* 1834, † 1906), dem Direktor des Allegheny
Observatory in Pittsburgh (Pennsylvania), und begleitete ihn sogleich auf den Mount Whitney in Kalifornien, wo LANGLEY das
von ihm gerade entwickelte Bolometer erstmals zur Messung der
Infrarot-Strahlung der Sonne einsetzte. 1883 für ein Jahr zum Studium der Physik in Heidelberg und Berlin (bei HERMANN VON
HELMHOLTZ), verließ KEELER 1886 Pittsburgh, um seine erste Anstellung als Astronom am noch im Aufbau begriffenen Lick-Observatorium auf dem Mount Hamilton anzutreten, das 1888 von
der University of California übernommen wurde; 1887 wurde
ihm hier der Zeitdienst übertragen. 1898 wurde KEELER Direktor
dieser Sternwarte, nachdem er zwischenzeitlich ab 1891 als Nachfolger LANGLEYS, der Sekretär der Smithsonian Institution geworden war, Direktor des Allegheny-Observatoriums gewesen war.

KEELERS fruchtbarste Zeit waren zweifellos die Jahre, als er
als Direktor die instrumentelle Ausstattung seiner Sternwarte(n)
selbst bestimmen konnte. Am Lick Observatory verband er mit
dem leistungsstarken 91 cm-Refraktor ein empfindliches Gitter-
spektroskop, mit dem er die Wellenlängen der hellen Emissionslinien im Spektrum von Nebeln untersuchen konnte. In Pittsburgh
führte er statt der visuellen Beobachtung mit dem Spektrosko-
pen die fotografische Spektrographie ein. So konnte er aufgrund
der Linienverschiebungen nach dem DOPPLER-FIZEAU-Effekt
feststellen, dass auch die Gasnebel wie die Fixsterne merkliche
Radialbewegungen zum Betrachter hin und von ihm weg ausführen (1890/1894) und dass der Saturnring keine materielle Einheit bildet, sondern aus Staub und Meteoriten besteht und seine
Teile sich unterschiedlich schnell um das Zentralgestirn bewegen
(1895), womit er eine Vermutung von JAMES CLERK MAXWELL
bestätigen konnte. Ihm fiel auch auf, dass manche der von ihm
identifizierten Emissionslinien von Nebeln nicht mit solchen irdischer Atome übereinstimmen – erst 1927 konnte der amerikanische Astrophysiker IRA SPRAGUE BOWEN (* 1898, † 1973) die Kon-
troverse um das daraus vermeintlich erschlossene neue Element
›Nebulium‹ durch den Nachweis beenden, dass es sich bei diesen
Emissionslinien um sogenannte ›verbotene‹ Linien ionisierten
Sauer- und Stickstoffs handelt. Während seiner Direktorzeit am
Lick-Observatorium nutzte KEELER den 36 Zoll-Crossley-Spiegel,

der wegen seiner ungewohnten Montierung (ursprünglich für England vorgesehen) wenig gebraucht worden war, für fotografische Aufnahmen zur Überprüfung der Nebelkataloge WILLIAM HERSCHELS, die ihm die ungeheure, die Anzahl der Sterne weit übertreffende Menge von ›Nebeln‹ vor Augen führte, von denen Tausende bis dahin unbekannt waren. Über das Warten auf den leistungsstarken Spektrographen, um auch die Spektren dieser Nebel untersuchen zu können, starb KEELER nach einer Herzattacke. Er hatte gerade noch seine Wahl in die National Academy of Sciences erlebt.

EDWARD EMERSON BARNARD
(* 16.12.1857 Nashville [Tennessee [USA],
† 06.02.1923 Williams Bay [Wisconsin])

EDWARD EMERSON BARNARD, dessen Vater noch vor seiner Geburt starb, wuchs in ärmlichen Verhältnissen auf. Schon im Alter von knapp neun Jahren wurde er Gehilfe in einem Fotostudio und bildete sich autodidaktisch fort, ab dem 18. Lebensjahr auch in der Astronomie, wozu er sich ein kleines Fernrohr baute. 1876 leistete er sich für zwei Drittel seines Jahreslohns einen 5 Zoll-Refraktor, mit dem er 1878 den Merkurdurchgang und 1879/1880 den Jupiter beobachtete und in Zeichnungen festhielt sowie 1881 seine ersten beiden Kometen entdeckte. SIMON NEWCOMB hatte ihm 1877 eröffnet, dass er als Astronom ohne mathematische Vorbildung höchstens Kometen beobachten könne, was er dann auch neben der mathematischen Weiterbildung tat. In den folgenden Jahren war er als Kometensucher so erfolgreich (die Entdeckung einer Gruppe von zwölf Kometen, die er als Fragmente des großen Kometen 1882 II ansah, wurde vom Warner Observatory, dem er seine Entdeckungen zur Registrierung meldete, sogar gar nicht weitergegeben), dass er sich mit den von einem Sponsor für (amerikanische) Kometenentdeckungen ausgesetzten Prämien ein eigenes Haus finanzieren konnte. 1883 erhielt er ein Stipendium für ein Studium an der Vanderbilt-Universität, das er bei gleichzeitiger Tätigkeit als ›Instructor‹ 1887 dreißigjährig und der mangelnden Vorbildung wegen ohne Abschluss beendete; der Doktorgrad wurde ihm sechs Jahre später aufgrund seiner wissenschaftlichen

Leistungen verliehen. Während seines Studiums hatte er allein acht weitere Kometen entdeckt. Barnard war 1887 aufgrund seiner zahlreichen Beiträge in wissenschaftlichen Zeitschriften als Mitarbeiter an das neu errichtete Lick Observatory auf dem Mount Hamilton bei San José (California) berufen worden, das allerdings erst 1888 eröffnet wurde, so dass er die Zwischenzeit ohne Beobachtungsmöglichkeit als Angestellter eines Rechtsanwaltbüros in San Francisco fristete. Da ihm das große Teleskop nur sehr selten zur Benutzung überlassen wurde, ging Barnard 1895 zu George Ellery Hale an die Universität von Chicago, wo ihm eine Professur für praktische Astronomie ohne Lehrverpflichtungen übertragen wurde, wechselte jedoch bereits zwei Jahre später zu Hale an das 1897 fertiggestellte Yerkes Observatory in Lake Geneva (Wisconsin), dem er bis zu seinem Tode angehörte. Hier befand sich immerhin der größte je gebaute Refraktor mit 40 Zoll Öffnung, und 1888/1889 entdeckte er sogleich 5 neue Kometen, mehrere neue Nebel sowie die Bedeckung eines der Saturnmonde (Iapetus) durch den Ring, dessen partikulare Struktur dadurch bestätigt wurde, dass der Mond beleuchtet blieb. Wegen der ungünstigen atmosphärischen Bedingungen hatte Hale jedoch ein Sonnenobservatorium auf dem Mount Wilson geplant, das 1904 bezogen werden konnte. Auch Barnard gelang es, Mittel für einen Astrographen zu erhalten, mit dem ihm dann in dem neuen Observatorium über acht Monate ab Januar 1905 480 Aufnahmen der Milchstraße von überragender Qualität gelangen.

Am Yerkes-Observatorium glückten ihm allerdings nicht so spektakuläre Entdeckungen wie am Lick Observatory, wo Barnard beispielsweise Ende 1883 auf ungewöhnliche Weise, nämlich bei einer Mondbedeckung, die Doppelsterneigenschaft von β' Capricorni entdeckt hatte, weiterhin den ›Gegenschein‹, dessen Erscheinung er über Jahre verfolgte und 1918 auch als Rückstreuung des Sonnenlichtes erklären konnte, sowie mehrere Kometen, 1892 erstmals auch auf fotografischem Wege, im selben Jahr auch den fünften und seit Galieo Galilei ersten neuen Jupitermond sowie 1894 den schwachen großen Nebelbogen um den Orion-Komplex (Barnard-Ring). Er hatte hier auch erste Fotografien der Milchstraße gemacht, die bereits zu der Vermutung führten, dass die dunklen Stellen in der Milchstraße (sogenannte Sternleeren) nicht sternlose Löcher seien, sondern durch gewaltige Staubmassen, sogenannte Dunkelwolken, verursacht würden,

die das Licht dahinter befindlicher Sterne absorbierten – diese
Entdeckung erfolgte dann parallel durch seinen späteren Freund
MAX WOLF. Allerdings war ihm hier noch nicht möglich gewesen,
die Himmelsfotografie für die Bestimmung von Sternbewegungen anzuwenden, für die er vielmehr noch mühsame mikrome-
trische Messungen anstellen und wiederholen musste. Die Auswertung der Fotoplatten vom Mount Wilson (›Photographs of the
Milky Way and of Comets‹, 1913) erbrachte dann einen Katalog
der Dunkelwolken (BARNARD-Katalog), aber 1916 auch die Entdeckung des ersten sogenannten Schnellläufers, eines Fixsterns
mit sehr rascher Eigenbewegung, auch ›BARNARDs Pfeilstern‹ genannt, der mit 5,94 Lichtjahren Entfernung zweitnächster Stern
ist. Die Fertigstellung des Fotografischen Atlas der Milchstraße
erfolgte erst posthum durch seine Nichte und jahrelange Mitarbeiterin MARY R. CALVERT.

MAXIMILIAN (MAX) FRANZ JOSEPH CORNELIUS WOLF
(* 21.06.1863 Heidelberg, † 03.10.1932 Heidelberg)

MAX WOLF studierte nach dem Besuch des Gymnasiums von
1882 bis zu seiner Promotion am 18. Dezember 1888 in Heidelberg Mathematik und Physik, unterbrochen nur 1884/85 von einem Semester Astronomie an der Reichsuniversität in Straßburg,
weil das Fach in Heidelberg nicht vertreten war. Sein Aufnahme-
gesuch in die Astronomische Gesellschaft vom 13. Januar 1889
unterschrieb er bereits stolz mit »Max Wolf, Dr. phil. Heidelberg,
Priv[at]-Sternw[arte]« (1930/31 sollte er Präsident der Gesellschaft werden). Anfang 1889 ging er für ein Jahr nach Stockholm,
um bei dem dort arbeitenden finnischen Spezialisten für Kleine
Planeten JOHAN AUGUST HUGO GYLDÉN (* 29.05.1841 Helsingfors,
† 09.11.1896 Stockholm) seine bis dahin größtenteils autodidaktisch angeeigneten Kenntnisse in theoretischer Astronomie zu
vervollkommnen, und habilitierte sich kurz nach der Rückkehr
am 12. Juli 1890 in Heidelberg. Anfang 1893 erhielt er nach einer
Eingabe einen besoldeten Lehrauftrag für Astronomie, mathematische und physische Geographie und wurde am 1. Februar
zum außerordentlichen Professor ernannt (1896 auch etatmäßig).

Im Sommer desselben Jahres unternahm er mit Unterstützung seines Landesfürsten eine Informationsreise durch die U.S.A., deren instrumentelle Beobachtungsmöglichkeiten schon damals die des schlafenden Europa unbemerkt weit übertroffen hatten. Während seiner Abwesenheit war sein späterer Freund Edward Emerson Barnard nach Heidelberg gekommen, hatte hier die bescheidene Einrichtung seiner Privatsternwarte gesehen, die für amerikanische Vorstellungen in keinem Verhältnis zu den großen Leistungen Wolfs stand, dem aufgrund seiner Arbeiten bereits mehrere Ehrungen wissenschaftlicher Gesellschaften zuerkannt worden waren. Eingedenk seiner eigenen Anfänge war er beim Bürgermeister vorstellig geworden, um sich für den Bau einer Sternwarte einzusetzen. Diese Fürsprache und die Unterstützung des Landesfürsten bewirkten 1894 den Beschluss der Verlegung der Landessternwarte, die bis dahin in Karlsruhe unter der Leitung von Karl Wilhelm Friedrich Johannes Valentiner (* 22.02.1845 Eckernförde, † 01.04.1931 Berlebeck [bei Detmold]) stand, auf den Königsstuhl bei Heidelberg. Die Wolf zugetane amerikanische Förderin der Wissenschaften Catherine Wolfe Bruce hatte auf Bitten 10 000 $ für den Ausbau zur Verfügung gestellt. Das astrometrische Institut für Valentiner war 1896, Wolfs astrophysikalisches ein Jahr später fertiggestellt. Anfangs war er noch auf seine kleinen, eigenen Geräte angewiesen, weil erst 1900, rechtzeitig zum Astronomenkongress, der auf Einladung Wolfs in Heidelberg tagte, der ebenfalls von Catherine Bruce gestiftete große, neuartige 16 Zoll-Doppelrefraktor aufgestellt werden konnte. Kurz darauf setzte ihn eine Stiftung in die Lage, ein weiteres großes Gerät anzuschaffen. Konstruktion und Herstellung dieses Refraktors mit 27 cm-Spiegel und seine Einrichtung für Spektralaufnahmen, die besonders lange Belichtungszeiten und deshalb eine sehr sorgfältige Nachführung des Teleskops erforderten, zog sich allerdings bis 1906 hin. Heidelberg war damit dann aber zu einer der am modernsten ausgestatteten Sternwarten zumindest in Europa geworden, und Wolf, der nach Ablehnung eines Rufes nach Göttingen zum ordentlichen Professor ernannt wurde, blieb ihr zeit seines Lebens treu; nach der Emeritierung von Valentiner wurde ihm 1909 die Gesamtleitung übertragen.

Die schon während der Schulzeit auf der Dachterrasse des elterlichen Hauses in der Märzgasse mit eigenem Fernrohr angestellten Beobachtungen wurden nach dem Abitur intensiviert, weiterhin vom Vater unterstützt, der auch ein weiteres Fernrohr mit 3,5 Zoll Öffnung für den Sohn erwarb, 1885 folgte ein Sechs-Zöller mit parallaktischer Montierung, so dass das Objektiv für lange Belichtungszeiten mittels eines Uhrwerkes den Sternen folgen konnte, wofür der Vater auf der Dachterrasse einen Rundturm mit Drehkuppel errichten ließ. Im September 1884 hatte WOLF einen ersten, nach ihm benannten, periodischen Kometen entdeckt, später wandte er sich der noch in den Anfängen steckenden Himmelsfotografie zu – die ersten erfolgreichen Aufnahmen datieren vom September 1887 – und erkannte schnell, dass eine ökonomische Auswertung nur bei großem Gesichtsfeld möglich sei, weshalb er seit 1888 sogenannte Porträt-Objektive mit kurzen Brennweiten benutzte, mit denen außerdem für dieselben Objekte sehr viel kürzere Belichtungszeiten von damals einzelnen Stunden ausreichten. Mit dieser Idee war ihm zwar am Harvard-Observatorium EDWARD CHARLES PICKERING zuvorgekommen, und auch EDWARD EMERSON BARNARD hatte dasselbe Verfahren angewendet, doch schuf WOLF sich bald ein eigenes Arbeitsgebiet. Die Überlegung war, dass lange Belichtungszeiten, wenn das Objektiv wie üblich den feststehenden Sternen folge, relativ rasch bewegte Objekte nicht punkt-, sondern strichförmig erscheinen lassen müssten: 1891 findet er so zwei Kleine Planeten, die ersten fotografisch entdeckten, deren ersten er zur Ehre seiner Förderin ›Brucia‹ nannte und denen er allein mit seinen Mitarbeitern im Laufe der Zeit über 230 Planetoiden hinzufügen sollte, darunter 1906 auch den ersten von insgesamt drei von ihm entdeckten sogenannten Trojanern, die in 60° Abstand vom Jupiter (LAGRANGEsche Librationspunkte) vor und hinter ihm auf dessen Orbit die Sonne umkreisen. Weitere Gebiete, für welche die neue Beobachtungstechnik besonders geeignet war und denen WOLF sich von Anfang an widmete, bildeten die Kometenkunde, die Fotometrie, besonders aber die Erforschung der meist erst durch lange Belichtungszeit sichtbar werdenden Nebel innerhalb der Milchstraße, wo sie in Verbindung mit sogenannten Sternleeren stehen. Er wies später durch Spektraluntersuchungen nach, dass es sich nicht um Sternansammlungen, sondern tatsächlich um Gaswolken handelt, die das Licht hinter ihnen befindlicher Sterne absorbieren und von benachbarten Sternen schwach beleuchtet werden. 1913 bemerkte er auch erstmals Linienverschiebungen in Spektren von Spiralnebeln, die zudem das sonst für Sterne typische Absorptionsspektrum aufwiesen, so dass es sich bei derartigen ›Nebeln‹ nicht um Gaswolken, sondern um Sternansammlungen handeln musste.

Neue Forschungen bildeten auf dem Königsstuhl Spektraluntersuchungen von Nebeln und anderen interessanten Objekten, besonders Veränderlichen, zu deren fotografischer Aufnahme Wolf bereits 1896 aufgerufen hatte, um Material für das Studium ihres Lichtwechsels zu erhalten. Er selbst vergrößerte die Zahl der bekannten Veränderlichen beträchtlich mittels eines vereinfachten Verfahrens zum Auswerten von Vergleichsaufnahmen, das auch das Auffinden von Kleinen Planeten, Kometen, Neuen Sternen, Doppelsternen und anderen Eigenbewegungen von Fixsternen entschieden erleichterte und nicht zuletzt durch die Untersuchung Wolfs selbst diesen Forschungsgebieten großen Aufschwung verlieh. Seit 1892 scheint er sich mit dem fotometrischen Vergleich von Aufnahmen beschäftigt zu haben, doch erst die Zusammenarbeit mit Carl Wulfrich seit 1900 führte zur Konstruktion des sogenannten Stereokomparators, eines aus zwei Mikroskopen bestehenden Gerätes, durch das zwei zeitlich auseinanderliegende Aufnahmen derselben Himmelsgegend gleichzeitig stereoskopisch betrachtet werden, so dass schon leichte Veränderungen der Helligkeit oder des Ortes eines Objektes sofort ins Auge springen und langwierige Ausmessungen überflüssig werden.

Wolf hat so der Astronomie neue Arbeitsmethoden erschlossen und die Kenntnisse über den Aufbau unseres Milchstraßensystems (das noch lange als der gesamte Kosmos angesehen wurde) und die Physik der Sterne und Nebel selbst beträchtlich vermehrt. Seine Pionierarbeit wurde dann an den riesigen Spiegelteleskopen Amerikas fortgesetzt. Noch lange von unschätzbarem Wert für den Beobachter am Fernrohr waren die zusammen mit dem Wiener Astronomen Johann Palisa (* 06.012.1848 Troppau, † 02.05.1925 Wien) von 1908 bis 1931 herausgegebenen 210 sogenannten Wolf-Palisa-Karten, die einen unvollendeten fotografischen Himmelsatlas darstellen

George Ellery Hale

(* 29.06.1868 Chicago, † 21.02.1938 Pasadena
[California, U.S.A.])

George Hale war unter ähnlich günstigen Umständen aufgewachsen wie sein deutscher Kollege Max Wolf, hatte aber später das Glück, seine Ideen mit weitaus größeren Geldmitteln in die Tat umsetzen zu können – wie überhaupt die amerikanische Astronomie dank umfangreicher Stiftungen seit der 2. Hälfte des 19. Jahrhunderts mit ihren instrumentellen und personellen Möglichkeiten die europäische weit übertroffen hatte. Hales Interesse am Bau von wissenschaftlichen Instrumenten und ihrem Gebrauch fand in seinem Elternhaus wohlwollende Förderung: Ihm wurde eine eigene Werkstatt eingerichtet, und er erhielt ein gutes Mikroskop und später ein kleineres Fernrohr, welches ihn von den mikroskopischen Studien weg hin zur Untersuchung von Lichterscheinungen, besonders der Sonne, zog. Seine astronomischen Interessen lagen nämlich schon während der Schulzeit in Chicago mehr auf dem neuen Gebiet der Astrophysik als auf dem der klassischen, messenden Astronomie, und so studierte er ab 1886 am Massachusetts Institute of Technology in Cambridge bei Boston Mathematik, Chemie und Physik. Man findet ihn in dieser Zeit allerdings auch am nahen Harvard College Observatory, während er in den Ferien zu Hause beobachtete, wo ihm vom Vater bald in der Nähe des Elternhauses eine kleine Privatsternwarte für ein neues Teleskop mit 12 Zoll Öffnung eingerichtet wurde. Nach Erringung des Grades eines Bachelor of Science 1890 nennt er sich stolz Direktor dieses ›Kenwood Observatory‹.

Nach der Gründung der neuen Universität von Chicago 1892 wurde er als Associated Professor der Astrophysik in den Lehrkörper aufgenommen – 1893 lehrte er gleichzeitig am Beloit College Astrophysik – und erhielt den Auftrag, Pläne für den Bau eines Observatoriums auszuarbeiten. 1893 machte er dazu eine Europareise und hielt sich im Winter längere Zeit zu Studien in Berlin auf. Er hatte dann das Glück, in dem Chicagoer Industriellen C. T. Yerkes einen großzügigen Geldgeber zu finden, der seine Pläne finanzierte. Hale war von 1895 bis 1905 Direktor dieses Yerkes-Observatoriums in Williams Bay (Wisconsin) und wurde nach seiner Fertigstellung und Indienststellung des noch heute größten jemals gebauten Refraktors mit 102 cm Öffnung 1897 auch Full Professor der Astrophysik in Chicago. Die für astronomische Beobachtungen und Fotografien weniger günstigen atmosphärischen Bedingungen ließen ihn jedoch schon 1902 neue gigantische Pläne entwickeln; und die Carnegie-Stiftung stellte ihm die Mittel zur Verfügung, für das Carnegie Institute of Technology in Pasadena ein Sonnenobservatorium ohne jede Bindung an den Lehrbetrieb und den Ort einer Universität zu errichten. Aus dieser Idee entstand das Mount Wilson-Observatorium in der klimatisch günstigen Gegend nahe Pasadena, und für den Bau und die Einrichtung hatte es sich als sehr vorteilhaft erwiesen, dass HALE nicht nur Astrophysiker, sondern auch Instrumentenbauer und Techniker war und wusste, wie die Anforderungen der Wissenschaft an das Instrumentarium technisch zu befriedigen waren, wenn – wie es hier der Fall war – genügend Geldmittel zur Verfügung stehen. (Der Sachetat der bereits errichteten Sternwarte etwa war 1913 bedeutend höher als der sämtlicher deutschen und österreichischen Sternwarten zusammen.) HALE baute hier ein Turmteleskop mit großem Spiegel für fotografische Aufnahmen speziell der Sonne, dessen Ausmaße wie die des 1917 fertiggestellten 2,5 m-Spiegelteleskops für europäische Verhältnisse unvorstellbar waren und technische Probleme ganz neuer Art einschließlich der Schaffung erster und ausreichend befestigter Verkehrswege aufgeworfen hatten (anfangs hatte sämtliches Material mit Mauleseln auf den Berg geschafft werden müssen, wozu MILTON L. HUMASON mit seiner Herde herangezogen wurde, der dann später in die Sternwarte aufgenommen und Assistent von EDWIN P. HUBBLE werden sollte). Von 1904 bis 1923 war HALE Direktor dieser Sternwarte, danach Ehrendirektor, und die ersten Jahre hier waren zweifellos die erfolgreichsten und glücklichsten seiner Forschungstätigkeit. Seit 1910 behinderte ihn eine Nervenkrankheit sehr stark.

HALE war bereits 1891 durch die Erfindung eines von ihm Spectroheliograph genannten Gerätes bekannt geworden, mit dem er die Sonne monochromatisch, das heißt im Lichte ausgewählter Spektrallinien, fotografieren konnte, wodurch die Verteilung der Gaswolken einzelner Elemente auf der Sonnenoberfläche sichtbar wurde; HENRI ALEXANDRE DESLANDRES hatte unabhängig von ihm in Paris ein ähnliches Gerät entwickelt. (Die

Konstruktion eines Spektrohelioskops ergänzte später dieses Verfahren.) Seine bedeutendste Leistung auf dem Gebiete der astronomischen Wissenschaft ist die Entdeckung der Magnetfelder der Sonnenflecken, die ihm 1908 bei der systematischen Suche nach Auswirkungen des ZEEMAN-Effektes gelang und die von größter Bedeutung für die Astrophysik war, da hiermit zum ersten Mal Magnetismus außerhalb der Erde nachgewiesen worden war. Die beiden Hälften einer bipolaren Fleckengruppe besitzen danach je einen magnetischen Nord- und Südpol, und lange Beobachtungsreihen zeigten HALE später, dass der im Sinne der Sonnenrotation vorangehende Fleck auf der Nord- und Südhalbkugel der Sonne stets das entgegengesetzte Vorzeichen hat, welches von Zyklus zu Zyklus wechselt, so dass die wahre Dauer eines Fleckenzyklus knapp 23 Jahre beträgt.

Sein großes Geschick als Organisator der Wissenschaft und ihrer Einrichtungen auf nationaler und internationaler Ebene war schon zu Beginn seiner wissenschaftlichen Laufbahn 1892 durch die Gründung der Zeitschrift ›Astronomy and Astrophysics‹ bezeugt worden, der 1895 jene des auf diesem Gebiet seitdem führenden ›Astrophysical Journal‹ folgte, dessen Herausgeber er bis zu seinem Tode war. Es trug ihm 1928 noch die ehrenvolle Berufung der Rockefeller-Stiftung ein, für das California Institute of Technology auf dem Mount Palomar ein weiteres großes Observatorium zu errichten, dessen dann schnell berühmt gewordener 5 m-Spiegel allerdings erst zehn Jahre nach seinem Tode eingeweiht werden konnte. Als Astronomen wirkten an beiden Instituten unter anderen HARLOW SHAPLEY und EDWIN HUBBLE; auch weilten hier stets einige amerikanische und ausländische Astronomen als Gastforscher.

EJNAR HERTZSPRUNG
(* 08.10.1873 Frederiksborg [Dänemark],
† 21.10.1967 Tølløse)

EJNAR HERTZSPRUNGS Vater hatte zwar auch Astronomie studiert, doch eine erfolgversprechende Laufbahn als Astronom zugunsten einer gesicherteren im dänischen Finanzministerium aufgegeben. Seine Neigung für Mathematik und Astronomie hatte er zwar auf den Sohn übertragen, ihn dann aber am Polytechnikum in Kopenhagen das aussichtsreicher erscheinende Fach Chemie studieren lassen. HERTZSPRUNG machte 1898 sein Staatsexamen und wirkte auch mehrere Jahre als Chemiker in Sankt Petersburg, ging 1901 nach Leipzig, um bei WILHELM OSTWALD Photochemie zu studieren, und kehrte noch im selben Jahr nach Dänemark zurück. Hier begann er allerdings jetzt mit einem intensiven Studium der Astronomie und führte an der Universitäts- und Urania-Sternwarte in Kopenhagen fotografische Himmelsbeobachtungen durch. Er trat in einen Briefwechsel über seine Beobachtungen mit KARL SCHWARZSCHILD, der seine außergewöhnliche Begabung für die Astrophysik bald erkannte, ihn 1909 nach Göttingen einlud und binnen weniger Monate eine außerordentliche Professur für ihn erwirkte. Als SCHWARZSCHILD noch im selben Jahr die Leitung des Astrophysikalischen Observatoriums in Potsdam angeboten wurde, nahm er nur unter der Bedingung an, dass HERTZSPRUNG als sein Observator mit übernommen würde. Die Zusammenarbeit währte dann allerdings wegen des frühzeitigen Todes von SCHWARZSCHILD nur kurze Zeit. HERTZSPRUNG verließ nach dem Kriege Deutschland und übernahm 1919 die Stelle des Adjunktdirektors an der Universitätssternwarte von Leiden, zu deren Leiter er 1935 ernannt wurde. Während dieser Leidener Zeit hatte er sich öfters zu längerer Beobachtungstätigkeit an den großen Sternwarten in Nordamerika und Südafrika aufgehalten, wo er auch die Errichtung einer Beobachtungsstation der Leidener Sternwarte in Johannisburg überwachte. Nach der Entpflichtung im Jahr 1944 ließ er sich in der kleinen dänischen Stadt Tølløse nieder, ohne jedoch der astrophysikalischen Forschung je ganz entsagt zu haben. Der vielseitige Astronom – seine Forschungen umfassen Himmelsfotografie, Fotometrie, Sternfarben, Wellenlängen des Sternlichtes, absolute Sterngrößen, Doppelsterne, Eigenbewegungen und Radialgeschwindigkeiten der Sterne, Sternparallaxen und die Entfernungsbestimmung der Kleinen Magellanschen Wolke – gehört zu den Astronomen, die die Astrophysik der ersten Hälfte unseres Jahrhunderts nachhaltig geprägt haben.

Am Anfang hatte eine Entdeckung gestanden, die eine Bestimmung der absoluten Sternhelligkeit aus der Feinstruktur des Spektrums ermöglichte. Dieses Verfahren leistete später unter der Bezeichnung spektroskopische Parallaxenbestimmung seine größten Dienste bei der Bestimmung der Entfernung von Sternen und dann auch von Sternsystemen. In die Frühzeit der astronomischen Laufbahn von HERTZSPRUNG gehört auch die Unterscheidung von Riesen- und Zwergsternen. Ihm war aufgefallen, dass die Sterne mit gleicher oder niedrigerer Temperatur als die Sonne in zwei Klassen zerfallen, deren absolute Helligkeit stark voneinander abweicht. Er hatte das darauf basierende, später so genannte HERTZSPRUNG-RUSSELL-Diagramm, welches den Zusammenhang zwischen Leuchtkraft und Spektraltyp darstellt und zum bedeutendsten Zustandsdiagramm der Fixsterne geworden ist, bereits 1909 mit nach Göttingen gebracht – wenn es auch erst der nordamerikanische Astronom HENRY NORRIS RUSSELL 1913 auf dem Kongress der Royal Astronomical Society in verbesserter Form herausgestellt hat. Später waren die astrophysikalischen Forschungen HERTZSPRUNGS besonders an Sternhaufen wie den Plejaden, dem Bewegungshaufen des Großen Bären und der Kleinen Magellanschen Wolke, einem Begleiter unserer Milchstraße, orientiert. Er bestimmte in den 1920er Jahren allein für mehr als 10 000 Veränderliche Sterne die Lichtkurven, nachdem er wie HARLOW SHAPLEY die Wichtigkeit der Entdeckung von HENRIETTE SWAN LEAVITT und die Richtigkeit ihrer Vermutung erkannt und die Cepheiden zu Entfernungsbestimmungen verwendet hatte. Seit 1938 widmete er sich hauptsächlich den Doppelsternen, zu deren Erforschung er neue Verfahren ersann und ältere Methoden verfeinerte.

KARL SCHWARZSCHILD
(* 09.10.1873 Frankfurt am Main, † 11.05.1916 Potsdam)

Bereits als Gymnasiast hatte KARL SCHWARZSCHILD zwei kleinere Arbeiten in den ›Astronomischen Nachrichten‹, der angesehensten deutschen Fachzeitschrift, veröffentlicht, bevor er nach dem Abitur 1890 in Straßburg mit dem Astronomiestudium begann. Nach zwei Jahren setzte er dieses in München fort, wo er 1896 dann bei HUGO VON SEELIGER mit einer Arbeit promovierte, die die mathematisch schwierigen Untersuchungen von JULES HENRI POINCARÉ über Gleichgewichtsfiguren den Astronomen näherbrachte. Im folgenden Jahr ging SCHWARZSCHILD als Observator nach Wien. Zwei Jahre später kehrte er nach München zurück, um sich zu habilitieren; er blieb aber nicht lange Privatdozent, wurde vielmehr im Herbst 1901 als außerordentlicher Professor und Direktor der Sternwarte nach Göttingen berufen und im folgenden Jahr zum ordentlichen Professor ernannt. 1909 folgte SCHWARZSCHILD einem Ruf als Direktor des Astrophysikalischen Observatoriums nach Potsdam, wurde 1912 Mitglied der Preußischen Akademie der Wissenschaften, musste jedoch mit Ausbruch des Ersten Weltkrieges seine kurze, aber fruchtbare wissenschaftliche Tätigkeit unterbrechen, ohne sie je wieder aufnehmen zu können; denn er starb bald an einer schweren Krankheit, die er sich während seines Fronteinsatzes im Osten zugezogen hatte.

Durch seine Arbeiten zur Bestimmung der Sternhelligkeit mit Hilfe fotografischer Aufnahmen (›fotografische Fotometrie‹) schuf SCHWARZSCHILD für mehrere Jahrzehnte die Grundlage für die praktische Astrophysik. Er brachte den Grad der Schwärzung auf einer Platte, die auffallende Intensität und die Belichtungszeit durch das sogenannte SCHWARZSCHILDsche Schwärzungsgesetz in quantitative Beziehung zueinander. In die Göttinger Zeit fallen seine grundlegenden Arbeiten zur Stellarstatistik und über die Physik der Sonnenatmosphäre, die bahnbrechend für die Deutung der Sonnen- und Sternspektren waren – er führte den Begriff des Strahlungsgleichgewichts in die Astrophysik ein: In der Sternatmosphäre sendet jedes Volumenelement ebensoviel Strahlung aus wie es empfängt; die Sternenergie entsteht im Inneren und wird unter Temperaturverlust nach außen transportiert. SCHWARZSCHILD entwickelte die rationellste mathematische Methode zur Erfassung von Eigenbewegungen der Fixsterne und ihrer statistischen Gesetzmäßigkeiten. Er hatte wohl wie kein zweiter früh erkannt, »dass weder die Astronomie noch die Astrophysik sich genügend vielseitig fortentwickeln kann, wenn man nicht ihre Beziehungen zur allgemeinen Physik und Chemie derart pflegt und fördert, dass sie mit jenen zu einem einzigartigen Ganzen zusammenwächst, dessen Teile sich gegenseitig ergänzen und stützen«, wie MAX PLANCK 1913 in Erwiderung auf SCHWARZSCHILDS Antrittsrede vor der Preußischen Akademie ausführte, in die er erst nach Überwindung großer Widerstände seitens der traditionell ausgerichteten Astronomie (vertreten durch ARTHUR AUWERS) gewählt worden war. Seit Anbeginn seiner wissenschaftlichen Tätigkeit ließ er sein Wirken von dieser Erkenntnis geleitet sein, und die Früchte sind ihm trotz der kurzen Schaffenszeit, die ihm nur vergönnt war, in einer Fülle erwachsen, dass er mit Recht als einer der Schöpfer der modernen Astrophysik anzusprechen ist. Große Verdienste erwarb er sich auch um die relativistische Gravitationstheorie und durch die Berechnungen mehrlinsiger Objektive um die theoretische Optik.

SIR (ab 1928) *JAMES* HOPWOOD JEANS
(* 11.09.1877 Ormskirk [Lancashire (UK)],
† 16.09.1946 Dorking)

JAMES JEANS studierte am Trinity College in Cambridge, wo er 1900 den Smith-Preis gewann und 1904 auch Universitätsdozent für Angewandte Mathematik wurde, bevor er als Professor desselben Faches nach Princeton (N.J.) in die U.S.A. berufen wurde. 1910 ging er wieder zurück nach Cambridge und übernahm hier die Stokes-Professur für Angewandte Mathematik. Von 1912 bis zu seinem Tode war er schließlich Professor der Astronomie an der Royal Institution, ab 1923 gleichzeitig Research Associate am Mount Wilson Observatory in Kalifornien (U.S.A.).

Auf seinem Lehrgebiet der Angewandten Mathematik beschäftigte JEANS sich mit theoretischer Physik und Astronomie, vorwiegend mit Problemen der Thermodynamik – sein Strahlungsgesetz bildete eine wichtige Etappe auf dem Wege zu MAX PLANCKs Strahlungsformel. Diese Untersuchungen führten ihn innerhalb der Astronomie zu ähnlich ausgerichteten Forschungen zur Stellardynamik und auf Fragen der Kosmologie und Entstehung unseres Planetensystems. Die ›paradoxe Verteilung‹ des Drehimpulses auf Sonne und Planeten veranlasste ihn zu der Annahme, dass die KANT-LAPLACEsche Nebularhypothese falsch sei. Vielmehr habe ein an der Sonne vorbeiziehender Stern den Anstoß zur Entstehung des Planetensystems gegeben. Er nahm auch Zuflucht zu der Annahme einer Inkonstanz der Schwerkraft, um kosmologische Probleme im Zusammenhang mit der Allgemeinen Relativitätstheorie ALBERT EINSTEINS auf ›klassischen‹ Grundlagen zu lösen. Obgleich diese Hypothese sich später als Irrweg erwiesen hat, bilden die Arbeiten von JEANS bedeutende

Beiträge zur Frage nach dem Entstehen des Kosmos und seiner Teile. – Größeren Kreisen ist JEANS bekannt geworden durch seine naturphilosophischen und populären astronomischen und wissenschaftshistorischen Arbeiten.

ALBERT EINSTEIN
(* 14.03.1879 Ulm, † 18.04.1955 Princeton [N.J., U.S.A.])

Nach dem Gymnasium in München und Aarau (Schweiz) studierte ALBERT EINSTEIN von 1896 bis 1900 an der Eidgenössischen Technischen Hochschule in Zürich Physik und Mathematik und arbeitete von 1902 bis 1909 am Patentamt in Bern. Er wirkte dann als Professor für Physik 1909 und 1912–1914 in Zürich sowie 1911 in Prag; 1914 wurde er Direktor des (als Gebäude erst nach seiner Emigration errichteten) Kaiser-Wilhelm-Instituts für Physik in Berlin und hauptamtliches Mitglied der Preußischen Akademie der Wissenschaften ohne Lehrverpflichtung. Während eines längeren Amerika-Aufenthaltes legte EINSTEIN nach HITLERS Machtergreifung 1933 im Verlauf eines bereits gegen ihn als Juden angestrengten Ausschlussverfahrens alle Ämter nieder und emigrierte in die U.S.A. (1940 wurde er eingebürgert), wo er von 1932 bis zu seinem Tode am Institute for Advanced Study in Princeton (N.J.) arbeitete. – EINSTEIN wurde weltberühmt, erhielt viele Ehrungen (1921 Nobelpreis für Physik für seine quantentheoretische Deutung des Fotoeffekts; 1952 Angebot, Präsident Israels zu werden), aber auch schon im Vorfeld der Machtergreifung des Nationalsozialismus anfangs noch scheinbar ›naturwissenschaftlich‹ begründete, dann aber besonders in den 1930er Jahren des Dritten Reiches rein rassistische antisemitische Anfeindungen.

Dem bedeutendsten Physiker des 20. Jahrhunderts ALBERT EINSTEIN ist mit seiner schöpferischen Phantasie, analytischen Kraft und einzigartigen Einsicht in die Raum-Zeit-Struktur wohl nur ISAAC NEWTON, dessen klassische Mechanik er modifizierte, an die Seite zu stellen. Er veröffentlichte 1905 eine Theorie der BROWNSchen Bewegung als abschließende Bestätigung der Atomhypothese der Materie und die Erklärung des äußeren Fotoeffekts (dafür erhielt er den Nobelpreis), womit die Quantentheorie der Strahlung ihren Anfang nahm; 1907 folgte eine Theorie der spezifischen Wärme aufgrund von Atomschwingungen in Festkörpern, 1909 die Vermutung eines Welle-Teilchen-Dualismus der Strahlung, 1912 das fotochemische Quantenäquivalenzgesetz, 1917 eine einfache statistische Erklärung des PLANCKschen Strahlungsgesetzes und 1924/25 die BOSE-EINSTEIN-Statistik für ein ideales Gas materieller Teilchen. Alle diese Erkenntnisse gingen natürlich über die Physik auch in die Astrophysik ein. Trotz EINSTEINS bedeutenden Beiträgen zur Entstehung der Quantentheorie akzeptierte er diese (mit der statistischen Interpretation von MAX BORN) selbst allerdings nicht als vollständige Beschreibung der physikalischen Realität, insbesondere nicht die seit dem ersten Solvay-Kongreß 1927 diskutierte ›Kopenhagener Deutung‹ von NIELS BOHR und WERNER HEISENBERG. Seine philosophische Grundhaltung forderte eine deterministische und nicht-positivistische Physik als Beschreibung einer objektiven Realität. »Der liebe Gott würfelt nicht«, lautet ein diesbezüglicher Ausspruch von ihm. EINSTEIN geriet so in eine tragische wissenschaftliche und auch menschliche Einsamkeit.

Direkten Einfluss auf Astronomie und Kosmologie übten dagegen EINSTEINs Relativitätstheorien aus, insbesondere nach dem Nachweis einer allgemeinen Fluchtbewegung der Galaxien und damit der Expansion des Weltalls durch EDWIN P. HUBBLE. Ausgehend von einer fundamentalen Kritik der klassisch-mechanischen Vorstellungen von einem ›absoluten Raum‹ und ›absoluter Gleichzeitigkeit‹ und von der Konstanz der Lichtgeschwindigkeit hatte EINSTEIN 1905 in seiner epochemachenden Arbeit ›Zur Elektrodynamik bewegter Körper‹ die Spezielle Relativitätstheorie für gleichförmig gegeneinander bewegte Bezugssysteme entwickelt, in ihr die Längenkontraktion und Zeitdilatation abgeleitet und 1907 auf die Äquivalenz von Masse und Energie ($E = mc^2$) gefolgert. Die spezielle Relativitätstheorie war damit abgeschlossen und experimentell gesichert. Seit 1907 hatte EINSTEIN dann an der 1914–1916 publizierten Allgemeinen Relativitätstheorie gearbeitet. Diese geht von fundamentalen Invarianzforderungen und der Gleichheit von schwerer und träger Masse aus, liefert neue Feldgleichungen der Gravitation und bedeutet eine radikale Änderung jahrhundertealter Vorstellungen von der Struktur des physikalischen Raumes. Die Metrik und Krümmung der vierdimensionalen Raum-Zeit-Welt werden danach erst lokal durch die jeweilige Materieverteilung im Weltall bestimmt. Weltberühmt und größeren Kreisen bekannt wurde Einstein, als unmittelbar nach Beendigung des Ersten Weltkrieges die von ihm (aus der Verlierer-Nation) vorhergesagte Lichtablenkung im Gravitationsfeld bei der Sonnenfinsternis von 1919 durch die von Arthur Stanley Eddington geleitete Finsternis-Expedition der Royal Society nach Principe bestätigt werden konnte – wie die von der Pariser Académie des sciences in den 1730er Jahren ausgesandten Gradmessungsexpeditionen zur Entscheidung zwischen der ›französischen‹ Physik eines René Descartes und der ›englischen‹ eines Isaac Newton musste auch diese Expedition der Londoner Royal Society zur Entscheidung zwischen der ›deutschen‹ Physik eines Einstein und der ›englischen‹ eines Newton die Physik der jeweils anderen Nation als bestätigt anerkennen. Weitere experimentelle Bestätigungen der Allgemeinen Relativitätstheorie lieferte die Rotverschiebung als Doppler-Fizeau-Effekt im Gravitationsfeld (1924 ebenfalls durch Eddington) und die schon länger beobachtete, aber zuvor unerklärliche Periheldrehung beim Merkur.

Die Allgemeine Relativitätstheorie führte allerdings zu schwierigen Problemen der Kosmologie, für die es deshalb auch immer wieder ›klassische‹ Lösungsversuche gab – so von James H. Jeans, der daraufhin eine Inkonstanz der Gravitation annehmen musste, und von Edward Arthur Milne (* 14.02.1896 Hull, † 21.09.1950 Dublin) mit seinem homogenen und isotropen, rein kinematischen Weltmodell, der 1948 mit seiner ›kinematic relativity‹ dazu sogar eine neue Art von Relativität in die Debatte warf. Ausgehend von der Allgemeinen Relativitätstheorie war ein erster theoretischer Ansatz zu einer Kosmologie bereits von Einstein selbst mit einer statischen ›Kugelwelt‹ (1916) vorgetragen worden. Aus seiner Allgemeinen Relativitätstheorie hatte sich anfänglich ein expandierendes oder kontrahierendes Universum ergeben, so dass er als ›kosmologische Konstante‹ eine hypothetische Repulsionskraft zum Ausgleich der Gravitationswirkungen in die Gleichungen einfügte, um das Problem einer statischen Lösung zuführen zu können. Nach Kenntnisnahme der empirischen Bestätigung der allgemeinen Expansion durch Hubble hat er dann seine Gleichungen entsprechend korrigieren müssen (»the biggest blunder of my life«). Ebenfalls von der Allgemeinen Relativitätstheorie gingen unter anderen Willem de Sitter (* 06.05.1872 Sneek [Niederlande], † 20.11.1934 Leiden) mit einem materiefreien expandierenden Universum (1917) aus – eine allgemeine Expansion hatte andeutungsweise schon 1913 der amerikanische Astronom VESTO MELVIN SLIPHER (* 11.11.1875 Mulbery [Indiana, U.S.A.], † 08.11.1969 Flagstaff [Arizona, U.S.A.]) aufgrund seiner Beobachtungen von galaktischen Rotverschiebungen vorgeschlagen –, sowie ALEXANDR ALEXANDROWITSCH FRIEDMANN (* 16.06./29.06.1888 a.St./n.St. Sankt Petersburg, † 16.09.1925 Petrograd [Petersburg]) mit einem nicht-statischen homogenen und isotropen, oszillierenden Weltmodell (1922/24), in dem allerdings noch jegliche Hinweise auf irgendwelche extragalaktischen Nebel fehlen, so dass man es nicht als Vorläufer der HUBBLEschen Expansion ansehen kann. Hatte EINSTEIN sozusagen eine Welt mit Materie, aber ohne Bewegung kreiert, so ging DE SITTER von einer Materiedichte Null aus und konstruierte, überspitzt formuliert, eine Welt mit Bewegung, aber ohne Materie; beide zu vereinen hatten sich FRIEDMANN und ARTHUR EDDINGTON vorgenommen, aber erst des letzteren ehemaliger Schüler, der Abbé GEORGES HENRI LEMAÎTRE (* 17.07.1894 Charleroi [Belgien], † 20.06.1966 Löwen [Belgien]) errechnete in seiner zwischen 1927 und 1933 veröffentlichten Theorie eines relativistischen Modells im vierdimensionalen Raum-Zeit-Kontinuum, das erstmals die Expansion auf den gesamten materiellen Kosmos ausdehnte, das aus einem anfänglichen ›Uratom‹ expandierende Universum. Hierzu zog er dann auch schon ausdrücklich die empirisch gewonnenen galaktischen Rotverschiebungen HUBBLES heran. Diese ›Urknall-Theorie‹ ist bis zur zufälligen Entdeckung (1964) der unter anderen von GEORGE ANTHONY GAMOW (* 20.02./04.03.1904 a.St./n.St. Odessa [Russland, heute Ukraine], † 19.08.1968 Boulder [Colorado, U.S.A.]) vorhergesagten kosmischen Mikrowellenstrahlung (Hintergrundstrahlung) in der Regel als zu theologisch motiviert abgelehnt worden, seitdem aber unter Berücksichtigung der HUBBLE-Konstante alternativ zu einem entsprechenden oszillierenden Universum allgemein anerkannt.

In logischer Konsequenz seiner Überlegungen, aber letztlich vergeblich, suchte EINSTEIN ab 1920 nach einer einheitlichen Feldtheorie, die neben der Gravitation auch die Elektrodynamik umfassen sollte.

SIR *ARTHUR* STANLEY EDDINGTON

(* 28.12.1882 Kendal [Westmorland (UK)],
† 22.11.1944 Cambridge)

ARTHUR EDDINGTON entstammt einer angesehenen Quäkerfamilie, die nach dem Tode des Vaters 1884 nach Somerset übersiedelte, von wo aus er die Brymelyn-Schule in Weston-super-Mare besuchte. Er bekam dann ein Grafschaftsstipendium am Owens College in Manchester, wo er Mathematik und Physik studierte, und ging 1902 als Stipendiat ans Trinity College in Cambridge, wo er sein Mathematikstudium 1904 mit dem Grad eines ›Senior Wrangler‹ abschloss. Zwei Jahre später wurde er Hauptassistent des ›Royal Astronomer‹ in Greenwich, wo er von 1906 bis 1913 wirkte, bevor er 1913 Plumian-Professor für Astronomie und Experimentalphysik und 1914 zusätzlich Direktor der Universitätssternwarte in Cambridge, was er bis zu seinem Tode blieb, sowie Mitglied der Royal Society wurde.

EDDINGTON war einer der großen Pioniere der zweiten, theoretischen Phase der Astrophysik. Er hatte mit statistischen Untersuchungen zur Systematik der Sternbewegungen begonnen und dabei im Anschluss an JAKOBUS CORNELIUS KAPTEYNS Entdeckung seine inzwischen überholte Theorie der zwei Sternströme entwickelt, untersucht, wie die Sterne über den Himmel nach Spektralklassen verteilt sind, sowie die planetarischen Nebel, Sternhaufen, Gasnebel und Kugelhaufen erforscht. Für *diese* Arbeiten war er zum Plumian-Professor ernannt worden. Ein zweiter Abschnitt seiner astrophysikalischen Forschungen begann 1916: Er dehnte KARL SCHWARZSCHILDS Theorie über das Strahlungsgleichgewicht in den äußeren Schichten der Sonnen- und Sternatmosphäre auf das Sterninnere aus und fand, dass beim Gleichgewicht der Sterne neben der Gravitation und dem entgegengesetzten Gasdruck als dritte Größe der Strahlungsdruck eingehen müsse, der das Gewicht der Sternatmosphäre tragen helfe. Damit hatte EDDINGTON die neue Frage nach den Zustandsgrößen (Masse, Dichte und Temperatur) im Innern der Sterne aufgeworfen, zu deren Beantwortung er selber weitere maßgebende Beiträge lieferte, vor allem die Regel über die Masse-Leuchtkraft-Beziehung (1924), die besagt, dass einer bestimmten (ionisierten) Sternmasse eine innere Energiequelle von ganz bestimmter Größe entspricht, die ihrerseits die messbare Leuchtkraft festlegt. Die Regel gilt nicht für die Weißen Zwergsterne, da deren ionisierte Materie vom Zustand eines idealen Gases in den sogenannten entarteten Zustand großer Materiedichte übergegangen ist – wie EDDINGTON bereits erkannt hatte. Er untersuchte den Energietransport aus dem Innern der Sterne, den Zustand ihrer eindeutig als gasförmig erkannten Materie, die Umwandlung von Sternmaterie in Strahlung sowie Entwicklung und Alter der verschiedenen Sterntypen. Dadurch wurde EDDINGTON ständig an Probleme der Allgemeinen Relativitätstheorie und der Atom- und Quantentheorie herangeführt, zu denen er von astrophysikalischer und astronomischer Seite Wesentliches beitragen konnte. Durch die Vermittlung des niederländischen Astronomen und Kosmologen WILLEM DE SITTER 1916 mit der Relativitätstheorie ALBERT EINSTEINS bekannt geworden, wurde er in England zum Wegbereiter dieser Theorie, die er 1918 der ›Physical Society‹ in einem Bericht vorstellte und später in dem Werk ›Mathematical Theory of Relativity‹ (Cambridge 1923) zusammen mit einer Generalisierung der elektromagnetischen Feldtheorie CLAUS HUGO HERMANN WEYLS meisterlich darstellte. Dieser Vertrautheit mit EINSTEINS Theorie verdankt er es wohl auch, dass die Royal Society die Leitung einer der beiden britischen Sonnenfinsternisexpeditionen (29.05.1919) – die nach Principe – ihm anvertraute, die ausgeschickt wurden, um die von EINSTEIN geforderte Lichtablenkung im Schwerefeld der Sonne zu prüfen. Trotz widriger Wetterbedingungen gelangen ihm dabei so viele brauchbare Aufnahmen, dass deren Auswertung die Theorie bestätigen und ihr zum Durchbruch verhelfen konnte. 1924 bestätigte er mit seiner Theorie des Siriusbegleiters auch die Rotverschiebung der Spektrallinien im Gravitationsfeld, die EINSTEIN ebenfalls vorausgesagt hatte. – Seine ersten Arbeiten über die mathematische Theorie der pulsierenden Cepheiden-Sterne stammten aus den Jahren 1918 und 1919, während ihre Physik erst durch eine seiner letzten größeren Arbeiten von 1941 entscheidend erhellt werden konnte.

HARLOW SHAPLEY
(* 02.11.1885 Nashville [Missouri (U.S.A.)],
† 20.10.1972 Boulder [Colorado])

HARLOW SHAPLEY studierte in Columbia, wo er 1911 die Master-Prüfung ablegte, bevor er nach Princeton ging und hier 1913 mit einer astronomischen Arbeit promovierte. 1914 erhielt er eine Anstellung am Mount Wilson Observatory in Pasadena (California) und 1921 die Paine-Professur der Harvard University; 1956 wurde er emeritiert. Mit der Harvard-Professur war die Leitung des Harvard College Observatory in Cambridge (Massachusetts) verbunden; diese Stellung hatte er bis 1952 inne. Aufgrund seiner für die Erforschung der Veränderlichen und der Sternhaufen wegweisenden Arbeiten war er von 1925 bis 1932 Präsident der Kommission für Veränderliche Sterne, dann anschließend bis 1946 Präsident der Kommission für Nebel der ›Internationalen Astronomischen Union‹ – um nur zwei seiner vielen nationalen und internationalen Ehrenstellungen zu nennen. SHAPLEY war nicht nur in der Forschung ein Pionier der Astrophysik, sondern setzte sich auch für die Verbreitung der neuen Kenntnisse ein und hielt mehrmals Gastvorlesungen an amerikanischen und europäischen Universitäten.

Bereits während seines Studiums entwickelte SHAPLEY im Jahre 1912 zusammen mit dem gerade berufenen neuen Direktor der Sternwarte und Astronomieprofessor der Princeton University, HENRY NORRIS RUSSELL (* 25.10.1877 Oyster Bay [N.Y. (U.S.A.)], † 19.02.1957 Princeton), die Methode zur Bestimmung der Elemente sogenannter Bedeckungsveränderlicher unter den Fixsternen mittels Messung der Lichtveränderung während der Bedeckung des leuchtenden Hauptsterns durch den (die) dunklen Begleiter zu höchster Vollkommenheit. Dank dieses Verfahrens, das über dreißig Jahre im wesentlichen unverändert in Gebrauch blieb, gehören solche Sterne inzwischen zu den am besten erforschten. Ebenso wie sein Lehrer RUSSELL, der bis 1947 Direktor der Princeton-Sternwarte blieb, wirkte auch SHAPLEY weiterhin durch Arbeiten über die Zustandsgrößen der Fixsterne und deren Entwicklung bahnbrechend für die moderne Astrophysik. Er zeigte, dass die sogenannten Cepheiden, eine nach dem Stern δ im

Sternbild Cepheus (dessen Veränderlichkeit JOHN GOODRIDGE bereits 1784 beobachtet hatte) benannte, durch ihre Leuchtkraft auffallende Gruppe von veränderlichen Sternen, keine Bedeckungsveränderlichen, sondern periodisch Veränderliche sind, deren sonstigen physikalischen Zustandsgrößen mit der periodischen Leuchtkraftschwankung zusammenhängen, wie die Astronomin am Harvard Observatory HENRIETTE SWAN LEAVITT (* 03.03.1856 Lancaster [Mass.], † 12.12.1921 Cambridge [Mass.]) im Jahre 1912 an mehreren Cepheiden unterschiedlicher Periode innerhalb der Kleinen Magellanschen Wolke, die also alle praktisch gleichweit von der Erde entfernt sind, für die Beziehung zwischen scheinbarer Helligkeit und Periode entdeckt hatte. SHAPLEY sah dann sogleich die praktische Verwertbarkeit dieser Korrelationen; denn die Perioden-Leuchtkraft-Beziehung ermöglicht, aus der ohne weiteres beobachtbaren Periode der Helligkeitsschwankungen die absolute Leuchtkraft des betreffenden Sterns abzulesen, so dass ein fotometrischer Vergleich mit seiner scheinbaren Helligkeit zur Bestimmung seiner Entfernung dienen kann. Es gibt daneben eine Gruppe ähnlicher Veränderlicher mit nur kürzeren Perioden von weniger als Tagesdauer (RR Lyrae-Sterne), die sich vornehmlich in Kugelhaufen befinden und wegen ihrer großen Helligkeit in deren Randzonen gut isoliert werden konnten. Mittels solcher ›Haufenveränderlicher‹ gelang es SHAPLEY und seinen Mitarbeitern 1918, wieder auf fotometrischem Wege, die räumliche Verteilung von 69 Kugelhaufen zu bestimmen; und er erkannte erstmals ihre fast kugelförmige Anordnung um das Zentrum des Milchstraßensystems, später als ›Halo‹ der Milchstraße bezeichnet. Daraus ergab sich dann auch für den Ort unserer Sonne eine Stellung mehr zum Rand dieses Systems hin statt zu seinem Zentrum. Während die statistischen Untersuchungen JAKOBUS CORNELIUS KAPTEYNS eine Ausdehnung der linsenförmigen Galaxis zu etwas mehr als 15 000 Lichtjahren ergeben hatten, erhielt der Durchmesser jetzt eine Länge von um die 300 000 Lichtjahre; das Zentrum schien etwa 60 000 Lichtjahre vom Sonnensystem entfernt. KAPTEYN hatte die Sonne noch in zentraler Lage angesiedelt, wie seit WILLIAM HERSCHEL (gleichsam als Ersatz für den Verlust der Geozentrik) meist angenommen worden war. Damit war der Rahmen für die folgenden Untersuchungen über die Struktur der Milchstraße abgesteckt, wozu SHAPLEY auch Aufnahmen heranziehen konnte, die er an der Harvard-Süd-Station in Südafrika hatte machen lassen. In der

Debatte um die kosmische Stellung der sogenannten Spiralnebel bezog SHAPLEY 1920 Partei für die Seite, die sie als zu dem von unserem Milchstraßensystem gebildeten Universum zugehörig ansahen, während die andere Seite insbesondere von HEBER DOUST CURTIS (* 27.06.1872 Muskegon [Michigan (U.S.A.)], † 09.01.1942 Ann Arbor [Michigan]) am Lick Observatory vertreten wurde, der Beobachtungen von Novae in Spiralnebeln durch GEORGE WILLIS RITCHEY (* 31.12.1864 Tupper's Plain [Ohio], † 04.11.1945 Azusa [California]) 1917 am Mount Wilson Observatory für eine Mehrwelteninsel-Theorie heranzog, zumal ADRIAAN VAN MAANEN (* 31.03.1884 Sneek [Niederlande], † 26.01.1945 Pasadena [California (U.S.A.)]) ebendort relativ große Rotationsgeschwindigkeiten von Spiralnebeln nachgewiesen zu haben meinte, worüber er noch mit EDWIN P. HUBBLE eine langjährige Debatte führen sollte. Man zweifelte dann die von SHAPLEY herangezogene Ausdehnung des Milchstraßensystems an. Erst 1924 gelang erstmals HUBBLE mit dem großen Spiegel des Mount Wilson Observatory, die äußeren Teile des Andromedanebels und anderer Galaxien teilweise in Einzelsterne aufzulösen und ihre Entfernungen nach den von SHAPLEY entwickelten und allmählich verbesserten Methoden zu bestimmen. Damit bestätigte er die von SHAPLEY bestimmten Entfernungen und Ausdehnungen der Milchstraße in der Größenordnung, gleichzeitig aber auch den Welteninselcharakter der anderen, sehr viel weiter entfernten Spiralnebel als der Milchstraße analogen Gebilden.

EDWIN POWELL HUBBLE
(* 20.11.1889 Marshfield [Missouri (U.S.A.)],
† 28.09.1953 San Marino [California])

EDWIN HUBBLE hatte in Chicago und Oxford studiert, war dann 1914 nach Chicago zurückgekehrt und hatte am Yerkes Observatory gearbeitet, war nach der Promotion 1917 in die US Army eingetreten und hatte den Ersten Weltkrieg in Frankreich mitgemacht, bevor er nach der Besatzungszeit 1919 als Mitarbeiter des Carnegie-Instituts und der Mount Wilson-Sternwarte in Pasadena (California) aufgenommen wurde, wo er bis zu seinem Tode tätig war.

HUBBLE gehört zu den amerikanischen Astronomen, die mit Hilfe der ihnen zur Verfügung stehenden Riesenteleskope die Kenntnisse von den Himmelskörpern außerhalb des Milchstraßensystems ungeheuer erweitert und der Astronomie ganz neue Dimensionen erschlossen haben – und er war wohl der bedeutendste unter ihnen. Er hatte sich schnell einen guten Namen als Astrophysiker erwerben können. Bereits 1922 gelang ihm nämlich die Unterscheidung zwischen galaktischen Reflexionsnebeln und selbstleuchtenden Emissionsnebeln, womit er die Erforschung der interstellaren Gaswolken auf eine neue Basis stellte. 1923/24 entdeckte er gemeinsam mit seinem Assistenten MILTON LASELL (auch: La Salle) HUMASON (* 19.08.1891 Dodge Center [Minnesota, U.S.A.], † 18.06.1972 Mendocino [California]) auf Fotografien des Andromedanebels, die mit dem gerade in Dienst genommenen neuen 2,5 m-Spiegel des Observatoriums gemacht worden waren und erstmals die Randzonen des ›Nebels‹ deutlich in Einzelsterne auflösten, Veränderliche Sterne aus der bekannten Gruppe der Cepheiden, Novae und andere klassifizierbare Sterne, welche ihm nach der Methode HARLOW SHAPLEYs eine Entfernungsbestimmung des Andromedanebels und nach und nach auch anderer Galaxien ermöglichte. Es wurde mündlich kolportiert, dass HUMASON, den GEORGE HALE 1919 trotz abgebrochener Schulbildung in den Kreis des wissenschaftlichen Personals des Wilson-Observatoriums aufgenommen hatte, bereits während der Großen Debatte ab 1920 um die Einordnung der Nebel als intra- oder extragalaktisch von HARLOW SHAPLEY Fotoplatten zur Auswertung hinsichtlich möglicher Cepheiden erhalten hätte, die er darauf auch gefunden und markiert hätte, was SHAPLEY dann aber als Anhänger der Ein-Welten-Insel-Theorie gelöscht hätte. Mit der neuen fotometrischen Auswertung war jetzt aber erstmals der Nachweis gelungen, dass die sogenannten extragalaktischen ›Nebel‹ tatsächlich Objekte weit außerhalb unseres Milchstraßensystems sind – das nächste, der Andromedanebel, bereits 800 000 Lichtjahre entfernt – und dass sie unserer Milchstraße vergleichbar sind: HUBBLE hatte auch Kugelsternhaufen im Bereich des Andromedanebels und den Magellanschen Wolken entsprechende Systeme als ihre Begleiter entdeckt, wodurch von der Form des aus der Außensicht betrachteten Spiralnebels auf die des Milchstraßensystems rückgeschlossen werden konnte. Er hatte allerdings mit der Bekanntmachung seiner Ergebnisse lan-

ge gezögert, weil ihnen scheinbar Messungen großer Rotationsgeschwindigkeiten von Spiralnebeln durch seinen Kollegen
ADRIAAN VAN MAANEN am Mount Wilson Observatory entge-
gengestanden hatten, die aber von niemandem so recht nachvoll-
zogen werden konnten, vielmehr zu einer langen öffentlichen
Debatte zwischen Anhängern und Gegnern führten, bis sie als
falsch erwiesen werden konnten, wobei offen bleiben muss, ob
sie manipuliert oder gefälscht worden oder nur durch ein subjek-
tives Vorurteil entstanden waren. – Aufgrund von 1942 bis 1952
erneuerten Aufnahmen des Andromedanebels konnte WALTER
BAADE später zwei Populationen von Cepheiden unterscheiden,
woraufhin die Entfernungen mehr als verdoppelt werden mussten. – 1926 begründete HUBBLE die moderne Klassifikation der
Galaxien, und sein 1953 überarbeitetes System liegt noch den
heutigen Verzeichnissen zugrunde (›The Hubble Atlas of Galaxies‹, hrsg. von Allan Sandage. Washington 1961).

Bereits fünf Jahre nach seiner ersten großen Entdeckung gelang HUBBLE 1929 die zweite, der sogenannte HUBBLE-Effekt,
die noch weiterreichende Folgen für das Bild vom Kosmos und
seinem Entstehen nach sich zog. Die ersten Rotverschiebungen
des Spektrums eines Spiralnebels hatte, wie zuvor schon für ga-
laktische Gasnebel JAMES E. KEELER, 1912 VESTO SLIPHER, der ab
1901 Astronom am Lowell Observatory in Flagstaff (Arizona)
und 1917–1952 dessen Direktor war, beim Andromedanebel festgestellt und daraus eine Fluchtgeschwindigkeit von –300 km/sec
erschlossen (›The radial velocity of the Andromeda nebula‹, in:
Lowell Observatory Bulletin); 1915 hatte er die Rotverschiebung
bereits an 15 weiteren Nebeln gemessen. Seine Ergebnisse, aus
denen er auch schon auf eine allgemeine Expansion des galaktischen Universums schloss, blieben jedoch wegen des versteckten
Publikationsortes weitgehend unbeachtet. HUBBLE hatte auch erst
nach sorgfältigen Vergleichen der Rotverschiebung im fotografischen Spektrum sehr vieler galaktischer Objekte auf Fotoplatten,
die HUMASON mit größter Sorgfalt (teilweise mit mehrere Nächte
dauernden Belichtungszeiten) erstellt hatte, feststellen können,
dass zwischen den mittels der von ihm angewandten Methode
bestimmbaren Entfernungen von Galaxien und der Verschiebung
der Spektrallinien zum Rot ihres Spektrums hin eine konstante
Beziehung besteht. Diese besagt, dass ein extragalaktischer Spiralnebel (eine Galaxis) umso entfernter ist, je größer die Rotver-

schiebung ausfällt. Diese Rotverschiebung deutete man dann als Doppler-Effekt; und diese Deutung ist auch heute trotz gelegentlich geäußerter Zweifel noch die allein mögliche. Daraus ergab sich, dass die Galaxien sich um so schneller von uns weg bewegen, je weiter sie entfernt sind; der Proportionalitätsfaktor, Hubble-Konstante (H) genannt, beträgt nach Hubble selbst 550 (statt heute je nach Kalibrierungsmethode 50–95 [neuester Wert]) km/sec Geschwindigkeit pro 3 260 000 Lichtjahre (Megaparsec) Entfernung. Da nur wenige recht nahe keine, die entfernteren Galaxien dagegen alle solche Rotverschiebungen aufweisen, musste daraus auf eine allgemeine Ausdehnung des Weltalls geschlossen werden, so dass von jedem beliebigen Bezugspunkt im Universum aus die entfernteren Galaxien sich jeweils schneller weg bewegen. Die logische Konsequenz, der Hubble selbst sich allerdings stets verschloss, ist kinematisch vorerst die Annahme, dass ursprünglich (oder periodisch oszillierend) sämtliche Materie des Universums an einer Stelle zusammengeballt war (›Urknall‹). Das danach berechnete Alter der Welt von rund 13×10^9 Jahren stimmt überraschend gut mit den durch andere Methoden ermittelten Werten für das Alter unserer Milchstraße und der Erde überein. Doch fangen mit den Erkenntnissen Hubbles und Humasons die Probleme moderner Kosmologie eigentlich erst an – Hubbles Kollege am Mount Wilson Observatory Fritz Zwicky hatte deshalb 1929 vorgeschlagen, die kosmische Rotverschiebung statt auf eine Expansion auf eine Verringerung der Lichtgeschwindigkeit aufgrund der ›Ermüdung‹ der Photonen über riesige Distanzen zurückzuführen –, von denen hier lediglich eins herausgegriffen werden soll:

Hubble selbst blieb bei seinen Forschungen den extragalaktischen Objekten treu, arbeitete seine Entdeckungen aus, entwickelte weitere, mehr statistische Methoden zur Entfernungsbestimmung sehr weit entfernter Galaxien (Methode der hellsten Sterne in Nebeln, der Leuchtkraftfunktion der Nebel, der hellsten Nebel in Haufen und weitere) und beschäftigte sich auch mit der Ermittlung der Rotationsrichtung von Spiralnebeln. Wichtig für all diese Fragen waren die von Hubble am Mount-Wilson-Observatorium und von M. U. Mayall am Lick Observatory durchgeführten fünf fotografischen Durchmusterungen nach Nebeln (bis zur 18.5., 19., 19.4., 20. und 21. Größenklasse), die sie 1934 bis 1936 publizierten. Hierbei stellte sich heraus, dass die visuelle

Verteilung mit Häufung zu den galaktischen Polen aufgrund der absorbierenden interstellaren Materie nur eine scheinbare ist. Schon bei der statistischen Auswertung des Materials hatte sich jedoch eine theoretische Unsicherheit ergeben, zu deren Klärung HUBBLE Experten heranziehen musste. Selbst wenn man nämlich alle ›lokalen‹ Störeffekte wie den Verdunkelungseffekt durch absorbierende interstellare Materie und die Sonnenbewegung berücksichtigte, stimmte bei schwachen (sehr fernen) Galaxien die scheinbare Helligkeit nicht mit der aus der Leuchtkraftfunktion gewonnenen Entfernung überein; und die Abweichung nahm mit der Entfernung der Galaxien zu. Folglich mussten sämtliche unter Berücksichtigung der fotometrisch aus den scheinbaren (fotografischen) Helligkeiten gewonnenen Entfernungsbestimmungen unter Bezug auf die gesamte ausgestrahlte Energie aller Wellenlängen (was zusätzliche Störeffekte erzeugte) korrigiert werden. Die auf der Berücksichtigung aller Störeffekte beruhende ›bolometrische‹ Helligkeit glich die Differenzen dann weitgehend aus; sie musste aber für alle vorher gewonnenen Entfernungen korrigierend eingesetzt werden. – Die Berechnungen des Energieverlustes, der die Rotverschiebung ergibt, hatte HUBBLE übrigens 1936 überzeugt, dass die Annahme einer statischen Welt zur Erklärung der Rotverschiebung als Helligkeits-Entfernungsbeziehung völlig ausreiche, während die Kosmologen sie seitdem ja meist als Entfernungs-Geschwindigkeitsbeziehung deuteten.

WILHELM HEINRICH *WALTER* BAADE
(* 24.03.1893 Schröttinghausen [bei Lübbecke
(Westfalen)], † 25.06.1960 Bad Salzuflen)

WALTER BAADES Vater, ein protestantischer Schullehrer, hatte für seinen Sohn eine theologische Laufbahn vorgesehen, doch wurde dieser während des Besuchs des Gymnasiums in Herford (1903–1912) so sehr für die Astronomie begeistert, dass er sich mit der Absicht, diese zu studieren, gleich nach dem Abitur in Münster einschreiben ließ, aber schon zum Sommersemester 1913 nach Göttingen wechselte, wo er während des Ersten Weltkrieges an der Universitätssternwarte unter LEOPOLD AMBRONN (* 1854, † 1930), der 1902 Professor der Astronomie geworden

war, und als Assistent des Mathematikers FELIX KLEIN (* 1849,
† 1925) arbeitete, 1917/18 auch im Kriegseinsatz beim Aufbau
einer Flugzeugtestanlage. Im Juli 1919 promovierte er mit einer
Arbeit über Bahnbestimmungen des spektroskopischen Doppelsterns β Lyrae und wurde ›Wissenschaftlicher Hilfsarbeiter‹
(Assistent) an der Sternwarte in Hamburg-Bergedorf, der er dann
nach einem Rockefeller Fellowship am Mount Wilson Observatory in Kalifornien 1927–1931 als Observator angehörte. Hier
hat er sich hauptsächlich mit Kometen (1923 entdeckte er seinen
ersten Kometen, 1925 als ersten von insgesamt zehn den bemer-
kenswerten Planetoiden Hidalgo, der sich am weitesten von der
Sonne entfernt) und der Physik ihrer Schweife beschäftigt, sich
aber nach einer ersten Begegnung (1920) mit HARLOW SHAPLEY
auch schon für Kugelsternhaufen und darin befindliche pulsie-
rende Veränderliche Sterne interessiert. 1928 habilitierte er sich
an der Universität Hamburg; er lehrte hier ab 1929 und war 1931
zum außerordentlichen Professor ernannt worden, als ihn das sofort mit Begeisterung aufgenommene Angebot erreichte, in den
Mitarbeiterstab des Mount Wilson (später: und Mount Palomar)
Observatory mit den größten Teleskopen der Zeit – und besten
Witterungsbedingungen – als Astronom einzutreten. Nach seiner
Pensionierung (1958) hielt BAADE eine Vorlesungsreihe an der
Harvard-Universität (›Evolutions of stars and galaxies‹) und ging
für ein halbes Jahr nach Australien zu Beobachtungen am Mount
Stromlo Observatory (bei Canberra), um danach in seine Heimat
nach Deutschland zurückzukehren, wo er in Göttingen die Gauß-
Professur übernahm.

BAADE hat für seine Forschungen in Kalifornien anfangs
hauptsächlich mit dem großen HOOKER-Spiegel am Mount Wilson Observatory und dem ersten komafreien SCHMIDT-Spiegel
an einem Gebirgsobservatorium gearbeitet. – BAADE hatte sich
in Hamburg-Bergedorf mit dem dort wirkenden genialen Spie-
gelschleifer BERNHARD WOLDEMAR SCHMIDT (* 1879, † 1935), der
diese Spiegel um 1930 erfand, angefreundet. – Gemeinsam mit
dem Astrophysiker FRITZ ZWICKY (* 14.02.1898 Varna [Bulgari-
en], † 08.02.1974 Pasadena [California, U.S.A.]), der nach seiner
Ausbildung an der ETH Zürich 1925 als Stipendiat an das California Institute of Technology in Pasadena gekommen war (hier
1942 auch Professor der Astronomie wurde) und Mitarbeiter am
Mount Wilson Observatory wurde, konnte BAADE 1934 Superno-

vae als eine neuartige Kategorie von Himmelsobjekten identifizieren; sie nahmen an, dass sie den Übergang von normalen zu Neutronen-Sternen darstellen und die Quelle für die kosmische Strahlung bilden. Während ZWICKY daraufhin regelrecht auf die Jagd nach Supernovae ging und in den folgenden 52 Jahren insgesamt nicht weniger als 120 auffand, hat BAADE selber nur über den Crab-Nebel (1942) und die Nova Ophiuchi von 1604 (1939) gearbeitet. 1935 konnte er RUDOLF MINKOWSKI (* 28.05.1895 Straßburg, † 04.01.1976 Berkeley [California, U.S.A.]), der 1933 aufgrund der nationalsozialistischen Rassengesetze in Hamburg entlassen worden war, zur Emigration nach Kalifornien verhelfen, wo dieser dann auch Professor an der Universität in Berkeley wurde; mit ihm hat er in Hamburg gemeinsam begonnene spektroskopische Arbeiten fortgesetzt (1937). Ab 1938 arbeitete BAADE mit EDWIN P. HUBBLE über weit entfernte Galaxien, wobei sich eine grundlegende Schwierigkeit ergab, nachdem HUBBLE 1940 im Andromedanebel einige verwaschene Objekte als Kugelsternhaufen identifiziert hatte, für die sich nach der Perioden-Leuchtkraft-Beziehung eine fotografische absolute Helligkeit von $-5,8^m$ ergab, was sich auffallend von den Ergebnissen für Kugelsternhaufen unseres Milchstraßensystems und die Randzonen des Andromedanebels unterschied, nämlich um eineinhalb Größenklassen. Die Abweichungen wurden eklatanter, seitdem BAADE Aufnahmen aus dem Inneren des Andromedanebels und seiner beiden Begleiter mit dem noch von GEORGE E. HALE initiierten, aber erst 1942 in Dienst gestellten großen 5 m-Spiegel des Mount Palomar Observatory machen konnte. Die fotografischen Aufnahmen dieser äußerst lichtschwachen Objekte waren damals noch durch die fast einmalige und nur wenige Jahre bestehende Gelegenheit begünstigt worden, dass durch die Einstellung der nächtlichen Beleuchtung zum Schutz vor Luftangriffen nach dem Kriegseintritt der U.S.A. die sonst störenden Lichteffekte aus den Küstenstädten ausgeblendet wurden. Nach der Perioden-Leuchtkraft-Beziehung hatte sich für Cepheiden mit einer Periode von 45 Tagen und einer scheinbaren Helligkeit von 19^m eine absolute Helligkeit von $-3,4^m$ ergeben, sie hätten also mit einer scheinbaren Helligkeit von $22,4^m$ aufscheinen sollen, was sich aber jenseits der Auflösungsmöglichkeiten des 2,5 m-Spiegels befand, die der neue, leistungsstärkere Mount-Palomar-Spiegel aber hätte erfassen müssen. Nun fand BAADE auf den zwischen 1942 und 1952 erstellten Aufnahmen aber keine Haufenveränderlichen, wohl aber gerade noch erfasste Objekte, von denen man wusste, dass sie mit Sicherheit anderthalb Größenklassen heller sind. Die scheinbare Helligkeit der Haufenveränderlichen innerhalb von Kugelhaufen im Andromedanebel müsste demnach 23,9^m betragen, was bedeutete, dass die aus Cepheiden der Randzonen des Andromedanebels errechnete Entfernung des Spiralnebels falsch sein musste, oder, mit anderen Worten, dass die Perioden-Leuchtkraft-Beziehung der Cepheiden in Kugelsternhaufen nicht identisch mit der der Cepheiden in den Spiralarmen extragalaktischer Systeme oder in den Magellanschen Wolken ist. Die ersteren, die sogenannte Population II (W-Virginis-Sterne) mussten vielmehr um etwa anderthalb Größenklassen lichtschwächer sein als die der ›Population I‹ in den Spiralarmen. Daraus ergab sich dann als notwendige Konsequenz, dass die Dimension der extragalaktischen Sternsysteme gegenüber den von HUBBLE nach der SHAPLEY-Methode erschlossenen zu verdoppeln war (die Entfernung des Andromeda-Nebels beträgt danach etwa 2 Millionen Lichtjahre), woraus dann folgte, dass die zuvor angenommene Ausnahmestellung der Riesengalaxie Milchstraße wegfiel – und dass die HUBBLE-Konstante, aus der bei Annahme einer expandierenden Welt deren Alter folgt, zu halbieren war. Diese Erkenntnisse zogen natürlich genauere Bestimmungen auch für andere zur Entfernungsmessung herangezogene Sterntypen nach sich.

BAADE widmete sich in den folgenden Jahren vorwiegend damit verbundenen Problemen. Ihm gelang 1954 aber auch die Identifizierung des optischen Gegenstücks verschiedener, bis dahin nur als Radioquellen bekannter Objekte; seine theoretischen Überlegungen im Zusammenhang mit den Supernovae führten ihn zur Annahme der Existenz von Neutronsternen; und 1956 konnte er in einem Strahlenausbruch (Virgo A) aus der elliptischen Riesengalaxis M 87 im Sternbild Jungfrau stark polarisiertes Licht nachweisen – solche Objekte wurden später unter dem Begriff Quasar zusammengefasst. – Die Bezeichnung M[essier] mit folgender Nummer geht auf den ersten Katalog von Nebeln und Sternhaufen zurück, den der Pariser Astronom CHARLES MESSIER (* 1730, † 1817) 1774 zusammengestellt und 1781 in seine endgültige Form mit 110 (teils aber fälschlich einbezogenen) Objekten gebracht hatte.

JAN HENDRIK OORT
(* 28.01.1900 Franeker [Niederlande], † 05.11.1992 Leiden)

JAN OORTS Vater, ein Mediziner, war 1903 zum Direktor einer Psychiatrischen Klinik in Oestgeest nahe Leiden berufen worden, wo OORT die Grundschule besuchte, bevor er in die Höhere Schule in Leiden ging. Nach dem Abitur nahm er ein Studium der Physik an der Universität Groningen auf, wo er auch die Astronomievorlesung von JAKOBUS CORNELIUS KAPTEYN hörte, die sein Interesse an der Sternkunde erweckte. Nach der Promotion (1921) war er kurzzeitig Assistent in Groningen, bevor ihm 1922 eine Assistentenstelle bei dem Spezialisten für trigonometrische Parallaxen FRANK S. SCHLESINGER (* 11.05.1871 New York City, † 10.07.1943) an der Sternwarte der Yale University in New Haven vermittelt wurde, deren Direktor dieser 1920–1941 war. OORT war hier verantwortlich für die Aufnahmen mit dem Zenith-Teleskop. Als dann aber WILLEM DE SITTER das Leidener Observatorium reorganisierte, wurde auch OORT eingeladen, nach Leiden zu kommen: Ende 1924 wurde er hier Forschungsassistent, 1926 nach seiner Promotion Konservator, 1930 erhielt er einen Lehrauftrag (ihm war die Astronomie-Professur an der Harvard-Universität angeboten worden, 1932 auch die Dirktorenschaft des Astronomie-Departments der Columbia University) und 1935 eine außerordentliche Professur. Gleichzeitig wurde er, nachdem EJNAR HERTZSPRUNG nach dem Tode DE SITTERS dessen Nachfolger als Direktor der Sternwarte geworden war, deren Adjunktdirektor sowie Generalsekretär der Internationalen Astronomischen Union (1925–1948, später war er 1958–1961 deren Präsident). 1942 wurde OORT seiner Ämter in Leiden (ohne Fortzahlung der Gehälter) enthoben, weil er sich gegen eine Kooperation der Universität mit der nationalsozialistischen deutschen Besatzungsmacht ausgesprochen hatte, und zog sich in das Dorf Hulshorst 100 km östlich von Leiden zurück. Erst nach Beendigung des Weltkrieges kehrte er Ende 1945 nach Leiden zurück und wurde bis zu seiner Emeritierung (1970) Nachfolger von HERTZSPRUNG als Direktor der Sternwarte und ordentlicher Professor der Astronomie. Als solcher hatte er die Leidener Südsternwarten in Johannesburg (Südafrika) und Lembang (Java) zu reaktivieren.

Physikstudium und KAPTEYNS Einfluss bedingten OORTS mehrfach unter Beweis gestelltes Geschick, komplizierte mathematische Sachverhalte auf den physikalischen Kern zu reduzieren. So hat er schon 1927 aus BERTIL LINDBLADS mathematischem Modell einer differentiellen Rotation der Milchstraße um ein von der Erde entferntes Zentrum elegante Formeln zur Beschreibung der lokalen Effekte einer solchen Rotation abgeleitet und gezeigt, dass die vorhandenen Daten die Formeln erfüllten; die zwei dazu eingeführten Konstanten werden seitdem nach ihm benannt. Er leitete eine Entfernung des Zentrums von 30 000 Lichtjahren und seine Lage in der Richtung des Sternbild des Schützen ab. Sterne mit schneller Eigenbewegung und die Verteilung der Kugelhaufen fanden so ebenfalls eine Erklärung. Für die Masse der Milchstraße errechnete er eine solche von 100 Milliarden Sonnenmassen. OORT wurde durch diese Untersuchungen mit einem Schlage bekannt. In der Folgezeit bemühte er sich um eine Verbesserung des Beobachtungsmaterials und der Beobachtungsmittel für die Fragestellungen der Dynamik der Milchstraße. Mit dem Nachweis, dass die meisten Nebel mit hoher galaktischer Breite extragalaktisch seien (EDWIN P. HUBBLE), stellte sich ihm die Frage, welche Nebel der Milchstraße am meisten ähnelten, und die Unterschiedlichkeit des von KAPTEYN statistisch gewonnenen und seines neuen dynamischen Modells der Milchstraße konnte nur verständlich werden, wenn die interstellare Absorption deutlich höher wäre als bis dahin angenommen. Er bemühte sich im folgenden um Daten, beide Probleme zu lösen. Im Anschluss an seinen Amerikabesuch von 1939 wandte er sich auch dem Krebsnebel zu, verfolgte seine Beobachtungsgeschichte und schloss aus den neuesten Daten darauf, dass es sich dabei um die Folgen einer Supernova-Explosion handele (1942); später konnte er nachweisen, dass seine Strahlung aus Synchrotronstrahlung besteht und stark polarisiert ist.

1944 erreichte ihn die Nachricht aus Amerika, dass von einem Ingenieur Radiostrahlung aus der Milchstraße empfangen worden sei, woraufhin er auf einem Treffen des Nederlandse Astronomenclub den jungen Utrechter Physiker HENDRIK CHRISTOFFEL VAN DE HULST (* 19.11.1918 Utrecht, † 31.07.2000 Leiden), der schon vor seiner Promotion (1946) mit einer Preisarbeit über interstellare Materie hervorgetreten war, anregte, zu prüfen, ob es eine Spektrallinie in den Radiofrequenzen gebe, die prinzipiell erfasst werden könne; denn diese könnte Erkenntnisse über mögliche Spiralarme der Milchstraße erbringen, da Radiostrahlung nicht von der Atmosphäre absorbiert werde. Van de Hulst errechnete die 21 cm-Linie (1420,4058 Mhz) des interstellaren neutralen Wasserstoffs; es gebe soviel Wasserstoff innerhalb der Milchstraße, dass man diese Linie entdecken müsse. Das erfolgte dann allerdings erst 1951 an mehreren Stellen gleichzeitig. Oort hatte sich sogleich mit den Physikern der Philips-Gesellschaft um die nötige Apparatur bemüht; der angebotene Empfänger war aber für die erforderliche Frequenz nicht geeignet und die vorgesehene 20 m-Radio-Antenne nicht ausreichend. Man vertröstete ihn für die Zeit nach Kriegsende. Als ihm dann aber für ein der gewünschten Frequenz angemessenes Radioteleskop keine Mittel bewilligt wurden, kam ihm die Idee, die von der deutschen Besatzungsmacht hinterlassenen Radarantennen hierfür zu nutzen (wie es die Engländer bereits gemacht hatten). Oort wählte die 7,5 m-Würzburg-Antenne bei Kootwijk, und 1949 gründete er die Nationale Stiftung für Radioastronomie, die das Geld für den Bau eines Empfängers für 21 cm-Wellen erbrachte. In Dienst gestellt werden konnte er erst am 11. Mai 1951, sechs Wochen nachdem die 21 cm-Linie zuerst an der Sternwarte der Harvard-Universität nachgewiesen worden war. Oort war allerdings der erste, der sich als Astronom mit der kosmischen Radiostrahlung beschäftigte, und er hat die Entdeckung dann auch gemäß seiner dazu anregenden Fragestellung für das Studium der Milchstraße, soweit sie aus den Niederlanden gesehen werden kann, eingesetzt und seine Vorstellungen von der Dynamik der spiralarmigen Milchstraße bestätigen können.

Er konnte der niederländischen Astronomie neue Impulse eröffnen, als es ihm daraufhin dann doch gelang, Mittel für die Errichtung eines 25 m-Radio-Teleskops in Dwingeloo (1956) zu erhalten, des größten vor dem Bau des 250 Fuß-Radioteleskops von Jodrell Bank. Noch zur Zeit, als das Dwingeloo-Teleskop gebaut wurde, entwickelte Oort gemeinsam mit dazu berufenen Experten Pläne für ein größeres und leistungsfähigeres Teleskop, um die extragalaktischen Nebel genau so detailliert wie die Milchstraße mit der Kootwijk-Antenne im Bereich der Radiowellen untersuchen zu können. Dieses Teleskop, an dessen Bau und Betrieb sich dann auch Belgien beteiligte, wurde im Nordosten der Niederlande in Westerbork bei Groningen als Apertursynthese-Radioteleskop errichtet und 1970 in Dienst gestellt (Westerbork Synthesis Radio Telescope); es bestand aus 12 einzelnen, elektronisch miteinander verbundenen 25 m-Parabolspiegeln, die teils fest, teils beweglich auf einer 1500 m langen Linie in west-östlicher Richtung angeordnet sind, so dass sie die Erdrotation für eine Auflösung nutzten, die sonst nur ein technisch nicht zu realisierender Riesenspiegel erbracht hätte. Es arbeitet bei 49, 21 und 6 cm Wellenlänge und gehört immer noch zu den leistungsstärksten Radioteleskopen überhaupt.

Seine Kontakte zu nordamerikanischen Astronomen erhielt OORT auch nach seinem Weggang aufrecht und nutzte schon 1932 und 1939 sowie 1951 (Princeton) für je ein halbes Jahr deren Beobachtungsmöglichkeiten, die ihn jeweils zu neuen Untersuchungen animierten. 1953 war umgekehrt WALTER BAADE ein halbes Jahr als Gastprofessor in Leiden, und aus dieser Zusammenarbeit erwuchs der Plan, neben den vielen kleinen, die es bereits gab, ein großes Teleskop auf der Südhalbkugel zu installieren. Im Juni wurde dazu in Leiden eine internationale Konferenz zur ›Koordinierung der galaktischen Forschung‹ abgehalten. Das Ergebnis der von OORT angestoßenen und maßgeblich verfolgten Bemühungen war 1962 die Gründung des European Southern Observatory (ESO) von acht europäischen Ländern. Von deren inzwischen 16 auf dem chilenischen Berg La Silla installierten optischen und Radio-Teleskopen konnte das erste dann bereits 1968 in Betrieb genommen werden (der größte Spiegel von 3,6 m Durchmesser wurde 1976, ein 2,2 m-Spiegel der deutschen Max-Planck-Gesellschaft 1983 und ein schwedisches Radioteleskop von 15 m Durchmesser 1987 fertiggestellt), so dass auch den europäischen Astronomen der Südhimmel durch moderne leistungsfähige Geräte direkt zugänglich wurde. So hat OORT unter Hintanstellung eigener Forschungen nicht nur der holländischen, sondern auch der europäischen Astronomie zu neuem internationalem Gewicht verholfen.

HANS ELSÄSSER
(* 29.03.1929 Aalen [Württemberg],
† 10.06.2003 Heidelberg)

HANS ELSÄSSER studierte von 1948 bis 1953 an der Universität Tübingen Mathematik, Physik und Astronomie, wobei ihm die Situation der deutschen Astronomie durch die Verhältnisse an der alten Universitätssternwarte auf dem Schlossturm besonders deutlich vor Augen geführt wurde. 1946 war HEINRICH FRIEDRICH SIEDENTOPF (*12.01.1906 Hannover, † 28.11.1963 Tübingen) aus Jena nach Tübingen gekommen, mit dem Bau der von ihm angestrebten leistungsfähigeren Sternwarte auf der Waldhäuser Höhe wurde aber erst 1955 begonnen. ELSÄSSER arbeitete nach seiner Promotion bei SIEDENTOPF über die räumliche Verteilung des Zodiakallichts 1953 bis 1955 mit einem Stipendium der Deutschen Forschungsgemeinschaft (DFG) an der Forschungsstätte auf dem Schweizer Jungfraujoch sowie am Boyden Observatory in Bloomfontein in Südafrika und nahm dann an der Sichtexpedition für die von JAN OORT angeregte Europäische Südsternwarte (European Southern Observatory, ESO) in Südafrika teil, für die 1962 eine europäische zwischenstaatliche Organisation gegründet werden sollte. 1956 wurde ELSÄSSER Assistent in Tübingen und habilitierte sich 1959; danach ging er an die Universitätssternwarte in Göttingen, wo ihn 1962 der Ruf auf die ordentliche Professur für Astronomie an der Universität Heidelberg erreichte. Hier übernahm er gleichzeitig die Leitung der Landessternwarte auf dem Kaiserstuhl, die er 1975 abgab, nachdem er das auf dem Kaiserstuhl neu errichtete Gebäude des Max-Planck-Instituts für Astronomie mit rund 50 Mitarbeitern bezogen hatte. 1968 war er zum Gründungsdirektor dieses MPI bestellt worden, ab 1969 war das Institut in provisorischen Unterkünften in und an der Landessternwarte untergebracht gewesen. ELSÄSSER blieb bis 1994 sein Geschäftsführender Direktor, 1997 wurde er emeritiert.

Der Werdegang ELSÄSSERs kennzeichnet sehr gut den Übergang von ›Liddle science‹ zu ›Big science‹ auch in Deutschland. Als er den Königstuhl bezog, war der dortige 72 cm-Reflektor das zweitgrößte Teleskop in der Bundesrepublik, und für zeitgemäße astronomische Forschungen fehlten die elementarsten technischen Voraussetzungen. Sein Werk war dann die Konzeption und Verwirklichung einer Einrichtung, die heute in weltweiter Zusammenarbeit an der vordersten Front der Forschung wirkt. Er war maßgeblich an der Abfassung einer von der DFG 1962 in Auftrag gegebenen Denkschrift zur Lage der deutschen Astronomie beteiligt, in der insbesondere »die Errichtung von nationalen Einrichtungen überregionaler Art wie eine optische Sternwarte in günstigem Klima mit größeren Instrumenten« empfohlen wurde. Im selben Jahr trat man daraufhin mit Bundes- und Landesstellen in Verhandlungen über die Errichtung und Unterhaltung einer ›Deutschen Südsternwarte‹, doch erwies sich die föderalistische Staatsordnung mit ihren Kompetenz-Schwierigkeiten und dem Fehlen einer ›deutschen‹ Akademie der Wissenschaften als größtes Hindernis, und man trat 1964 deshalb an die Max-Planck-Gesellschaft als die überregionale Wissenschaftsorganisation in Deutschland heran, die auch positiv reagierte und deren Senat 1967 die Gründung eines neuen Max-Planck-Instituts für Astronomie auf dem Kaiserstuhl beschloss und ELSÄSSER zum Gründungsdirektor bestellte.

Von hier aus verfolgte ELSÄSSER dann auch die Pläne für eine deutsche Südsternwarte mit leistungsstarken Teleskopen. Seit 1971 hatten sich allerdings die politischen Schwierigkeiten im gesamten Süden Afrikas unvorhergesehen derart zugespitzt, dass die Bundesregierung aufgrund von Beschlüssen der UNO der Max-Planck-Gesellschaft von weiteren Investitionen abriet. Der ursprünglich vorgesehene Standort Gamsberg im heutigen Namibia und das Projekt eines Observatoriums auf der Südhalbkugel (für das aber das ESO, an dessen instrumenteller Ausstattung das MPI für Astronomie maßgeblich beteiligt ist, übernationalen Ersatz bot) mussten somit aufgegeben werden; statt dessen wurde in Zusammenarbeit mit der spanischen Regierung ein ›Deutsch-Spanisches Astronomisches Zentrum‹ (DSAZ) auf dem Calar Alto, dem höchsten Berg der Sierra de los Filabres in Andalusien, errichtet, wo im Gegensatz zu den meteorologischen Bedingungen in Deutschland mit etwa 200 wolkenlosen Beobachtungsnächten pro Jahr zu rechnen war. Es ging dabei vor allem um den geeigneten Einsatz des bereits in Bau befindlichen riesigen 3,5 Meter-Spiegelteleskops, das ELSÄSSER und die MPG 1973 dann für den neuen Standort auslegen ließen; es ging 1984 in Betrieb und ist sowohl im optischen als auch im infraroten Spektralbereich, einem der zentralen Arbeitsgebiete ELSÄSSERs, einsetzbar. 1975 war bereits ein 1,23 m-Reflektor und 1979 ein 2,2 m-Spiegel in Betrieb genommen worden und 1980 war der 80 cm-Schmidt-Spiegel der Hamburger Sternwarte hierher verlegt worden. Ausgestattet mit den modernsten Zusatzgeräten waren damit der deutschen Astronomie hervorragende erdgebundene optische Beobachtungsmöglichkeiten erschlossen, für deren Konzept und Verwirklichung in hohem Maße ELSÄSSER verantwortlich gewesen war.

Daneben haben ELSÄSSER und das MPI für Astronomie eine beachtliche Anzahl von Raketen- und Ballonexperimenten durchgeführt, die wichtige Erfahrungen für die Planung und Durchführung internationaler Satellitenprojekte wie HELIOS A und B oder zuletzt ISO (›Infrared Space Observatory‹, dessen Realisierungsphase von 1981 bis 1995 dauerte) lieferten. Eigene astronomische Forschungsobjekte waren vor allem die interstellare Materie, großräumige Strukturen im Kosmos, Sternentstehung, Aktive Galaxien und das ›kalte Universum‹, Objekte, die temperaturabhängig nur im infraroten Bereich des Spektrums ›leuchten‹, so dass sie nur außerhalb der Erdatmosphäre, die diese Strahlung absorbiert, wahrnehmbar werden und deshalb den Einsatz von Satellitenteleskopen erfordern. – Für all diese Bereiche moderner Astronomie ist aber selbst der ›primus inter pares‹ nur ein Rädchen im Gesamtgetriebe, dessen Aufgabe vor allem darin besteht, anderen die erforderlichen Arbeitsmöglichkeiten und -bedingungen zu schaffen. Dazu gehört dann auch, das Interesse an der Astronomie in größeren Kreisen zu wecken; und zu diesem Zweck gründete ELSÄSSER 1962 mit einigen Mitstreitern die halbpopuläre Zeitschrift ›Sterne und Weltraum‹, deren Mitherausgeber er bis zu seinem Tode blieb. Er selbst berichtete, dass das Wort ›Astronomie‹ in seinem gesamten Schulunterricht nie gefallen wäre.

Erwähnte Naturwissenschaftler

[Bei mehreren Vornamen ist der kursiv geschriebene der Rufname; fettgedruckte Seitenzahlen verweisen auf einen eigenständigen Artikel, kursiv gesetzte auf nähere Angaben zur betreffenden Person.]